城乡制度变革背景下的乡村规划理论与实践

李夺　黎鹏展　著

电子科技大学出版社
University of Electronic Science and Technology of China Press

图书在版编目（CIP）数据

城乡制度变革背景下的乡村规划理论与实践 / 李夺，
黎鹏展著. -- 成都：电子科技大学出版社，2019.12
ISBN 978-7-5647-6957-4

Ⅰ.①城… Ⅱ.①李… ②黎… Ⅲ.①乡村规划－研
究－中国 Ⅳ.①TU982.29

中国版本图书馆CIP数据核字(2019)第089505号

城乡制度变革背景下的乡村规划理论与实践
李　夺　黎鹏展　著

策划编辑　　杜　倩　李述娜

责任编辑　　杜　倩

出版发行　　电子科技大学出版社
　　　　　　成都市一环路东一段159号电子信息产业大厦九楼　邮编　610051

主　　页　　www.uestcp.com.cn

服务电话　　028-83203399

邮购电话　　028-83201495

印　　刷　　定州启航印刷有限公司

成品尺寸　　185mm×260mm

印　　张　　17.25

字　　数　　398千字

版　　次　　2019年12月第一版

印　　次　　2019年12月第一次印刷

书　　号　　ISBN 978-7-5647-6957-4

定　　价　　79.00元

版权所有，侵权必究

前言
PREFACE

随着我国城市化的推进和人口向城镇集聚，推动农村产业的变革，统筹城乡土地利用，建立集聚型的乡村聚居体系，构建新型城乡空间形态已经成为当前城乡统筹规划的重要任务。2013年底，《中共中央关于全面深化改革若干重大问题的决定》的出台以及2014年初中央一号文件《关于全面深化农村改革加快推进农业现代化的若干意见》的公布，使农村土地市场成为改革的重要对象，在鼓励农村土地经营权流转的政策背景下，农村的建设发展问题成为当前社会关注的重点。

在城市化加速时期，城乡空间格局发生巨变，城乡规划面临"重构"。乡村规划作为引导农村建设发展的重要手段，自新农村建设开始，已有过相当的实践经验，然而面对革新性的城乡制度，仍需要新的规划思路和方法。一方面，应重视基于农村集体土地制度上的乡村规划问题，积极推进产权明晰的农村集体土地制度改革，努力构建体现农村自主地位的乡村治理结构，为乡村规划打下良好基础；另一方面，更应重视在新的城乡关系下城乡空间的发展特征，构建适应新型城乡关系的乡村规划利益共同体，促进城乡互动共赢发展格局的建立。随着城乡制度改革的不断推进，城乡土地市场的变革将会进一步深刻地影响城乡规划。

本书分为四篇，共十三章。第一篇为乡村规划的理论基础，分为三章，概述了乡村发展与乡村规划的基本理论；第二篇为城乡制度变革影响下的乡村规划理论变迁，分为四章，在探究城乡制度变革的基础上，阐述了乡村规划的新目标体系、乡村规划的新内涵以及乡村规划的新理论框架；第三篇为城乡制度变革影响下的乡村规划实践，分为四章，分析了乡村产业发展规划与建设、乡村建设规划、乡村生态环境保护规划与建设以及乡村振兴战略规划；第四篇为城乡制度变革影响下的乡村规划案例，包括河南省信阳市光山县杨帆村村庄规划以及北京市门头沟区炭厂村村庄规划。本书理论与实践相结合，系统全面地阐述了城乡制度变革背景下的乡村规划理论及其实践，具有较高的理论与现实意义。

本书的写作任务分配详情：第一章至第七章由李夺老师负责撰写，共计约 20 万字；第八章至第十三章由黎鹏展老师负责撰写，共计约 19.8 万字。由于作者水平有限，书中的疏漏之处在所难免，希望广大专家学者和读者朋友批评指正！

目录 CONTENTS

第一篇 乡村规划的理论基础

第一章 乡村发展与乡村规划认知 / 002

第一节 乡村的基本知识 / 002

第二节 国内外乡村发展与规划建设 / 007

第三节 乡村问题与乡村振兴 / 021

第二章 乡村规划概述 / 029

第一节 乡村空间的解读 / 029

第二节 乡村规划的基本原则与任务 / 033

第三节 乡村规划的主要类型与内容 / 035

第四节 乡村规划的编制程序与方法 / 044

第三章 乡村规划的影响要素分析 / 052

第一节 生态与环境 / 052

第二节 经济与产业 / 053

第三节 人口与社会 / 055

第四节 历史与文化 / 058

第五节 信息与技术 / 059

第二篇 城乡制度变革影响下的乡村规划理论变迁

第四章 城乡制度变革的体现 / 066

第一节 农村宅基地与住房制度 / 066

第二节 农村集体土地制度下的人地关系 / 074

第三节 农村土地用途管制和用地类型划分 / 082

第四节 新型农村社区的建设 / 087

城乡制度变革背景下的乡村规划理论与实践

第五章 乡村规划新目标体系的构建 / 095

第一节 乡村规划新目标体系的内涵 / 095

第二节 乡村规划新目标的界定 / 101

第三节 基于既定目标的规划策略 / 102

第六章 乡村规划新内涵的解读 / 106

第一节 乡村规划的新内涵 / 106

第二节 乡村规划的新逻辑 / 108

第三节 乡村规划的新焦点 / 111

第七章 乡村规划理论框架的革新 / 122

第一节 乡村规划新组织架构 / 122

第二节 乡村规划新类型 / 130

第三节 乡村规划新技术框架 / 134

第四节 乡村规划的新方法 / 137

第三篇 城乡制度变革影响下的乡村规划实践

第八章 乡村产业发展规划与建设 / 144

第一节 现代中国农业农村发展的阶段特征 / 144

第二节 农业发展规划的制定与循环农业发展策略 / 147

第三节 新形势下农村二、三产业的规划与建设 / 152

第九章 乡村建设规划 / 163

第一节 乡村居民点规划与设计 / 163

第二节 乡村基础设施规划与建设 / 166

第三节 乡村公共服务设施规划 / 173

第四节 乡村历史文化遗产保护规划 / 180

第五节 乡村防灾减灾规划与建设 / 183

第十章 乡村生态环境保护规划与建设 / 187

第一节 我国乡村生态环境现状 / 187

第二节 乡村生态环境保护规划的编制 / 191

第三节 乡村生态环境建设的措施 / 195

· II ·

第十一章　乡村振兴战略规划　/　199

　　第一节　乡村振兴的本质——乡村现代化　/　199
　　第二节　乡村振兴的规划方法　/　204
　　第三节　乡村治理与公共服务　/　210
　　第四节　乡村文明的传承与创新　/　215

第四篇　城乡制度变革影响下的乡村规划案例

第十二章　河南省信阳市光山县扬帆村村庄规划　/　228

　　第一节　扬帆村概况　/　228
　　第二节　村域总体规划　/　228
　　第三节　村庄实施项目与规划编制过程　/　236
　　第四节　村庄规划的管理实践　/　240

第十三章　北京市门头沟区炭厂村村庄规划　/　243

　　第一节　炭厂村概况　/　243
　　第二节　村庄规划编制的演变　/　247
　　第三节　产业规划　/　249
　　第四节　空间规划　/　251
　　第五节　村庄规划过程中的公众参与　/　254
　　第六节　村庄规划的管理实践　/　256

附录——《乡村振兴规划导则》纲要　/　258

参考文献　/　267

第一篇 乡村规划的理论基础

第一章　乡村发展与乡村规划认知

第一节　乡村的基本知识

一、乡村的渊源

"乡"一字有多层含义。在空间属性上，如《说文》中记载："乡，国离邑民所封乡也。"从文化心理上讲，"乡"指自己生长的地方或祖籍，如唐代柳宗元《捕蛇者说》中"三世居是乡"。从行政区划上，"乡"是中国的基层行政单位。周制，一万二千五百家为乡。春秋齐制，十连为乡；汉制，十亭为乡。唐宋后，乡指县级以下行政单位。历史上"乡"所指代的行政空间属性一直在变化，但其所代表的乡土文化性一直在延续。综上所述，"乡"可理解为古代以来，国家行政单位下能够产生认同感和归属感的空间文化区域。

"村"一字在《说文》中指乡下聚居的处所，同时也指农村基层组织。作为形容词，"村"一词在一段历史时期内代表一种落后的价值观念和粗俗的行为习惯，如"村蛮、村夫"，体现了传统自然聚落环境下其社会文明普遍落后的状况。

费孝通曾用"乡土中国"来概括中国传统乡村社会的主要特征。在乡土社会里，最基本的单位是家庭，由家庭集聚形成村落，村落以血缘关系为纽带。村民生产生活紧紧捆绑在土地上，生于斯，死于斯。家庭和土地是构成中国传统乡村的核心基础，而其他社会、文化和经济特征本质上都是围绕着家庭、土地以及他们之间的复杂关系而衍生和展开的。正是由于几千年来中国乡村的家庭和土地以及两者之间的依附关系一直非常稳定，造就了一直延续至今的中国乡土文化、景观和社会特征。

近代以来，由于制度、法规和政策的巨大改变，中国乡村社会稳定的家庭和土地及其依附关系都发生了深刻动摇。由于人口和土地要素在城乡之间的流动，出现了人——户分离（人口住地和户籍分离）、职——住分离（工作和原住地分离）的现象。乡村家庭和土地的稳定性及其依附关系大大降低，乡村社会的乡土性基础也随之动摇，乡土性的丧失成为中国乡村社会不可逆转的趋势。缺乏了乡土性之魂，中国乡村文化和乡村景观就缺少了维系之根，物质层面上的乡村聚落和风貌保护也就缺乏了基础。

二、乡村的界定

一般来说，乡村是介于城市之间，由多层次的集镇、村庄及其所管辖的区域组合而成的空间系统,也是城市之外的一切地域或城市建成区以外的地区。从国土空间上来看,乡村是区别于城镇的空间区域,是除城镇规划区以外的一切地域,如图1-1所示。《中华人民共和国城乡规划法》中明确了乡村规划包括乡规划和村庄规划,其中乡规划空间区域为乡域(包括集镇),村庄规划空间区域为村域(包括村庄)。

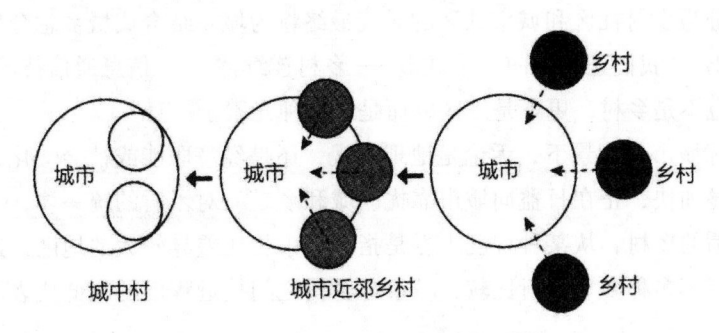

图1-1 城市和乡村空间的相对性

乡村属于一种地域综合有机体,有着极其复杂的系统性,包含经济、社会、生态、文化等诸多方面特征,而每一方面都涵盖着不同层次的理解因子。很多学者认为,农村也可称作乡村。在《辞海》中将农村(乡村)统称为村。在国家统计局关于城乡划分上,认为乡村包括集镇和农村。国外学者维伯莱(G.P. Wibberley)认为,乡村是某种特殊土地类型,能清晰地显示目前或最近的过去中为土地的粗放利用所支配的迹象。但也有学者认为,乡村包含农村,农村是乡村的主体,两者有很大的相似性,但并非一种概念。

从人类生态学视角来看,中国的乡村地域是由家庭、村落与集镇构成的农业文化区位格局。家庭既是经济生产和消费单位,又是基本宗教和礼仪的活动空间。村落以家庭为单位,以土地为基础,是农业文化中以血缘和地缘关系为纽带的生态图景。集镇是城市与乡村物质交流的主要场所,为农民提供技术服务、传播信息、扩大社交网络,是引领乡村时尚的文化空间。家庭、村落与集镇在互动中建立了一个既彼此独立又相互依存的有机体。

从社会学角度来看,乡村社会生活以家庭、血缘、宗族为中心,居民以从事农业生产生活维持生计。乡村社会是熟人社会,人与人之间关系密切。乡村地区一般人口密度低,生活节奏慢、保守思想重、变化难。乡村社会区域文化差异大,风俗、道德等村规民约对村民行为约束力强。乡村地区物质文化设施相对落后,现代精神文化生活有待提升。

从地理学角度来看,乡村是作为非城镇化区域内以农业经济活动为典型空间集聚特征的农业人口聚居地,具有很强的人文组织与活动的特征。乡村地区的经济、社会、人口、资源与景观的形成条件、基本特征、地域结构、相互联系及其时空变化规律都是地理学的研究范畴。

从管理学角度来看,乡与村分别是两个特定的主体。乡为县、县级市的主要行政区划类型之一;村(含民族村)为乡的行政区划单位。乡即包括乡镇党委和政府在内的乡政,村即行使自治权的以村民委员会为代表的村治,体现的是国家权力与村民权利之间的关系。乡政村治是当代中国乡村社会的基础性治理结构。

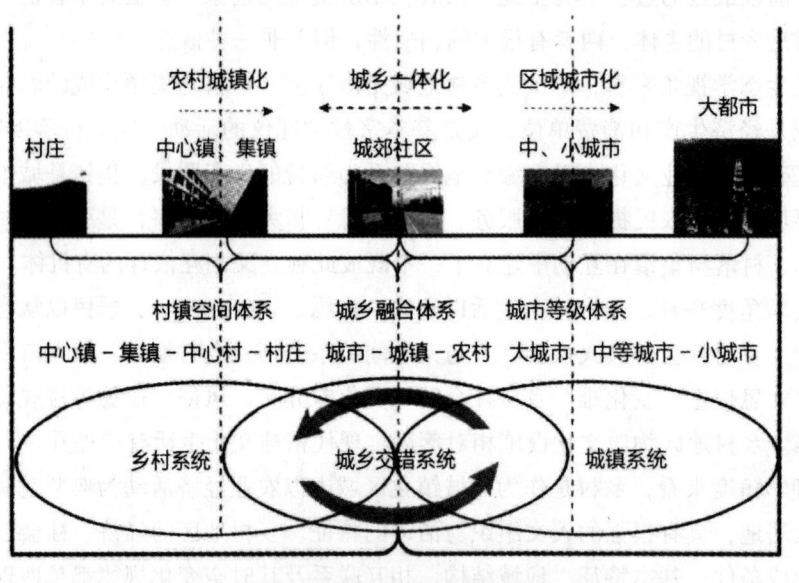

城乡制度变革背景下的乡村规划理论与实践

三、城乡地域空间系统

随着城乡关系的演变，不仅大量的乡村人口源源不断地流入城市，也有一些城市居民出于各种不同的动机迁往乡村，乡村本身的产业结构、人口结构和劳动结构发生着变化，人类社会严格地划分为乡村社区和城市社区的时代最终将为城乡结合或城乡融合发展所代替。正如相关学者指出，"我们正在迈向一个城市——乡村连续体"；"信息通信技术重构的新城市，既不是城市，也不是乡村，更不是郊区，而是集三种元素于一身"。

在当前全球城市化背景下，无论是地理景观，还是经济职能或社会文化，当代的乡村社会经济转型明显加快，正在日益向城市靠拢。城和乡是一对矛盾的统一体，乡村与城市相比较而存在。所谓的乡村，从某种程度上看是指与城市相比差异较大的地区，这种差异可以从生产、生活方式等多种要素进行比较，城市与乡村之间接近程度的高低代表了乡村发展的不同阶段。

城乡地域系统由乡村系统和城镇系统两大子系统构成。乡村系统主要包括村庄、中心村（社区）、集镇、中心镇等村镇空间系统；城镇系统主要包括大都市、中等城市、小城市及城郊社区等城市等级体系，如图1-2所示。两个子系统之间相互融合、交互叠加，形成一个独特的城乡交错系统，包括小城镇、城郊区、农村社区等城乡融合体系，也有城乡交错区、城乡接合部等多种称谓。

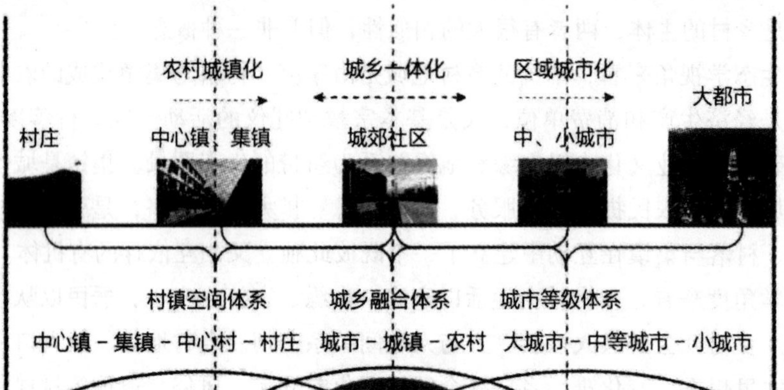

图1-2　城乡地域系统结构及其关联分析

在理论上，乡村系统、城乡交错系统与城镇系统分别通过农村城镇化、城乡一体化和区域城市化的战略途径，来实现各种要素在空间上由分散到聚集，再到两者的动态平衡，从而推动区域系统的运行和发展。其中，乡村系统为城镇系统输入大量的人力、食物、原材料等

· 004 ·

多种要素，支撑着城镇系统的良性运转；城镇系统则反馈给乡村系统相应的资金、技术、信息以及管理等多种要素。

按照城乡地域互动作用的方式和强度，可将城乡互动发展简单划分为两个阶段：第一阶段，城市与乡村初步融合，城市中心职能较弱。该阶段城市对乡村地域的影响，以农业生产要素非农化（即极化效应）为主，城市扩散效应相对较弱，影响范围有限。第二阶段，随着城市及其周边区域要素的集聚与拓展，城市中心性逐步增强，周边中小城市与中心镇开始出现并不断成长。该阶段既有不同等级城市之间人口、技术等生产要素的交互流动，也有村庄与中小城市、中心镇之间的要素流动。其中，一部分乡村地域依托要素集聚和发展，逐步演变成为新的中小城镇，进而带动周边区域的乡村发展；另一部分乡村地域依托稀缺要素的流入来发展现代农业和促进要素非农集聚，从而推进农村地区的内生式发展。

四、乡村的类型

20世纪80年代以来，全球化、信息化、工业化、城镇化快速推动了我国乡村地区的发展变化，不但带动了相关乡村产业的发展，也改变了乡村发展的均质状况。国外学者克洛克（Cloke）等曾利用包括人口、住户满意度、就业结构、交通格局及距离城市中心的远近等统计数据，将英格兰和威尔士地域划分为极度乡村（Extreme Rural）、中等程度乡村（Intermediate Rural）、中等程度非乡村（Intermediate Non-rural）、极度非乡村（Extreme Non-rural）和城市（Urban）五个类型。

龙花楼等基于乡村性的强弱特征，将我国东部沿海地区的乡村划分为农业主导型、工业主导型、商旅服务型、均衡发展型，并认为传统农业社会向现代工业、城市社会转型，传统计划经济向现代市场经济转轨，以及沿海地区农村工业化和城镇化进程加快、人口快速增长及市场经济的发展，引起农村产业结构、就业结构和土地利用格局的快速转变。

乡村建设与振兴已经成为当前经济社会发展的重要主题之一。有学者基于城乡相互作用的原理，提出经济要素、城乡联系、地域空间是乡村演变的重要驱动因素，也是乡村振兴的切入点和重要抓手。在此基础上，总结出乡村建设的四种类型模式，即资源置换型、经济依赖型、中间通道型、城乡融合型，如表1-1所示。

表1-1 基于城乡相互作用的乡村复兴模式

模式		城乡联系方式	主要特征
资源置换型	农业资源置换型	生产联系、消费联系、社会联系	主要位于远离城市中心地区，属于传统农业生产区域。乡村为城市提供农副产品、土地等原材料资源，以置换城市资金、技术、工业产品及服务等资源
	工业资源置换型		主要位于乡镇的中心村及周边区域，区域条件较好，具有良好的工业发展基础，以（初级）工业品置换城市的高级商品和服务等资源。如江西省的华西村、长江村等

城乡制度变革背景下的乡村规划理论与实践

（续　表）

模　式		城乡联系方式	主要特征
经济依赖型	传统服务业发展型	消费联系、生产联系、社会联系	主要位于城市郊区，生态环境优美或具有重要历史文化价值，可满足城市居民对生态环境、文化体验等特色服务的需求，乡村经济发展依赖城市居民消费。比如，旅游度假村、历史文化名村等
	新兴产业发展型		主要位于生态环境良好地区、通勤便利地区、特色资源分布区，或者邻近大学、科技城等地，乡村新兴产业发展依赖城市市场或技术、资金、知识等的扩散。比如，文化艺术村、养老服务村、科技发展村等
中间通道型	行政通道型	行政联系、空间联系	主要为各乡镇的中心村，其行政等级介于城市与基层村之间，为基层村提供较高等级产品或服务
	交通通道型		主要位于城乡联系的交通节点或通道上，交通和物流产业的发展有助于产生经济集聚效应
城乡融合型	空间联系密切型	生产联系、消费联系、社会联系、空间联系	主要位于城市扩展区域或城市内部，可有效利用城市的基础设施和公共（或商业）服务，并受益于变化的城市市场，乡村的传统特征不再显著，但在管理属性上仍为农村，如城中村
	功能联系密切型		主要位于通勤便利的地区，城乡功能联系密切，专门为城市提供特定产品或服务，如货物中转基地、特定产品或服务供应基地等

其中，资源置换型是指通过与城市之间的资源置换来实现乡村的经济社会发展，主要包括农业资源置换型和工业资源置换型，前者主要通过为城市提供农产品、原材料等农业资源，来置换乡村发展所需的资金、技术、工业产品等资源；后者是通过提供初级工业产品来置换乡村发展所需的生产、生活资料。

经济依赖型是指乡村经济发展对城市经济和市场具有较强的依赖性，自我更新能力较弱，需要通过发展乡村新兴服务业或文化创意产业，满足城市消费市场的需求，进而促进自身的发展。

中间通道型是指某些乡村位于城乡联系通道的中间节点上，并对其经济社会发展产生显著影响，主要包括行政通道型和交通通道型，前者表现为行政等级相对较高的中心村，后者是区位条件优越、交通发达、聚落规模较大的村庄。

城乡融合型是指城乡之间存在密切的空间或功能联系，乡村地域的产业发展、资源配置、功能定位通常以城市市场为导向，可划分为空间联系密切型和功能联系密切型，前者表现为城市边缘的村落或城中村，后者是为城市提供某种特定产品或服务且通勤条件较好的村庄。

也有学者根据行为主体的不同，将乡村建设实践划分为以下几种类型：一是基于乡村建设者视角，将实践类型分为政府主导型、农民内生型和社会援助型；二是基于农村发展动力源的差异性，将其分为外援驱动型、内生发展型和内外综合驱动型；三是基于主体驱动力视

·006·

角，将其分为政府、农民、资本和学术机构四种；四是基于主体系统视角，将之归纳为政府主导型、资本主导型、技术主导型、乡村精英型和多元主导型（见表1-2）。

表1-2 行为主体视角下的乡村建设实践类型

实践类型	代表案例
政府主导型	南京石塘人家、长沙望城区光明村、广西恭城瑶族红岩村
资本主导型	广西华润希望小镇、长沙浔龙河生态艺术小镇
技术主导型	云南沙溪古镇复兴、山西和顺许村、"美丽中国"云南楚雄支教项目、福建连城培田社区大学
乡村精英型	福建屏南北村、海口秀英区博学生态村、江苏江阴华西村、宜兴市都山村
多元主导型	河南信阳郝堂村、安徽碧山村

政府主导型是指由地方政府主导，通过政策、规划、部门协调与财政引导等手段推进农村快速发展的实践类型，具有投入大、见效快的特点。

资本主导型是指由工商资本主导，通过土地流转和"农民上楼"、公司化"经营村庄"等手段推动农村现代化的实践类型，属于典型的资本逐利型。

技术主导型是指由技术团队主导，通过治理机制、技术修复、募集资金等创新手段推进农村更新发展的实践类型，具有注重知识与创新的特点。

乡村精英型是指由乡村精英主导，通过利用资源优势、积极动员、整合外部支持等手段推进农村经济内生发展的实践类型，具有内部与草根的特点。

多元主导型指由外部行为主体联合内部行为主体，通过外发动力与内发动力统筹协调等手段推进农村重构发展的实践类型，具有综合与协调的特点。

第二节 国内外乡村发展与规划建设

一、国外乡村建设与发展

乡村是居民以农业作为经济活动基本内容的一类聚落的总称，一般是指从事农林牧渔业为主的非都市地区，表现出农业、农村和农民的人文活动特征。在中国，乡村和城市构成了截然不同的地域单元和社会生活；在西方发达国家，乡村和城市并非泾渭分明、差别巨大。从国内外的乡村发展模式和实践案例看，高水平的乡村建设既包括丰富的生态资源、优美的人居环境、整洁的村庄面貌，也涵盖发达的乡村产业、完善的公共设施、幸福的乡村居民，在生态环境和经济社会方面均表现突出，乡村居民的幸福指数不低于城市居民（见图1-3）。

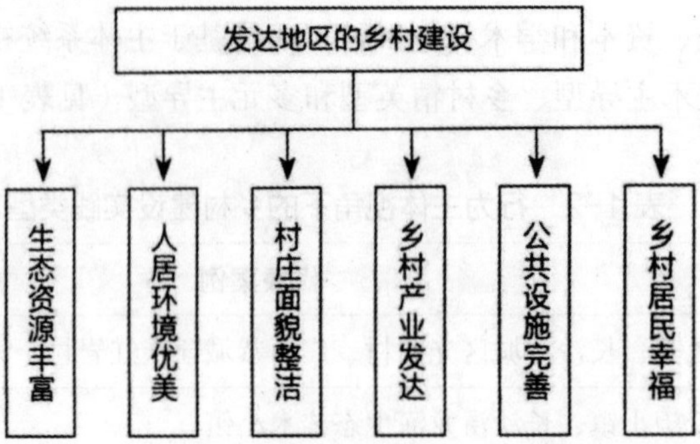

城乡制度变革背景下的乡村规划理论与实践

图1-3 发达国家或地区的乡村建设

从20世纪30年代开始，西方发达国家对传统农业进行了全面技术改造，完成了从传统农业向现代农业的转变，也形成了乡村建设的三种不同模式和路径，即以美国为代表的自然资源丰富型的现代农业，以日本为代表的自然资源短缺型的高价现代农业和以荷兰为代表的自然资源短缺型的效益农业。以下简要分析东亚和欧美乡村发展与建设的演化路径和主要特征（见表1-3、表1-4）。

表1-3 东亚发达国家乡村发展与建设路径

地 区	阶段特征			建设要点
日本	1955—1965年，村庄物质环境改造	1966—1975年，乡村传统农业结构调整	1979年以后，美乡村建设——"造村运动"	培育乡村的产业特色、人文魅力和内生动力，实现"一村一品"
韩国	1970—1980年，启动村庄生产基础设施建设	1981—1990年，改变农业结构，缩小城乡差距	1990年以来，推动城乡一体化，完善"新村运动"	政府低财政投入，农民自主建设，因地制宜，发展特色都市农业

表1-4 西欧发达国家乡村发展与建设经验

地 区	建设基础	表现特征
德国	20世纪50年代，城市化水平达60%，传统乡村农业用地较为分散	20世纪50—60年代进行"农地整理"，实现农业现代化；20世纪70—80年代关注乡村聚落形态、传统建筑、交通道路、生态环境和地方文化；20世纪90年代以来，引入可持续发展理念，挖掘乡村文化、生态、旅游等方面的经济价值
荷兰	20世纪50年代，城市化水平高达80%，城乡差距较小，城镇人口外迁"都市乡村"	将土地整理、复垦与水资源管理等进行统一规划和整治，以提高农地利用效率；推进乡村经济的多样化、乡村旅游和休闲服务业的发展，改善乡村生活质量

·008·

（一）始于"城乡差距较大"的东亚乡村建设

1. 日本的"造村运动"

日本属于岛国，山地、丘陵占国土面积的71%，耕地面积仅占13.6%。1975年之前的20年属于日本城市经济高速增长时期。但是，农村因青壮年人口大量外流到城市，农业生产和乡村发展的人力资源条件不断恶化，农村面临瓦解的危机。为缩小城乡差距，保持地方经济活力，至今日本已经实行了多轮新村建设计划。1955—1965年是基本的乡村物质环境改造阶段，主要目标是改善农业的生产环境，提高农民的生产积极性。1966—1975年是传统农业的现代化改造和提升发展阶段，主要工作是调整农业的生产结构和产品结构，满足城市农产品的大量需求。20世纪70年代末，日本推行了"造村运动"，强调对乡村资源的综合化、多目标和高效益开发，以创造乡村的独特魅力和地方优势。

与前两次过于注重农业结构调整不同的是，"造村运动"的着力点是培植乡村的产业特色、人文魅力和内生动力，对后工业化时期日本乡村的振兴发展产生深远影响，也彻底改变了日本乡村的产业结构、市场竞争力和地方吸引力。最具代表性的是大分县知事平松守彦于1979年提出的"一村一品"运动，这是一种面向都市品质、满足休闲化和多样性需求、自下而上的乡村资源综合开发实践。经过了三十多年的锤炼，日本慢慢发展出一套乡村建设逻辑，认为地方的活化，必须从盘点自己的资源做起；只要运用并发展好两项特色资源，就可以让地方免于持续萧条，让乡村焕发活力。

2. 韩国的"新村运动"

韩国以丘陵、山地居多，耕地占国土面积的22%。20世纪60年代的韩国农业落后，农民贫穷，城乡差距拉大。为改变农村的落后面貌，1970年朴正熙政府开始倡导"新村运动"，把实施"工农业均衡发展"放在国民经济建设的首要地位。从发展的演变看，韩国的"新村运动"可划分为三个时期。1970—1980年为启动推进阶段，主要目标是改善落后的农民生活生产条件和基础硬件设施，类似于日本20世纪50—60年代的新村建设。1981—1990年为充实提高阶段，主要目标是调整农业结构增加农民收入，进一步缩小城乡差距，类似于日本20世纪70年代的新村建设。1991年至今，自我完善的稳定发展阶段，以促进城乡的广泛一体化发展为目标，比较类似于日本20世纪80年代后的"造村运动"。

"新村运动"以扩张道路、架设桥梁、整理农地、开发农业用水等作为农村基础设施建设的重点，政府适时倡导自力更生，引导发展养蚕、养蜂、养鱼、栽植果树、发展畜牧等特色都市产业，因地制宜地开辟出城郊集约型现代农业区、平原立体型精品农业区、山区观光型特色农业区，极大地拓展了农民增收的渠道。同时，农民收入的提高和富余资金的积累，为农村设施建设形成了良性互动的前提。与日本相比，韩国的"新村运动"是建立在政府低财政投入和农民自主建设的基础上，因此创造了低成本推行农村跨越式发展的成功典范。

（二）基于"城乡发展均衡"的西欧乡村建设

1. 德国的"村庄更新"

德国国土面积相对广阔，农业发展水平位居世界前列。二战后德国的"村庄更新"始于20世纪50年代早期，当时德国的城镇化水平已经达到60%左右。乡村更新的主要目标是改善乡村土地的拥有结构不至于过于分散，影响农业的现代化，其中的一个重要手段是农地整理。20世纪70—80年代，德国基本实现现代化。该时期"乡村更新"开始审视村庄的原有形态和村中建筑，重视村内道路的布置和对外交通的合理规划，关注村庄的生态环境和地方文化，并且强调农村不再是城市的复制品，而是有自身特色和发展潜力的村落。

进入20世纪90年代，农村建设融入了可持续发展的理念，开始注重生态价值、文化价值、旅游价值、休闲价值与经济价值的结合。"村庄更新"项目的重要目标是，从保护区域或地方特征出发，更新传统建筑；从保护乡村特征出发，扩建村庄基础设施；按照生态系统的要求，把村庄与周边自然环境协调起来；因地制宜地发展经济；帮助乡村社区持续发展。

2. 荷兰的"农地整理"

荷兰全境为低地，1/5土地属于围海造田。20世纪50年代荷兰的城镇化水平就超过了80%，城乡的人口矛盾并不突出。20世纪60年代由于经济好转，城市地区得到长足发展，大批的城镇居民开始由城市中心迁往大中城市的郊区——都市乡村。战后荷兰城镇化面临的重大课题是如何在都市区化过程中保护周边乡村农地经营的规模化和完整性，以实现农业的结构调整。因此，"农地整理"一直是荷兰解决农村、农业发展问题的核心工具。荷兰农地整理是将土地整理、复垦与水资源管理等进行统一规划和整治，以提高农地利用效率，几乎所有的农村建设和农业开发项目都要依托土地整理而进行。

荷兰已经改变了过去单方面强调农业发展的单一路径，而转向多目标体系的乡村建设。例如，推进可持续发展的农业，提高自然环境景观的质量，对水资源进行可持续管理，推进乡村经济的多样化、乡村旅游和休闲服务业的发展，改善乡村生活质量，满足地方需求等。

（三）基于"城镇优先发展"的美国乡村建设

美国作为二战的战胜国，虽没有遭受巨大的战争创伤，但也受到了一定的负面影响。工业反哺农业、城市拉动乡村是美国独具一格的经济发展模式。与其他国家不同的是，美国的农业基础良好，因为美国工业发展是从农业的棉纺织业开始的，奠定了农业的基础性地位，从而使美国农业一直以来发展较快，未出现过农业衰退等现象，反而在解决粮食需求、提供原料和扩大国内市场方面为城市化创造了条件，可以看出美国乡村建设是在工业化的强劲推动下进行的。

为了避免战争以及减少未来战争对经济的破坏及保护资本主义者利益，美国实施了分散化的城镇发展模式。同时，当时的美国对乡村基础设施建设有很高的要求，1954年，美国乡村基础设施水平已经大大高于战后的欧洲。20世纪60—70年代，美国通过发展小城镇分散城市人口，并鼓励城市居民向乡村迁移，从而推进了"示范城市"计划，大力发展小城镇，在城市周围大量建设"新城或新镇"。20世纪70—80年代，由于美国现代农业发展模式与工业化十分相像，可以说是工业化的一个变种。20世纪80年代，美国农业出现了土壤衰竭问题，造成农业生产力下降，因此美国开始推行可持续农业发展模式恢复生态系统——"低投入可持续农业"。在同一阶段，私人房地产市场接手运作乡村建设，并对日渐衰退的城市中心给予公共财政补助。

美国乡村建设的健康发展离不开规划体制的完善，以及联邦政府"自上而下"的统筹部署、规划引领和资金补助，一些基层组织和特殊部门形成的"自下而上"的操作机制同样起到了至关重要的作用。以人为本、尊重居住者的生活需求是美国在乡村建设中的首要任务。此外，美国还十分注重村庄特色的彰显，他们会将本村的历史文化和当地的生活传统发扬光大，以此塑造有个性、独一无二的村庄。

（四）东亚、西欧及美国的乡村建设对比

基于各国不同的国情、经济社会背景和国家发展条件等各种影响因素，以西欧、北美和东亚为代表的发达国家的乡村发展历程以及乡村建设模式各不相同。各个国家乡村建设并没有固定的发展模式和统一的时间表，若要走出一条合理的乡村建设道路，只能基于本国现状条件，借鉴他国经验，形成自身相对独特的乡村建设路径与模式（见表1-5）。

表1-5 欧洲与北美乡村发展演变对比表

发达国家乡村建设的五个阶段（城镇化达到50%）	时间	欧洲乡村建设问题	欧洲乡村建设措施	美国乡村建设
基础设施建设阶段	20世纪50—60年代	粮食安全	土地整理、生产和劳动力就业结构的调整、基础设施的建设和村庄更新，以及改善生活环境等	改善乡村基础设施解决非农人口居住问题
郊区化阶段	20世纪60—70年代	居住	提升乡村基础设施和公共服务设施，解决乡村居住及生活问题	工业、服务业向乡村地区转移
反郊区化阶段	20世纪70—80年代	社会冲突	以乡村更新、区域发展政策来稳定乡村经济与人口问题	以私人房地产市场运作乡村建设，并对日渐衰退的城市中心给予公共财政补助
郊区化成熟阶段	20世纪80—90年代	环境	扩大乡村保护范围，将乡村生态环境纳入城乡生态保护范围	开始解决"城市蔓延"问题，并重整郊区居民点，在已建的居民点实行填充式开发模式
城镇区域化阶段	20世纪90年代至今	城乡协调发展	欧盟的共同农业政策的全面推行，对乡村地区进行公共财政的投入，来推进城乡可持续发展	规划建设"区域城市"，通过新城规划和发展建城

以荷兰、德国为代表的西欧地区，在乡村建设中始终将乡村放在第一位，通过乡村土地整理，对传统乡村进行不断改造和提升，通过在乡村居民点建设基础设施和公共服务设施实现乡村的功能复兴，让农民也能享受到与城市一样的生活环境，并拥有比城市更优美、更生态的自然景观，其乡村功能复兴基本产生在"二战"以后的高度城镇化阶段。

以美国为代表的北美地区，属于典型的工业化带动农业发展的乡村建设模式，它与西欧最大的区别是在乡村建设中以城市或城镇为中心，通过在郊区化的"空地"上进行"新城开发"发展乡村地区，其城市蔓延、生态环境污染、乡村地区可持续发展将成为急需解决的问题，并从城乡空间统筹角度研究都市边缘地带的建设控制和整合问题。

以日本为代表的东亚地区乡村建设，属于典型的人多地少的国情，并有着农耕传统，以及家族式、小规模的农田持有和农业生产方式根深蒂固的特点。自"二战"以后，日本农村发展经历了由衰落到兴起的漫长历程，半个多世纪的农村建设道路，实现了由城乡差距较大到新农村建设的转变。日本在乡村建设中注重以人为本，将农民作为乡村建设的主体，直接受益者是农民。其乡村建设是由农民自发组织兴起的"自下而上"的发展模式，政府为乡村建设做引导工作，且为农民提供技术、资金等支持，将农村建设的主权和选择权全部交由农民。以此发挥农民的主体地位，并激发他们的积极性和创造性，真正让农民能够实现自我管理和服务。

以韩国为代表的东亚地区乡村建设，与日本最为不同的一点是通过"自上而下"的政府主导型模式展开，具有一定程度的强制性、指令性和非民主色彩。但这种自上而下的模式不包揽一切，韩国政府也比较尊重民意，他们通过对全国各村庄提供建设材料和资金的支持，从相对简单的基础设施改造做起，激发村民的积极参与性，而后政府开始慢慢降低对村庄的支援力度，将主动权交由民众手中。除了物质性的援助，新村运动在精神层面上的努力也必不可少，以传统社会结构和价值观为依托，提升国民精神与现代意识，从而将新村运动引向成功。这是一种自上而下和自下而上相互协调合作的过程，并具有循序渐进的理想效果。

（五）乡村建设的动力机制

1. 乡村发展与建设的影响因素

发达国家成功的乡村建设案例都是在一种或两种资源中，开发出都市需求的独特功能。例如，日本乡村建设"一村一品""一村一景"的形成，铸就了乡村发展的持久动力和独特品格。根据以往研究总结和以上发展经验分析，可以将创造乡村聚落"个性化、差异化、特色化"的资源归结为五个方面（见图1-4）。

（1）人——地方发展领袖。带领农村的建设者，以及著名的历史人物、拥有特殊技艺的人，有特色的地方住民活动，例如，环境保护、国际交流、节庆祭典等。

（2）地——指自然资源。例如，特殊的青山、绿水、温泉、雪、土壤、植物、梯田、盐田、沙洲、湿地、草原、鸟、鱼、昆虫、野生动物等。

（3）产——指生产资源。农林渔牧产业、手工艺、饮食、加工品、艺术品等，以及拓展产业的观光、休闲、教育、体验农业、市民农园及农业公园等。

（4）景——指自然或人文景观。例如，森林、云海、湖泊、山川、河流、海岸、星星、古迹、地形、峡谷、瀑布、庭园、民俗文化、建筑等。

（5）文——各种文化设施与活动。例如，寺庙、古街、矿坑、传统工艺、石板屋、童玩，有特色的美术馆、博物馆、工艺馆、研究机构、传统文化与习俗活动等。同时，要完善乡村建设机制，不断提升农民创建"美好家园"的参与热情和积极性。在整个乡村开发过程中，广泛动员当地居民的建设积极性，并保证有合理的收益反馈。

2.乡村发展与建设的机制框架

根据以上乡村发展的影响因素分析，较为成功的乡村发展案例，其行动主体离不开地方政府、企业和居民（农户）的相互作用，形成推动乡村持续发展的地方产业体系，以及完善的基础设施、良好的生态环境和特色的地方文化。可将国内外乡村发展的动力机制框架归纳如图1-4所示。

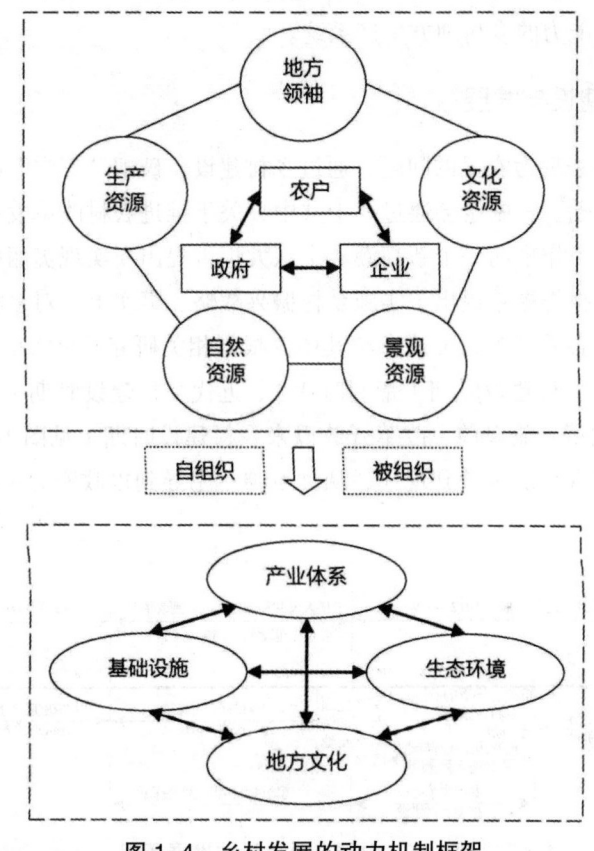

图1-4 乡村发展的动力机制框架

（1）产业体系，指能够支撑乡村快速发展的内生动力，包括现代农业体系、现代旅游业体系和地方小型工业体系，一般更为强调用工业化、信息化的手段组织形成农业产业链系统或旅游业产业链系统。

（2）基础设施，指能够保证和维持乡村产业经济发展、居民便捷生活生产的系列硬件基础设施和软件服务设施，包括道路、网络、水电、排污、学校、医疗、法律等，这些属于乡村发展的基础动力。

（3）生态环境，指产业、乡村、居民等生产与发展所赖以存在的基本条件，属于一种开放性和扩散性的组织系统，相对于聚集式的城市系统，更能够体现出乡村聚落的本质属性。

（4）地方文化，指能够区别于城市和其他乡村特征的内在属性，是每个成功乡村具有自身魅力而不可缺少的灵魂，包括农耕文化、牧渔文化、民风民俗、地方名人、节庆盛事等。

同时，在当前我国乡村发展过程中，区位和机遇两大条件也扮演着必不可少的角色。例如，在浙江省内部，安吉县"美丽乡村"的成功建设正是由于充分发挥了地处沪宁杭三大都市连线核心的区位优势，并顺应城市化快速发展所带来的市场机遇，但该模式无法完全复制到浙西南拥有相近地方资源的龙游、江山、遂昌、泰顺等县市。在中国区域范围内，东部沿海地区乡村发展与建设的条件和路径，区别于中西部地区乡村。因此，人们再次强调产业体系、地方文化、基础设施、生态环境四大条件在每个乡村成功崛起中的重要作用，即它们可以形成一个具有自生能力的乡村地方生产系统。

二、中国乡村建设与发展

中国的问题更多表现为农民的问题，通过乡村建设，破解"三农"问题一直是中华民族的强国之梦。党的十七届三中全会通过《中共中央关于推进农村改革发展若干重大问题的决定》将我国乡村建设工作推向一个新高潮。十八大报告提出要实现美丽中国的目标，重点和难点在乡村；十九大报告更是提出了实施乡村振兴战略。事实上，对乡村建设的探索在历史上从未中断过，社会各界以各自方式参与其中。根据相关研究，可将中国乡村建设划分为4个发展时期，即传统乡村建设时期（帝制时代）、近代乡村建设时期（民国时期）、中华人民共和国成立后到改革开放以前、改革开放以来乡村建设时期（见图1-5）。在此发展过程中，中国乡村建设实现了从传统到现代、从"乡绅"主导到以政府为主的"多元化"、从单一到综合的转变。

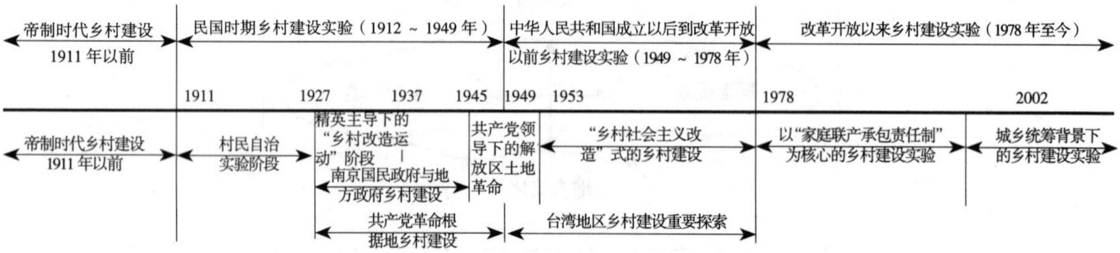

图1-5 中国乡村建设的发展历程

（一）传统乡村建设时期（1911年之前）

秦汉以来建立的大一统国家及形成的具有凝聚力的中华民族整体文化，促使城乡融合伴随着农业经济社会发展而趋于稳定，并延续了两千多年。虽然某个时期的若干政策限制了城乡交流，但是，整体历史和文化以城乡融合为主要特征。因此，中国传统乡村是农业社会维系社会稳定与发展一切资源的基础。古代中国即使发生改朝换代，传统乡村社会基本上很快恢复或保持相对稳定，表现出强烈的内生性特征，这也是中国内生性社会与文化力量的重要体现。

历史上的乡村建设多是依赖传统的乡绅制度与农耕文化，乡绅部分来源于科举制度下的读书人。由于没有公共财政积累，乡村的公共服务多是由乡绅、商人与上层精英承担，如村庄规划、建设与管理，农田水利和公共建筑的兴建，修桥、铺路、造凉亭以及市政设施的建设等。同时，乡绅作为联系国家政权与基础农民的关系纽带，还充当着维护本乡利益，承担公益活动、排解纠纷的社会责任，这种乡村内生性的发展模式进一步强化了乡绅的社会与政治地位。正是在这种社会制度与文化背景下，传统乡村建设呈现出相对有序、稳定的发展状态，具有明显的"自组织"特征，形成了长期的、典型的"乡绅"式乡村建设模式。

（二）近代乡村建设时期（1912—1949年）

近代鸦片战争以来，特别是随着清朝灭亡逐步进入民国以后，受西方列强侵入及资本主义政治经济力量的影响，中国传统农业经济社会及其体制逐渐解体，乡村社会在国家制度层面已经无法继续循环历代皇朝更迭的稳定局面，相应的意识形态和传统文化遭到很大冲击，并趋于离散，城乡关系开始出现对立的格局。乡村良绅为逃避衰败乡村迁移到近代工商业城市，在此背景下，乡村士绅阶层出现了"痞化"，蜕变为"土豪劣绅"，中国城市和乡村分别成为先进和落后、文明和野蛮的代名词。此时，乡村建设再也无法继续复制传统社会模式。

1. 以"村民自治实验"为代表的阶段（1912—1927年）

该阶段的乡村建设实验主要由民间有能力的人、地方军阀推动乡村自我发展和自我管理，代表人物有米春明、米琢、孙发绪及阎锡山等。当时，参与乡村建设的团体众多、成分复杂、模式多样，既有地方士绅，又有政府、军阀，也有民间组织、国外组织。有限于某项专门的活动，如农民教育、乡村合作社、乡村自卫、农业技术及良种推广等，也有针对乡村综合问题进行乡村建设实验。典型案例包括翟成村"村民自治实验"和阎锡山的"山西村治"（见表1-5）。

表1-5 近代中国乡村建设的典型特征

主　体	主要人物或组织	主要实践	乡村建设的特点
非正规主体	梁漱溟的山东乡村建设研究院	山东邹平	将乡农学校作为政教合一的机构；组织乡村自卫；组织农村合作市；以谋求乡村文明、乡村都市化
	晏阳初的中华平民教育促进会	河北定县	采用学校教育、家庭教育、社会教育来推行"文艺、生计、卫生、公民"四大教育
	黄炎培及中华职业教育社	江苏徐公桥	实施乡村的普及教育，推广合作，改善农事、提倡副业和推行新农具，建设道路、桥梁、卫生等公共事业
	卢作孚	重庆北碚	实业救国，带领村民修建铁路、治理河滩、疏浚河道、开发矿业、兴建工厂、开办银行、建设电站、开通邮电、建立农场、开发贸易、组织科技服务；重视文化、教育、卫生、市容市貌的建设
正规主体	军阀（阎锡山、孙发绪、米春明等）	翟成村的村民自治实验	传统乡村建设模式的延续，在此基础上，提高乡村组织化程度，发展乡村教育以及推广农业技术

该时期的主要成果包括提高原来一盘散沙式的乡村组织化程度、加强生产和消费的互助合作、发展乡村教育，以及推广农业技术等。在一定程度上，它仍然是传统乡村社会"乡绅"模式的延续。但是，它已经突破传统模式，并以乡村自治制度化为主要特征，标志着向近代民主自治的转变。

2. 精英主导下的"乡村改造运动"阶段（1927—1937年）

针对20世纪30年代乡村社会严重衰落的局面，知识精英发起了一场声势浩大的乡村建设运动。高潮时期全国从事乡村建设工作的团体与机构达600多个，先后建立各种实验区1 000多处。从1927年开始，以一批留学美、日的知识分子为主体展开了救济乡村的社会改良运动，形成了乡村建设、研究的高潮，主要代表人物有梁漱溟、晏阳初、黄炎培、陶行知和卢作孚等。典型案例包括：1929—1937年梁漱溟及山东乡村建设研究院的"邹平模式"、1928—1937年晏阳初和中华平民教育促进会的"定县模式"、卢作孚的"北碚模式"、彭禹庭的"宛西自治"、黄炎培等人和中华职业教育社的"徐公桥模式"、陶行知和中华教育改进会的"晓庄模式"（见表1-5）。

其中，梁漱溟从文化入手寻找乡村现代化的突破点和方向。他认为中国的问题不是政治问题，也不是经济问题，而是文化问题。"创造新文化、救活旧农村"是梁漱溟选择的乡村建设路径，意在选择以儒家文化为核心的传统文化改造进而引发政治、经济改造的乡村建设。他把乡村组织起来，建立乡农学校作为政教合一的机关，向农民进行安分守法的伦理道德教育，达到社会安定的目的；组织乡村自卫团体，以维护治安；在经济上组织农村合作社，以谋取"乡村文明""乡村都市化"，并达到全国乡村建设运动的大联合，以期改造中国。

晏阳初认为乡村建设的使命是民族再造，只有改变中国人"愚、穷、弱、私"的四大病症，才能改造出具有现代化素质的新民。因此，乡村建设实验设计了"四大教育"（文艺教育、生计教育、卫生教育、公民教育）和"三大方式"（学校式、社会式、家庭式），并推广合作组织、创建实验农场、传授农业科技、改良动植物品种、创办手工业和其他副业、建立医疗卫生保健制度，开展了农民戏剧及诗歌民谣演唱等文艺活动，意在使农民最终成为有知识力、生产力、强健力和团结力的现代农民，承担起民族再造的使命。

卢作孚是民国乡村建设史上以经济入手的典型代表。他认为乡村建设的目的不只是乡村教育、乡村救济，而是要使乡村现代化起来，最终实现国家的现代化，明确提出以现代化、都市化为目标建设乡村。建设现代集团生活是卢作孚乡村建设的理论基础，他在北碚带领村民修建铁路、治理河滩、疏浚河道、开发矿业、兴建工厂、开办银行、建设电站、开通邮电、建立农场、发展贸易、组织科技服务等，重视文化、教育、卫生、市容市貌的建设，使北碚在短短的20年，从一个穷乡僻壤变成了一个具有现代化雏形的新型城市。

该类型的乡村建设是在半殖民地半封建社会的条件下，以知识分子为先导、社会各界参与的救济乡村或社会改良运动，是乡村建设救国论的理论表达和实验活动。尽管这场乡村建设运动取得了积极成果，但它没能抓住当时中国发展面临问题的实质，无法解决土地分配不均、农民负担过重等根本性问题，再加上国内军阀战乱和日本帝国主义侵略，大多在20世纪30年代后期便被迫停止。

总体来说，这场乡村改造运动是在维护当时国家现存制度和秩序条件下，进行的实现乡村现代化的社会改良实验和探索。与传统乡村建设相比，它仍然是传统"乡绅"精神的传承，但注入了诸多现代乡村建设思想，引导乡村社会向现代化的方向转型。

针对该时期由知识精英倡导的乡村建设运动，出现了一些检讨、判断和思辨的声音。例如，陈序经认为这些乡村建设工作未超出空谈计划与形式组织的范围；部分乡村建设理论有复古的趋向，拒绝工业化和现代都市文明，没有认清都市和乡村的关系；事实上应该选择都市近郊农村开展实验，利用交通便利和环境相对安宁的条件，把都市的人才、知识、资本等与农村的变革结合起来才能够有所成效。吴景超认为传统乡村建设中在都市发展加深了农村破产，很少关注从都市着眼救济农村；兴办工业、发展交通和扩充金融是发展都市三种重要的事业，可以改善城乡对立的关系，增强城乡要素的流通性。薛暮桥提出从生产关系、从土地作为生产资料的拥有和利用的角度理解和改造农村社会。

3. 南京国民政府与地方政府的乡村建设实验（1927—1945年）

南京国民政府成立后，乡村地区仍然没有摆脱传统地主阶层的控制，中央政府更依靠对乡村进行剥夺以实现对城市发展所需资本与基础资源的积累，导致乡村社会持续衰落。当时的政府对乡村建设主要采取如下措施：力图重构乡村社会，达到政权控制；进行土地整理工作，尝试进行土地革命；颁布有关减租法令和相关政策；成立"农村复兴委员会"，倡导"乡村建设运动"。

但由于国民政府不能够舍弃地主阶级的根基，无法解决土地问题，最终导致其政权被颠覆，乡村建设实验失败。同时，地方政府为了各自政权和统治的需要，采取了诸多具有地方特色、与中央政府不同却行之有效的措施进行乡村建设。典型案例包括：张作霖父子在东北方面进行的乡村改革实践、南京国民政府时期阎锡山的山西乡村建设以及广西新桂系军阀的民团建设等。

南京国民政府和地方政府参与乡村建设表明国家政权力量已经渗透到乡村社会，试图通过整合乡村资源实现国家对乡村的有效管理和乡村社会自身的有序发展，完全突破传统社会"皇权至于县"的局面。然而，这些旨在促进乡村建设的政策措施，借助"经纪型体制"运作，最终成为财源汲取的工具。同时，由于地方割据，国家权力更加难以实现对社会的整合，改进措施也因为触及地方政权利益而难以实施，进而加剧了现代国家建构的合法性危机。

4. 中国共产党革命根据地建设（1927—1949年）

与南京国民政府和精英主导的社会改良性质的乡村建设不同，中国共产党在革命根据地进行了以土地改革为核心的、具有革命性质的乡村建设实验。早期是由毛泽东等共产党人发动农民成立农民协会，打倒土豪劣绅，惩治不法地主，实行减租减息，在乡村中出现了如《湖南农民运动调查报告》中所描述的"一切权力归农会"的乡村大革命局面。此后，根据地的乡村建设实验便逐渐开展起来。

一方面，中国共产党在革命根据地围绕"没收地主阶级土地归农民所有，废除封建剥削制度"展开土地革命、变革乡村土地制度；另一方面，采取积极的经济建设措施，包括发展农业生产、提高农业技术，采取移民政策，实行农贷政策，推广植棉，实行农业累进税，鼓励农民开展劳动互助，扫盲识字等。

中国共产党在革命根据地进行的土地制度变革打击了封建地主土地所有制，确立了农民土地私有制，使根据地显示出十分强大的革命动力。因此，中国共产党正是通过以土地革命为核心，辅以经济建设措施的乡村建设使根据地不断扩大和巩固，最终实现"农村包围城市"的胜利。经验表明，土地制度变革是乡村建设与发展的关键性要素。

（三）中华人民共和国成立后到改革开放前的乡村建设时期（1949—1978 年）

1950—1953 年我国开展共产党领导的土地改革运动。到 1953 年春，中国内地除了少数民族地区以外，完成了中国历史上规模最大的土地改革运动，约 3 亿无地少地农民分得 7 亿亩土地。在此基础上，为恢复和发展农业生产，国家还采取诸多措施，包括颁发土地证、恢复和发展农副业生产、取消地方农业附加税、提高自由借贷、鼓励农民扩大再生产，以及兴修水利等。

国家正是通过以土改为核心、以恢复和发展农业生产为重点的乡村建设，释放了农民劳动积极性，使乡村生产力和农民生活水平得到提高。比如，1950—1952 年比上年农业生产总值分别增长 17.8%、9.4% 和 15.2%；到 1952 年，全国粮食产量超过此前历史（1936 年）最高水平。土改虽然实现了"耕者有其田"的理想，但生产方式仍然是农地私有制的小农经济。考虑到小农经济与农民致富、工业化原始积累之间存在矛盾，以及为了避免平均地权后的小农破产和大地产形成的历史轮回，国家期望通过合作社的形式将农民组织起来，将农民个体劳动转化为集体劳动，变农民土地所有制为集体土地所有制，以乡村所有制变革为核心，推动整个乡村社会继续变革。

在"二五""三五"计划时期，我国提出了"建设社会主义农村"。1957 年，《人民日报》发表标题为《建设社会主义农村的伟大纲领》的社论，认为《一九五六年到一九六七年全国农业发展纲要》目标实现之后，"农业和农村面貌将焕然一新"，在农村建立社会主义制度。国家进行了一场近似"乌托邦"式的共产主义乡村建设实验，包括合作化运动和人民公社化运动两个阶段。期间出现了农业学大寨、知识青年上山下乡的运动，以及江青小靳庄乡村建设实验等。

事实上，这场实验是国家为了实现乡村社会主义理想和追求工业化发展战略的制度安排。然而，在此实验过程中，乡村社会非但没有得到快速发展，反而出现了停滞不前，多数地方没有摆脱贫困落后面貌，农民生活水平也没有得到大幅度提高。尽管如此，该轮乡村建设给乡村社会带来了一些积极变化。一方面，农民集体化生产极大地推动了道路桥梁、土地整理、大规模农田水利等农业基础设施建设，为农业生产提供了基础条件；另一方面，建立了相对完善的乡村基础教育制度和乡村合作医疗制度，乡村公共服务设施得到加强。例如，基础教育使小学生入学率由 1963 年的 57% 提升至 1976 年的 96%，以及乡村赤脚医生制度的出现，人均预期寿命从 1949 年仅为 35 岁增加到 1981 年的 68 岁。因此，正是这些成就，包括培养储备了为外资所青睐的素质优良而价格低廉的劳动力大军，使中国社会改革开放后呈现出爆发式增长，为乡村发展打下了良好基础。

（四）改革开放以来乡村建设时期（1978年至今）

改革开放以来，我国农村发展与建设实践步入新的阶段。我国政府为解决"三农"问题，再次颁下涉农中央一号文件和不定期召开农村发展重要会议，并注重在示范实践中不断探索农业和农村发展的一系列方针与政策。以十一届三中全会为标志，我国乡村开始由贫困集体主义经济向温饱小农家庭经济转变，乡村建设实验进入新的发展阶段。

1. 以家庭联产承包制为核心的乡村建设（1978—2002年）

党的十一届三中全会开始推行农村家庭联产承包制改革。以安徽小岗村发起的"大包干"乡村改革为契机，全国掀起了改革开放的序幕。1983年家庭联产承包责任制确立，恢复了家庭作为乡村社会基本生产经营单位的微观基础，符合传统农业生产的规律，也解决了人民公社中劳动生产存在的激励与监督制度。1984年中共中央办公厅批转了《全国文明村（镇）建设座谈会纪要》，1991年中共十三届八中全会明确提出了20世纪90年代建设新农村的总目标，1998年中共十五届三中全会《中国中央关于农业和农村工作若干重大问题的决定》，使用了"建成富裕民主文明的社会主义新农村"等概念。在此背景下，中国乡村社会迎来了发展的黄金时期，乡村面貌和农民生活发生了巨大变化，基础设施、人居环境、精神文明、民主法治等方面都有了明显的进步。

然而，家庭联产承包责任制并没有改变小农生产的基本格局，除了因激发生产者积极性在其实施的前几年内促进乡村经济快速发展之外，并没有促进乡村经济的持续快速增长。具体到乡村建设层面，虽然大多数农民新建了住房，解决了居住面积的短缺，但农民生产单干使乡村发展缺乏合作基础，在市场面前如同一盘散沙，缺乏竞争力。同时，也导致了乡村公共产品严重缺乏，经济制度、民主政治以及基础设施等方面建设也大多徘徊不前。虽然出现了江苏华西村、河南南街村、天津大邱庄等"明星村"，走着与"大包干"不同的发展道路，但其治理模式和民主建设存在较大争议，仅属于农民自觉探索乡村建设的典型案例。在社会团体或个人层面，也出现了杜晓山等小额贷款实验项目、茅于轼等龙水头模式、山西柳县前元庄实验学校、寨子村农民协会以及南张楼村巴伐利亚城乡等值实验等。

2. 新时期城乡统筹背景下的乡村建设实验（2002年至今）

2002年召开的党的十六大提出将城乡统筹作为国家发展战略，为破解"三农"问题提供根本性的路径选择。2003年开始实施农村税费改革，直到2006年我国结束了长达2600多年的"皇粮国税"。2004年以来的中央一号文件均是关注"三农"问题。2005年，国家决定从产业、基础设施、体制等8个方面实施"社会主义新农村"发展战略。2008年，十七届三中全会明确变革农村基本制度，发展现代农业以及农村公共事业等。2009年，人力资源和社会保障部宣布将实行农民普惠式养老金计划。这些措施表明中央政府进行乡村建设的力度和决心，使乡村建设成为国家发展的焦点。

在实际操作层面，我国深入开展了新农村建设的典型示范与推广工作。主要包括：农业部在全国范围内选择了100个不同区域、不同经济发展水平、不同产业类型的村庄（农场）作为示范点；国土资源部拟在全国范围内启动"万村整治"示范工程建设；科学技术部积极组织新农村建设科技攻关与示范重点项目。在地方政府层面，乡村建设积累了不少经验，典型案例包括江西赣州新农村建设、浙江"千村示范、万村整治"工程、海南省文明生态村建设、广东省村庄基层组织建设、山东省"百万农房建新房"工程，以及苏南乡村现代化实验等。

其中，①江苏全省开展农村危房改造、改水工程、公路建设、新型农村合作医疗制度建设等惠及千家万户的五件实事，拉开了新农村建设的序幕。②苏南农村现代化建设实验，从 20 世纪 80 年代初的"耕作机械化、农艺科学化、经营规模化、服务社会化、农民知识化"，发展到现阶段的"农田向规模经营集中、工业向园区集中、农民向小城镇集中"和城乡一体化实验。③海南省以"建设生态环境，发展生态经济，培育生态文化"为目标的文明生态村建设，引起了广泛的社会关注。④广东省从基层组织建设切入，开展了一系列创建活动，如肇庆市实施的"千村生态文明工程"，德庆县农村的"五改、五有"，徐闻县"千官扶千村"所进行的"四通、五改、六进村"活动。⑤山东省启动"百万农户建新房"工程，省财政厅筹资 4.4 亿元用于补贴规划制定、"以奖代补"和村庄"腾空地"整理复垦，而国土资源部门全力推进城乡建设用地增减挂钩试点建设，全省大部分城市为此安排了财政专项资金扶持，初步建立了统筹规划、多方协作的良性运作机制。

在社会团体或个人层面，典型案例包括温铁军的晏阳初乡村建设学院、小井庄社区发展基金会实验、何慧丽的兰考实验等，以及华润希望小镇的乡村建设实验等。与此同时，农民自主创新得到延续，如滕头村、小岗村和大寨等，还有非政府组织（NGO）、志愿者、实业家以及大学生都以各自方式参与到乡村建设实验中。

总体来说，该阶段乡村建设是在我国具备工业反哺农业、城市支持农村的经济实力条件下对如何实现乡村、破解"三农"问题所进行的又一次创造性探索，实践活跃且形式多元。基于以上分析，可将中国乡村建设实验演变归纳为传统期、转型期、成长期和综合期等 4 个阶段（见表 1-5）。

表 1-5　中国乡村建设的演变特征

乡村建设实验阶段划分		主要背景	主要特征	总　体
帝制时代乡村建设		内生型农业社会；乡绅充当乡村社会与国家政权的关系纽带	"乡绅"式乡村建设模式，即乡绅阶层从政治、经济与文化上引导农民进行乡村建设	传统期
民国时期乡村建设实验	以"村民自治实验"为代表的阶段	清末政府衰落；国际贸易和工业技术冲突	以"乡村自治"为主要特点；传统模式延续；向近代民主自治的转变	转型期
	精英主导下的"乡村改造运动"阶段	国内军阀混战；日本侵略；乡村持续衰败	以知识精英为主的改良性质乡村改造运动；引导乡村建设模式由传统向现代转型	

(续表)

乡村建设实验阶段划分		主要背景	主要特征	总体
	南京国民政府与地方政府的乡村建设	巩固执政地位的需要；乡村持续衰败	体制改良式乡村建设；乡村建设被整合到国家政权统治和国家发展当中	
	共产党革命根据地乡村建设	乡村持续衰落；共产党领导谋求民族独立要求	以土地革命为核心、具有革命性质的乡村建设模式；颠覆传统模式所依赖的基础	
中华人民共和国成立以后改革开放以前乡村建设实验	共产党领导下的解放区的乡村建设	中华人民共和国成立；恢复和发展国民经济的需要	以土改为核心，及配套经济建设政策的乡村建设模式；完全改变传统模式	成长期
	"乡村社会主义改造"式的乡村建设实验	国家工业化进程，农民致富内在需求；乡村"共产主义"理想追求	乌托邦式的"共产主义"乡村理想建设模式尝试；以人民公社为主要形式、集体化生产生活为主要特征；农村支持城市	
	台湾地区乡村建设的重要探索	国民党继续对台湾实施管理；台湾乡村的衰落	以土地制度改革为主，包括构建农会组织等多种措施的综合乡村建设	
改革开放以来乡村建设实验	以"家庭联产承包责任制"为核心的乡村建设实验	改革开放；社会主义市场经济体制确立	以家庭联产承包责任制为核心、配以多项措施的综合乡村建设；改变人民公社时代单一的乡村建设实验	综合期
	城乡统筹背景下的乡村建设实验	全面建设小康社会；具备城乡统筹发展的经济实力	以破解"三农"问题为核心的综合乡村建设；政府成为乡村建设的主导力量；乡村建设多元化而活跃、实验内容创新	

第三节 乡村问题与乡村振兴

中国数千年的农耕生产，使乡村地域一直主导着中国社会文明的进程，构成支撑整个国家经济和社会结构的基本面。改革开放后三十多年的发展使"超稳态"的乡土社会结构面对快速城镇化的冲击，产生了很多不适应，诸如城市一味地蔓延硬化景观使自然风光缺失，财富因素主导下的社会分层使空间破碎化日益突出，高度的人口流动使个人对地方（社区、城市、故乡）归属感迷失——从根植于土地的乡土社会到无根的、快速变化的城市社会，人们逐渐患上了"乡愁"之病（张京祥等，2014）。由此可见，多年来累积的城乡矛盾和繁芜的社会经济问题，表明乡村问题构成了中国城镇化与现代化问题的基础与核心。在此背景下，

城乡制度变革背景下的乡村规划理论与实践

人们需要思考的是，乡村之于当今中国的社会经济发展究竟有什么样的意义？真正需要的是怎样的乡村？

一、乡村问题

（一）"三农"的非农化

在长期的城乡二元结构主导下，我国的城乡关系一直处于动态演变之中，尤其乡村作为被动"受体"，在农业生产、土地利用及农民生活等诸多方面都经历着剧烈变动的转型过程。"非农化"成为乡村在由城市化与现代化所定义的"城市中国"语境下的主流趋势，具体表现为农民、土地和农业的非农化。乡村劳动力、土地、资本三大传统经济要素沿城市端长期单向净流失是"三农"问题产生的本质。

农民非农化是城市化需求的拉力与乡村内部人地矛盾的推力共同作用的结果，是现代化进程中的必然现象。改革开放以后，农民的"非农化率"由 1982 年的 8% 上升至 2004 年的 38.4%，至 2011 年高达 55.87%（见表 1-6），农村富余劳动力大规模转移流入城市，从传统农业部门转向非农生产部门。但是，农民的非农化与市民化并非同步，这些非农劳动力的身份和职业并没有实现彻底转化，而是在城乡之间呈现出特殊的"钟摆"现象，其生存的前景与未来充满了风险与忧患。

土地非农化是指土地由原来的农业用途转变为非农用途，本质是土地在农业用地与建设用地两种用途之间竞争博弈的结果，是工业化、城镇化与现代化的内在诉求与必然趋势。土地非农化的主要途径有：农村土地的城市流转、转化为乡镇集体企业用地或农村建设用地，总体上呈现"土地非耕种化"趋势。

表 1-6　1982—2011 年我国乡村"农民非农化"统计

年　份（年）	1982	1985	1989	1993	1997	2001	2004	2006	2009	2011
农村总劳动人数（亿人）	3.39	3.71	4.09	4.43	4.60	4.82	4.97	5.31	3.01	4.05
非农化劳动人数（亿人）	0.27	0.67	0.85	1.10	1.36	1.58	1.91	1.32	1.49	2.26
非农化率（%）	8.00	18.06	20.78	24.83	29.57	32.78	38.40	24.86	44.80	55.87

农业非农化是指随着农民非农化和土地非农化，农业也从其生产阶段脱离出来，逐步呈现"农业非生产化"趋势。国外学者把这种农业非农化转型趋势概括为农业/生产主义（Productivism）向后农业/后生产主义（Post-productivism）的二元转型。就我国现实情况而言，具体表现为：①农业日益兼业化，逐渐形成"代际分层的半工半耕"的社会形态。这是由于乡村大部分男性劳动力外出务工，并把务工、经商等作为家庭的主要经济收入来源，农业作为家庭副业，乡村逐步表现出"兼业化"现象，进而导致"空巢化"的大量空心村出现。②农业的去农业化，由消费主义塑造的观光农业、乡村旅游等业态兴起，赋予了农业生产之外的观赏、娱乐、文化等消费服务功能，把农业作为一种商品供城市居民消费。这种现象在

· 022 ·

近二十多年来由都市近郊农村开始显现,并逐步影响到许多乡村农业的发展。

(二)乡村的衰退与异化

在"三农"非农化背景下,中国大部分乡村面临着村庄的衰退终结或蜕变异化。村庄的衰退是指当前普遍存在的"空心村"现象,这些衰败的村庄在城市市场的巨大吸附作用下,原本的自组织经济、社会治理体系被完全打乱,劳动力、资金、土地等生产要素出现净流失,乡村社会和风俗彻底瓦解,乡村精英大量流失,数千年的农耕文明日益消融。同时,还有一类村庄由于相邻城市,受城市虹吸效应的影响,形成了"拟城市"的城中村,人口结构的改变逐步促使传统村庄走向了终结状态(见表1-7)。

表1-7 当代中国乡村发展的蜕化分析

蜕化路径	蜕化过程	蜕化形式	蜕化形态	典型实例	评 价
村庄终结	边缘化	撤村并点;自然终结	空心村;季节性村庄	绝大部分村落	国内乡村最为普遍的现象,改造整治最为复杂困难0
	城市化	城市蚕食	城中村	深圳渔农村、北京何各庄村、苏州城中村等	成为"都市里的村庄",形式类似西方的"贫民窟",但社会结构差异较大
村庄异化	异质化	旅游与商业结合开发	旅游型村庄、消费型村庄(商业村)	以历史文化名村为首的村庄,江西婺源、苏州周庄、湘西凤凰等	在短期内能促进经济发展,但也在不同程度上存在"过度商业化"现象
	工业化	工业主导	超级村庄(工业村)	泉州晋江"超级村庄"、广东横石塘镇工村等	以发展非农产业为主,"去农业化"现象明显,生产生活方式与城市趋同,乡村特质缺乏

村庄的蜕变是指脱胎于改革开放初期以村办企业起家的村庄,如江阴的华西村,其发展轨迹多与村庄有能力的人治理密切关联,受国家政策、区位条件及乡村能人的带动作用,集体经济异常发达,并引入股权化的现代公司管理制度,其产业、投资、空间等均表现出工业化驱动下的"超级村庄"特征,本质上已经与城市社区建设差异不大。与之相比,还有一类村庄选择了非工业化的商业服务发展模式,凭借优越的区位条件或资源禀赋,形成旅游型村庄或消费型村庄,如江西婺源、江苏桠溪。这些村庄将传统乡土文化抽象化、符号化,更多关注游客的体验与消费,缺乏对村民主体的全方位考虑和乡村社区的营造。

(三)乡村建设的局限性

在乡村问题日益凸显的背景下,从国家到地方各级政府相继出台各类政策,积极扶持乡村的发展与建设,从土地流转、物质环境建设、产业投资等方面进行了实践探索。例如,江苏省的"万顷良田"工程和浙江省的"千村示范、万村整治"工程,在一定程度上提升了农业的规模化经营、农民的居住环境以及农村的经济活力,但也存在相应的局限性。

一是实施乡村土地整理和农业产业化措施，具有片面追求城乡建设用地增减挂钩的倾向，部分新农村建设违背了农民的意愿，更多是统筹乡村土地资源为城市空间扩张而服务。同时，当前农业规模化程度依然很低，乡村人力资源贫瘠与老化现象加剧。例如，多数省份农户承包经营的耕地规模平均不足3 333平方米，大部分农户的经营面积低于2 000平方米。与之相比，农业规模化经营的世界平均水平达到10 666平方米，而在农业从业人员中，51岁以上的人员比例达到55%，高中及以上文化水平的仅为1.8%，较10年前减少了2.5个百分点。从中发现，当前乡村建设过程中的农业结构存在锁定危机。

二是各级政府层面推行的乡村物质环境建设，多集中在沿海经济发达、城镇化水平较高、政府财力相对充裕的省份。省级政府和地方政府联合行动，投入大量资金和人力，避免简单的撤村并点和大拆大建，也比较关注农民的需求意见，收到较好的建设成效。但是，这种建设方式具有相应的局限性，如个别地区的省、市、县三级财政多头多轮重点打造示范村工程，个别村庄资金甚至达到上亿元，已经失去了示范意义。同时，乡村建设具有重"物"轻"人"、乡村格局"点""面"两极分化的特点，仅在短期内显著改变了村庄的景观风貌，还缺乏从经济社会深层次动力机制上解决当前乡村的发展问题。

二、乡村价值

乡村是在一定地域范围内，由自然禀赋、区位条件、经济基础、人力资源、文化习俗等各要素交互作用构成的、具有一定结构和功能的开放系统。其中，自然资源、生态环境、经济发展和社会发展等子系统构成乡村地域系统的内核系统，由此也赋予了乡村的生活、生产、生态及文化功能，这些功能恰恰是乡村自身价值的重要体现。有学者将乡村的价值归纳为农业价值、腹地价值、家园价值，这基本涵盖了乡村在现代社会中的经济、社会、文化、生态各个方面的重要功能。

（一）经济价值

乡村的经济价值更多表现为农业价值，这是由于农业是人类生存与发展的基础，乡村是农业生产的基地、食物资源的供给之源，乡村的价值首先体现在农业生产的载体上，形成了乡村的首要功能。同时，由农业生产衍生出来，乡村所蕴含的价值还包括了粮食和耕地的安全、食品的安全、农业经济等基础性内容。在国家层面，农业是国民经济的基础，也是经济运行和社会发展的基本保障，甚至关乎"粮食主权"的重大世界性问题。党的十八届三中全会后，明确将粮食生产上升到国家安全的高度，而乡村作为农业生产的载体，其价值必将得到强化。

在农户层面，乡村是村民实现自给自足庭院经济的重要载体，这种特征不但体现在中国，即使人均收入超过1万美元的发达国家也是如此，如丹麦、荷兰、英国等。自古以来，这类以家庭经济为纽带的组织，在自身管理、自我完善和修复方面比城市更为稳定，城市甚至依附于乡村而存在。改革开放以后，尽管农业在我国国民生产总值和农户收入构成中所占比例在下降，但农业生产对农民生计的隐性支持却始终存在，乡村也成为城市重要的市场腹地，这也是中国城镇化能够得到快速推进的重要原因。同时，乡村生产中也体现着循环经济、低碳生活的智慧，从消费模式看，农业、农村采用的是低成本循环利用模式，每一生产环节紧扣下一环的化解利用，生产、消费、分解三者是平衡的。

（二）社会价值

乡村的社会价值体现在维护社会稳定的战略性空间功能，具体了国家和个人双重视角下社会安全保障的重要意义。在国家层面，乡村对人口与就业具有巨大滞纳作用，5亿农村劳动力中仍有3亿从事农业劳动，如贺雪峰（2013）用"稳定器"和"蓄水池"形象地揭示了乡村在中国现代化进程中的保障作用。

在地方层面，乡村一直以来是我国的基层治理单元。从传统时期的乡绅治理到当前的村民自治或农民协会，均是我国重要的乡村社会组织，形成的乡规民约在中国传统及现代社会中有着重要的治理内涵。这些乡规民约是传统乡土社会生活中自发形成的，是维系乡村秩序的准则，属于存在于国家秩序、法律秩序以外的社会秩序。

在个人层面，从生命周期的视角看，乡村是众多老龄人口选择的养老地，特别是年纪较大的农民工回乡意愿非常强烈，即使是长期生活在城市的老年人退休后也内心渴望在乡村安享晚年。例如，近年来浙江省的安吉、临安、德清、桐庐等县市（区）乡村建设成效较为突出，其中部分项目属于吸引上海老年人的乡村养老产业。

（三）生态价值

乡村的生态价值首先体现在作为国家的生态屏障。党的十七大第一次提出建设"生态文明"的概念，生态文明必然是基于农业、农村的生态环境的保护与改善。我国在面临生态环境退化、耕地与水资源短缺、粮食和基本农产品价格上涨过快的危机背景下，需要重新考虑农业、农民、农村问题的解决思路，进而构建我国整体健康发展的生态屏障，建立更稳定的粮食和农副产品供应体系。

在乡村建设层面，要用全世界7%的耕地、7%的淡水资源支撑中华民族的生存和发展，就必须留住农村的耕地、林地、水源地等生态资源，建立起人与自然和谐相处的农业、农村发展的新模式。例如，日本在1980年制定的"农改基本原则"，主张农村要发挥五大功能，即供给粮食，适度配置人口，维护社会均衡，有效利用资源，提供就业场所，提供绿地空间、形成自然植被，维护文化传统。

在个人层面，乡村的生态价值包括了对生命历程的教育意义。在农业文明的演化过程中，人们逐渐学会尊重自然、顺应自然、保护自然，按自然规律办事的习惯。例如，近年来大都市周边体验型农业的兴起，吸引了城市居民进行农事体验，通过人与自然的直接接触，使人们感受四季的自然变化，更加珍惜生命、敬畏自然，进而也赋予了农业的生态、生活及生命的重要意义。

（四）文化价值

乡村的文化价值蕴含着深刻的家园价值，具有无形但极其重要的社会文化内涵，超越了经济生态等功能实用主义的理解。首先，乡村作为一种人居环境的存在，是祖先耕作劳动、繁衍生息的地域，附带着集体人居的记忆，至今仍具有重要的生活居住功能。这种人居方式存在了数千年并且具有高度的人类文明，正如人们对于自身历史的思考自然而然地会追溯到乡村文明之中。

其次，乡村的核心价值在于社会文化调节功能，作为平衡城市生活的精神内核。乡村的传统习俗、制度文化，凝聚了全民族的文化认同，是集体主义情感、民族主义情感的基础。乡村田园是中国人自然人文生活的普遍背景与归宿，在传统文化的影响下，人们往往会将原本逝去时光和家园的"怀旧"投射到一个乡村的语境之中。一个繁荣复兴的、可以寄托文明归属和历史定位的乡村因而具备了重要的社会文化意义。

最后，当前乡村的各种文化遗存以物质与非物质文化遗产进行界定，对乡村文明传承具有重要的作用意义。传统乡村承载着基于血缘、地缘、业缘、多样的、本土的风格与基因（如乡土建筑、聚落文化、民间戏曲、传统手工艺等），乡村以其有形或无形的文化特征，勾勒出传统农耕时代田园牧歌的生活场景，进而引发城市群体对乡愁的深刻共鸣。仇保兴指出乡村是传统文化、传统建筑、传统格局的载体，是国家的社会资本，也是包括广大华侨和港澳同胞在内的民族文化之根。

三、乡村振兴

中华人民共和国成立以后，我国相继经历了20世纪50—60年代的"自上而下的牺牲型乡村"，20世纪80—90年代的"自下而上的追赶型乡村"，以及21世纪以来的"多元共识的统筹型乡村"，其对乡村价值的认知逐步从宏大叙事到关注乡村自身的特性，从安全、经济逐步走向兼顾生态、文化的过程。探索中国乡村发展的振兴之路需要人们将乡村的传统基因融入现代语境，重新找回当代中国乡村的重要价值所在。从乡村建设的国际经验与规律看，在乡村建设早期，更多着力于村落环境建设和人居环境改善；在乡村建设中期，注重现代农业建设，重塑大地景观；在乡村建设后期，开展乡村文化建设，提升品质品位。因此，作为一个系统性的概念，乡村振兴内容复杂、表现多元，包括了乡村产业、空间、治理、文化等多方面的内容。

（一）构建城乡要素互动系统

人们首先要把握乡村在城乡连续谱系中所处的地域分工地位，运用更宽广的时空视野、更体系化的发展策略。根据经济学的基本原理，即供需决定价格，可以判断城乡要素相对价格变化是驱动乡村发展的根本机制，而在城乡要素相对价格变化的背后，"人"的迁移是供求变化的关键因素。

随着新型城镇化的快速推进，城市人口比重增高直接带来消费结构的变化，表现为生活消费支出提高、家禽消费提高、水产品消费提高、粮食消费下降。居民饮食结构体现了生活质量，粮食需求下降意味着多元化的农产品需求上升，为农业现代化带来挑战与机遇。同时，由人的迁移所带来的供需失衡，又将导致农产品价格飞涨，需求的"质"和"量"不断提升，菜篮子基地不断消失，种地农民越来越少。城乡差距表现为先拉大后缩小，城乡要素相对价格变化是农民增收的根本动力。

针对单一乡村而言，其发展定位要根据所处的城乡要素流动时空格局进行判断，包括区位条件、要素供给、市场需求、经济水平等因素，从而区分出不同功能类型的大都市外围乡村地域空间。以浙江为例，其乡村要素价格与所在都市圈能级及距离密切相关，从省域四大市区农家乐民宿平均价格看，沪杭地区最高，杭甬地区其次，甬台温地区处于第三，金丽衢地区位居末位，由此决定了不同乡村地域所承担的区域分工，如衢州的乡村业态已经由传统餐饮农家乐休闲转变为国家生态公园体验。

（二）重振乡村产业活力

乡村振兴的重点之一是乡村产业的培育壮大，这也是乡村重塑急需解决的根本性问题。新时期的农业现代化要超越传统的生产，打通城乡发展要素通道，逐步体现乡村产业的多元化发展路径，同时也要符合环境低冲击的基本取向。首先，乡村要继续发挥农业生态传承、保障国家粮食安全、为城市提供安全食品的重任，注重在精品农业、有机农业、品牌农业等方面增添亮点。

其次，深入挖掘产业发展潜力，培育新的经济增长点，鼓励乡村形成一村一品、农业景观、田园文化、体验农家等消费型经济，逐渐走出一条绿色可持续的农业现代化道路。乡村产业的培育应立足于城乡地域系统的差异和乡村地域的多功能价值，积极探索农业与互联网产业、旅游休闲、教育文化、健康养生等深度融合，推进养老产业、养生产业、生态旅游产业等乡村经济新业态。

（三）重塑乡村文化魅力

中国传统乡村具有人类与自然和谐共处的"天人合一"特征。在快速城镇化推进过程中，重塑乡村文化魅力，建构乡土文明不可或缺。首先，要因地制宜地保持地域乡土文化的多样性，最大限度地挖掘和弘扬丰富多彩的地域文化，由乡村向城市输出稀缺的社会文化资本与生态资本，重构一套有别于城市快节奏、高能耗、高污染、高成本的乡土家园系统、生活系统和建筑系统。

其次，要以传统聚落为核心保护特色乡村物质和非物质文化景观，加快开展传统特色聚落保护的法治建设，基于分类、分级指导的原则，科学制定保护规划，建立特色村落保护的资金筹措机制和常态化监管机制。同时，也要完善基础设施建设和公共服务配套，发展旅游服务、文化创意等特色产业，寻求传统文化保护的经济驱动力，满足文化趋同背景下人们对传统乡村文化、乡土记忆、乡亲乡情的情感依恋和精神需求。

（四）重组乡村治理结构

乡村治理是国家治理体系中基础的、重要的环节。中国乡村曾经具有基层自治传统，但在追赶现代化的浪潮中逐步土崩瓦解。当前中国乡村治理结构正在发生多元化的趋向，已经形成了村委会、经济合作社、社会中介组织、基层公共服务组织、群众团体等多种组织结构体系，同时出现了公司化治理、微盈利组织管理模式。

首先，要充分发挥农民组织的主体作用，鼓励"能人治村"，强化农民实体，在党政力量的指引下激发农民的主体性，提升乡村自治组织的治理能力和治理水平，有效避免市场与社会参与力量的错位或越位等矛盾问题。

其次，积极促进农民合作社等集体经济组织的发展，培育从事现代农业生产的新型经营主体，不断探索乡村基础治理向政府管治、公司化管理、村民自治等多元治理模式和多元治理结构的转型。

城乡制度变革背景下的乡村规划理论与实践

（五）重建乡村保障机制

第一，降低乡村投资的门槛与风险。当前投资乡村存在以下可能性风险，一是协调成本高，表现为农民分散决策，农村规则缺位，管理覆盖不足，缺乏规模效应，这需要地方政府自上而下引导并降低制度协调成本，或者由市场需求带动政府配套降低协调成本。二是产权缺位下的高融资成本，表现为农村集体资产产权不明，如宅基地、承包地、集体资产等，产权明晰的分层政策难定，农地入市的政治风险较大，由于缺乏金融和法制保障，导致要素流转成本高，流转率低。

第二，有效实施乡村公共品建设。乡村公共品包括"软"和"硬"两大方面，前者如安全、信用等地方文化，能够极大地降低社会协调成本，后者如面向规模化经营的农业基础设施，可以降低城乡要素流动的交易成本。因此，提供体系化的乡村软硬公共品，是降低交易成本、促进城乡要素流动的关键举措。

· 028 ·

第二章 乡村规划概述

第一节 乡村空间的解读

一、乡村空间构成

(一) 广义的乡村空间构成

从广义上,乡村是一个区域。相对于城市而言,乡村是指以从事农业生产为主要生活来源、族群关系为纽带的人口分布较分散的地区,包含自然区域、生产区域和居民生活区域。按照《中华人民共和国城乡规划法》,城乡规划涵盖城镇体系规划、城市规划、镇规划、乡规划和村庄规划,因此,乡村范畴包括乡和村庄两类人口聚居地,通常存在集镇、村庄(行政村辖域)和自然村三个不同层次的聚落。

集镇是乡村一定区域内经济、文化和生活服务中心,是乡村地区商品经济发展到一定阶段的产物,通常由一定商业贸易活动的村庄发展而成,早期的集镇是城市的雏形。

村庄是乡村村民居住和从事各种生产的聚居点(村庄和集镇规划建设管理条例,1993),是农业生产生活的管理关系和社会经济的综合体,是乡村生产生活、人口组织和经济发展的基本单位。村庄的规模和当地的资源环境、产业、人口、文化传统有关。我国的村庄是一个自治体,土地属于集体所有,村民委员会是村民自我管理、自我教育、自我服务的基层群众性自治组织,办理本村的公共事务和公益事业,调解民间纠纷,协助维护社会治安,向人民政府反映村民的意见、要求和提出建议。

自然村是人类经过长时间在自然环境中自发形成的聚居点,是农村中从事农业生产活动最基本的居民点,也可以说是扩大的家庭,是农村社会的基本细胞,多数情况下是一个或多个家族聚居的居民点,早期多是由一个家族演变而来的,如张家村、李家店、王家塘等,由同姓同宗族的人聚居一起构成,是农民日常生活和交往的社会基层单位。它受地理条件、生活方式等影响,如在山区,可能几户在路边居住几代后就会形成一个小村落。中华人民共和国成立以来,我国乡村的居民点经过多次合并,村庄具有一定的规模,因此,村庄是由一个或多个自然村组成的。

(二) 狭义的乡村空间构成

狭义的乡村空间概念指的是单个村庄聚落空间,通常是指一个行政村辖域的空间范畴,由山、水、田、村、宅等基本物质空间要素构成,是农业生产空间、建筑与各类空间复合构成的本土化空间。借助凯文·林奇的城市意象分析方法，人们对于乡村空间的认知图像亦即"乡村意象"包含山水田、片区、街巷道、边界、村口与节点六个要素。

村庄是构成乡村空间的基本单元，人们现在看到的村庄大多数是在传统村庄的原址上形成和扩展出来的。通常将没有受到工业化和城市化影响的传统村庄的空间形态称为原型，对村庄原型的研究，对于解读乡村空间的成因，认识村庄空间的结构和文化传承的脉络具有重要的意义。

我国大多数村庄是以家族繁衍为原点的。因此，原型的基本空间单元就是一个家族领地，也被称作自然村。自然边界、农田和宅基地三个基本要素构成了基本的空间单元。以水网地区村庄空间为例，出于耕作的需求，首先对自然水系进行整理，使相邻河道的间距通常在 200m 左右，以便于形成自然的排水坡度，利于农田排水和灌溉，河道所围合的空间也就自然成为一个家族领地，并以此构成了明确的产权界线。

（三）乡村空间特征

1. 自然性

乡村空间最首要的特征是自然性，最原始的乡村往往充分利用自然的生态系统服务，形成适宜人居的环境，如利用坡度朝向，采用自然做法，形成小气候。

2. 领域性

乡村空间具有明确的领域性，它由强烈的血缘和地缘关系构成，虽然内部有动态变化，但是基本上是稳定的，有明确的界限。

3. 复合性

乡村的生产生活空间是叠加和重构的，很难清楚区分开。以我国长三角地区的乡村空间为例，由于地处冲积平原和海水与淡水交替之间，生物多样，资源丰富，大量兴建的圩区都是通过人工开挖运河，将所挖出的泥土堆于运河两旁，形成相对地势较高闭合型的"垾"，将房屋建造于"垾"之上，既可防涝，又可获得良好的通风和光照条件。将围合在地块内部的水排到运河后获得耕地，在地块中部保留洼地作为鱼塘，使地块具有一定的水量调节和蓄洪能力，形成由"垾、宅、田、塘"四要素共同构成一个圩的基本单元，同时也是一个基本的家族领地。这些相似和连绵的基本单元构成了圩区，这种古老的空间体系沿用至今，支撑着水乡地区的生产生活和社会经济的发展。纵横交错、四通八达的运河既是水量调蓄的空间，又沟通了村庄之间，以及村庄和外部联系的水路交通体系。村落沿水路而筑，呈线型，每户都可以公平地取水和排水，享受平等的区位条件。从村落到耕地中心的水塘依次安排住宅、柴草燃料堆放、家禽家畜养殖、蔬菜种植、水田和鱼塘。由于宅基地地势较高，有利形成自然排水坡度，使生活污水从住宅自然流向农田，实现有机灌溉，并使剩余营养物质最终汇集到圩田中心的水塘喂鱼，鱼塘和农田又为住户提供了粮食和水产品，进而形成了完整的物质循环利用体系。

二、乡村分级分类

乡村按照行政等级、规模、形态等有不同的分类。

（一）按行政等级分类

从行政概念出发，按照基层社会组织的层次分类，乡村一般可以分为自然村和行政村。

1. 自然村

自然村是由村民经过长时间聚居而自然形成的村落，是农村中从事农业家庭副业生产活动的最基本的居民点。它受地理条件、生活方式等影响，如在山区，可能几户在路边居住几代后就会形成一个小村落，这就叫自然村。

2. 行政村

行政村是指政府为了便于管理，而确定的乡、镇下一级的管理机构所管辖的区域，是具有社会统一性的组织化村落，是中央和地方政府作为行政管理的基本单位。

在个别地方，行政村与自然村是重叠的，或是一个自然村划分为一个以上的行政村。但大多数情况下，往往一个行政村包括几个到几十个自然村。按照《镇规划标准》（GB50188—2007），乡村分为中心村与基层村，中心村是指拥有小学、幼儿园、金融商贸等具有为周围村提供公共服务设施的村庄；中心村以外的村庄即为基层村。

（二）按规模等级分类

按聚落的人口聚居规模和生活各方面（生产、生活、文化、教育、服务、贸易设施等）的职能大小进行分类，分为小村、中村、大村和特大型村庄（见表2-1）。

表2-1 乡村规模等级分类表（单位：人）

村庄规模等级	特大型	大型	中型	小型
常住人口规模	>1000	601~1000	201~600	≤200

小村，村落数量多，但在农村总人口中的比重较低，以山区、丘陵区、牧区、林区分布最为普遍。因耕地零星分散，或因生活用水不足，不宜建造大村庄，住宅布局分散，户均占地面积大。

中村，是我国最为常见的一种村落，广泛分布于全国各地，常见于地少人稠的种植业区或圈养畜牧业区。一般由几个村庄组成一个行政区，并设有小学、村委会、理发店等。

大村，常是乡政府或村民委员会所在地，拥有一定数量的商业服务设施和文化教育、生活服务功能。这种大村大多分布于地广人多的种植业区，尤其是耕地密集、地少人多的平原地区，华北较多，东北、长江中下游、东南沿海河口冲积平原等地也较普遍。特大型村指人口规模大于1000人的大村。

（三）其他分类

乡村按形态肌理模式一般分为散点式、街巷式、组团式、一字形村庄等。

乡村按地形地貌及所处的区域地理特征分为山区村、平原村、沿海村、滨湖村、草原村等。乡村按职能分为农业村与非农业村。

乡村按文化遗存与景观特征分为传统乡村、一般乡村和现代乡村。

三、乡村用地分类构成

村庄规划用地共分为3大类、10中类、15小类（见表2-2）。

表2-2　乡村用地分类构成表

类别代码			类别名称	内　容
大类	中类	小类		
V			村庄建设用地	村庄各类集体建设用地，包括村民住宅用地、村庄公共服务用地、村庄产业用地、村庄基础设施用地及村庄其他建设用地等
	V1		村民住宅用地	村民住宅及其附属用地
		V11	住宅用地	只用于居住的村民住宅用地
		V12	混合式住宅用地	兼具小卖部、小超市、农家乐等功能的村民住宅用地
	V2		村庄公共服务用地	用于提供基本公共服务的各类集体建设用地，包括公共服务设施用地、公共场地
		V21	村庄公共服务设施用地	包括公共管理、文体、教育、医疗卫生、社会福利、宗教、文物古迹等设施用地以及兽医站、农机站等农业生产服务设施用地
		V22	村庄公共场地	用于村民活动的公共开放空间用地，包括小广场、小绿地等
	V3		村庄产业用地	用于生产经营的各类集体建设用地，包括村庄商业服务业设施用地、村庄生产仓储用地
		V31	村庄商业服务业设施用地	包括小超市、小卖部、小饭馆等配套商业、集贸市场以及村集体用于旅游接待的设施用地等
		V32	村庄生产仓储用地	用于工业生产、物资中转、专业收购和存储的各类集体建设用地，包括手工业、食品加工、仓库、堆场等用地
	V4		村庄基础设施用地	村庄道路、交通和公用设施等用地
		V41	村庄道路用地	村庄内的各类道路用地
		V42	村庄交通设施用地	包括村庄停车场、公交站点等交通设施用地
		V43	村庄公用设施用地	包括村庄给排水、供电、供气、供热和能源等工程设施用地；公厕、垃圾站、粪便和垃圾处理设施等用地；消防、防洪等防灾设施用地
	V9		村庄其他建设用地	未利用及其他需进一步研究的村庄集体建设用地

(续 表)

类别代码			类别名称	内　容
大类	中类	小类		
			非村庄建设用地	除村庄集体用地之外的建设用地
N	N1		对外交通设施用地	包括村庄对外联系道路、过境公路和铁路等交通设施用地
	N2		国有建设用地	包括公用设施用地、特殊用地、采矿用地以及边境口岸、风景名胜区和森林公园的管理和服务设施用地等
			非建设用地	水域、农林用地及其他非建设用地
E	E1		水域	河流、湖泊、水库、坑塘、沟渠、滩涂、冰川及永久积雪
		E11	自然水域	河流、湖泊、滩涂、冰川及永久积雪
		E12	水库	人工拦截汇集而成具有水利调蓄功能的水库正常蓄水位岸线所围成的水面
		E13	坑塘沟渠	人工开挖或天然形成的坑塘水面以及人工修建用于引、排、灌的渠道
	E2		农林用地	耕地、园地、林地、牧草地、设施农用地、田坎、农用道路等用地
		E21	设施农用地	直接用于经营性养殖的畜禽舍、工厂化作物栽培或水产养殖的生产设施用地及其相应附属设施用地，农村宅基地以外的晾晒场等农业设施用地
		E22	农用道路	田间道路（含机耕道）、林道等
		E23	其他农林用地	耕地、园地、林地、牧草地、田坎等土地
	E9		其他非建设用地	空闲地、盐碱地、沼泽地、沙地、裸地、不用于畜牧业的草地等用地

第二节　乡村规划的基本原则与任务

一、概念与特征

乡村规划（Rural Planning）是指在一定时期内对乡村的社会、经济、文化传承与发展等所做的综合部署，是指导乡村发展和建设的基本依据。乡村规划具有综合性、社区性、实用性与地域性。

（一）综合性

乡村是具有一定自然、社会经济特征和职能的地区综合体，乡村规划要解决持续发展的社会、经济和产业问题，同时还要解决建设中涉及具体的用地、建设、生态、经济、运营等问题，具有很强的综合性。

（二）社区性

乡村规划的根本目的是为百姓营造良好的人居环境，尊重村民的意愿，上下结合，发挥村民社区自治的积极性是规划的关键。

（三）实用性

乡村规划往往是结合具体建设需要产生的，是最容易体现规划价值和实效性的规划，对村民住宅建设、市政管网、污水处理、土地流转、村庄经营、甚至村庄维护管理等方面往往有更高要求。

（四）地域性

我国地域辽阔、乡村特点和发展阶段差异很大，乡村规划没有固定的模式，需要根据具体需求，结合地域文化、发展阶段、产业特色、地形条件、气候土壤等进行不同侧重点的规划编制。

二、基本原则

（一）生态优先，彰显特色

乡村规划要生态优先，尊重自然生态环境，生态、生产、生活三位一体，实现人与自然和谐相处。规划建设要适应农民生产生活方式，突出乡村特色，保持田园风貌，体现地域文化风格，注重农村文化传承，不能照搬城市建设模式，防止"千村一面"。

（二）以人为本，尊重民意

以人为本，把维护农民切身利益放在首位，充分尊重农民意愿，把群众认同、群众参与、群众满意作为乡村规划的根本要求。村民是村庄建设的主体，要通过村民委员会动员、组织和引导村民以主人翁的意识和态度参与村庄规划编制，把村民商议和同意规划内容作为改进乡村规划工作的着力点。要构建村民商议决策，规划编制单位指导，政府组织、支持、批准的村庄规划编制机制。村庄规划在报送审批前，要经村民大会或者村民代表会议讨论同意。

（三）因地制宜，分类指导

针对各地发展基础、人口规模、资源禀赋、民俗文化等方面的差异，乡村规划要因地制宜，因村施策，切实加强分类指导。

（四）集约布局，美观经济

乡村规划要充分保护耕地，集约布局，涉及建筑改造、道路建设、市政管网铺设等都要贯彻美观经济原则。

三、任务与要求

乡村规划的基本任务是为百姓营造宜居的生活环境、宜业的生产环境、安全的生态环境。新时代的乡村规划应遵循党的十九大提出的村庄建设二十字方针要求，即"产业兴旺、生态宜居、乡风文明、治理有效、生活富裕"，注重生产、生活、生态三位一体，实现人与自然的和谐发展（见图2-1）。

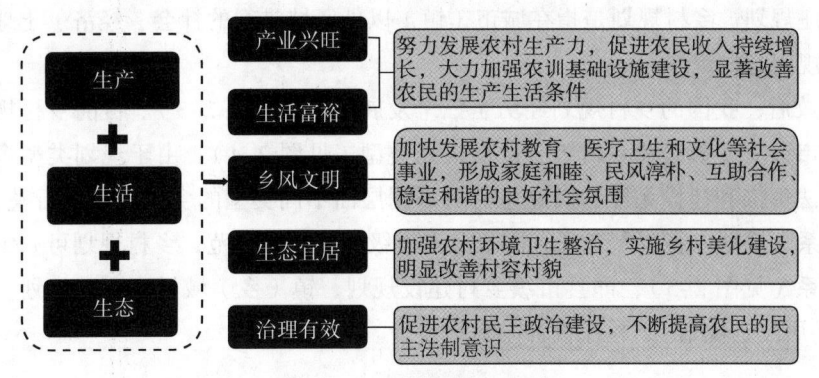

图 2-1　美丽乡村建设目标

乡村规划涉及经济、产业、文化、生态、建筑设计、景观规划、市政建设、能源利用、环境改造等诸多方面，因此乡村规划是一项综合性很强的工作。要立足乡村发展视角做好发展定位、规划控制、村庄建设、旧村整治与管理，建立"五位一体"的乡村规划工作框架，（见图2-2）。

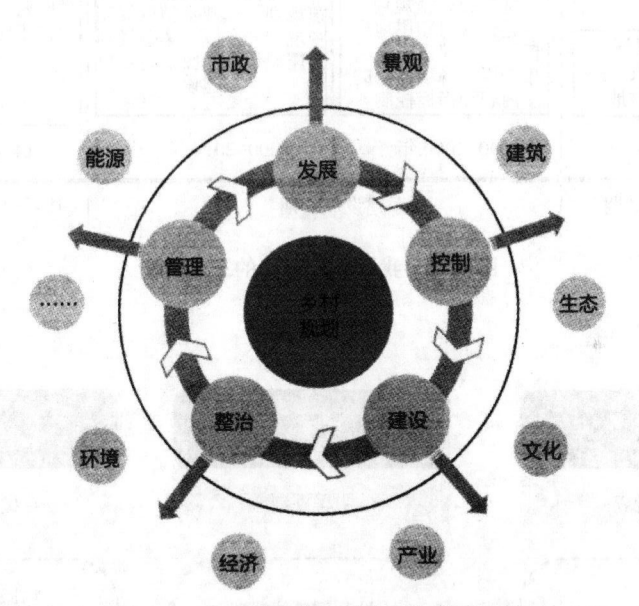

图 2-2　"五位一体"的乡村规划框架图

第三节　乡村规划的主要类型与内容

一、乡村空间规划体系

按照《中华人民共和国城乡规划法》，城乡规划包括城镇体系规划、城市规划、镇规划、

城乡制度变革背景下的乡村规划理论与实践

乡规划和村庄规划。乡村规划是指在城市（镇）以外区域进行的社会、经济、土地利用等部署，涵盖乡规划与村规划。

改革开放后，我国的乡村规划经历了三个发展阶段（见图2-3）。目前乡村规划类型多样，涵盖县市级、乡镇级和乡村级三层面规划类型（见图2-4）。由于规划类型多样，造成乡村规划无法可依和建设无序，因此急需对不同层面不同类型的乡村规划进行整合和融合，明晰规划体系与规划内容。参考现有国家及省市级相关技术规范，乡村规划可归纳为三级六层的规划体系（见图2-5），即县市级乡村建设规划、镇（乡）域村庄布点规划、村庄规划（村域规划、居民点规划）、村庄设计与村居设计。

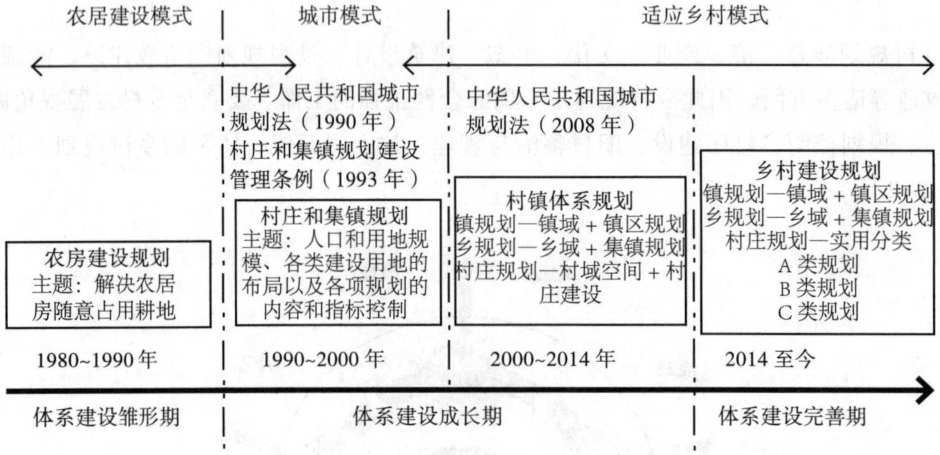

农居建设模式	城市模式	适应乡村模式	
	中华人民共和国城市规划法（1990年）村庄和集镇规划建设管理条例（1993年）	中华人民共和国城市规划法（2008年）	
农房建设规划 主题：解决农居房随意占用耕地	村庄和集镇规划 主题：人口和用地规模、各类建设用地的布局以及各项规划的内容和指标控制	村镇体系规划 镇规划—镇域+镇区规划 乡规划—乡域+集镇规划 村庄规划—村域空间+村庄建设	乡村建设规划 镇规划—镇域+镇区规划 乡规划—乡域+集镇规划 村庄规划—实用分类 A类规划 B类规划 C类规划
1980~1990年	1990~2000年	2000~2014年	2014至今
体系建设雏形期	体系建设成长期		体系建设完善期

图2-3　我国乡村规划的三个阶段

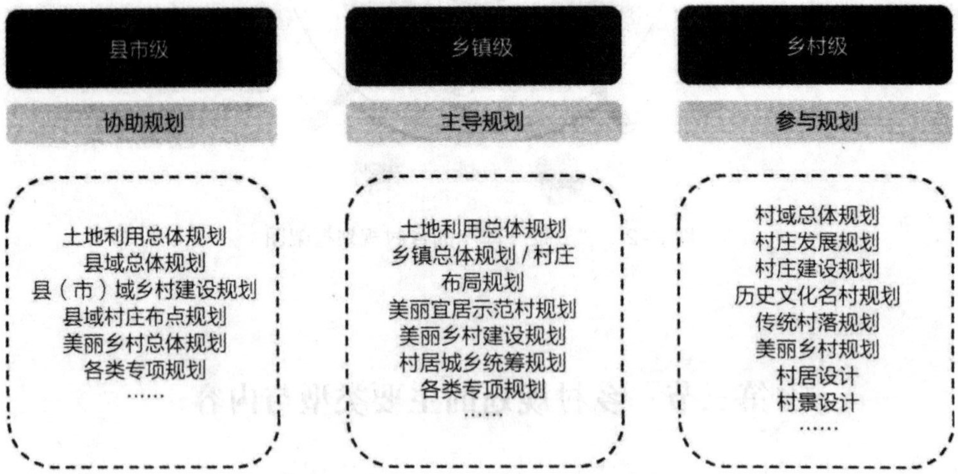

县市级	乡镇级	乡村级
协助规划	主导规划	参与规划
土地利用总体规划 县域总体规划 县（市）域乡村建设规划 县域村庄布点规划 美丽乡村总体规划 各类专项规划 ……	土地利用总体规划 乡镇总体规划/村庄布局规划 美丽宜居示范村规划 美丽乡村建设规划 村居城乡统筹规划 各类专项规划 ……	村域总体规划 村庄发展规划 村庄建设规划 历史文化名村规划 传统村落规划 美丽乡村规划 村居设计 村景设计 ……

图2-4　乡村规划三层面规划类型

· 036 ·

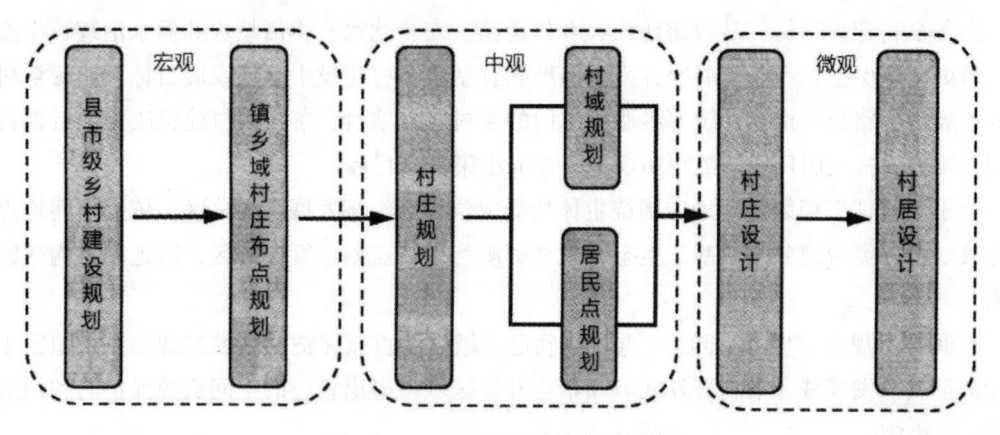

图 2-5　三级六层规划体系框架图

二、规划内容

（一）县市级乡村建设规划

1. 规划范围

县市域乡村建设规划应以县（市）城市规划建设区以外的全域国土空间为研究范围，以自然村为基本单元进行规划编制。

2. 规划期限

规划期限与县市域城乡总体规划期限一致，分为近期与远期，重在近期。

3. 规划内容

县市级乡村建设规划以问题和目标为导向，以"多规合一"为技术手段，规划编制内容涵盖"6+X"做到乡村建设发展有目标、重要建设项目有安排、生态环境有管控、自然景观和文化遗产有保护、农村人居环境改善有措施的基本要求（见图2-6）。

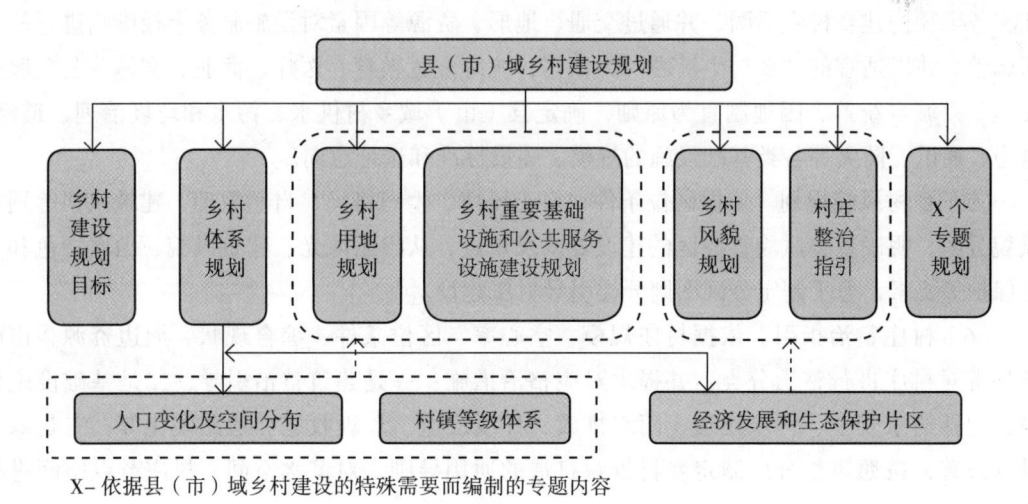

X-依据县（市）域乡村建设的特殊需要而编制的专题内容

图 2-6　县市级乡村建设规划内容

城乡制度变革背景下的乡村规划理论与实践

（1）乡村建设目标。从农房建设、乡村道路、安全饮水、生活垃圾和污水治理、生态保护、历史文化保护、产业发展等方面，因地制宜制定乡村建设中远期发展目标，明确乡村地区发展战略、路径、指标，统筹各职能部门的乡村建设项目，落实乡村建设决策的近期行动计划，改善农村人居环境，最终实现全面建成小康社会目标。

（2）乡村体系规划。规划应围绕主体功能定位划定经济发展引导分区，依据空间特点差异分级划定分类治理分区，基于生态环境和资源利用特点划定管控分区，因地制宜构建镇村体系。

空间管治规划（生态空间）：重点是确定县域需要重点保护的区域，细化乡村地区主体功能的重点开发区域、限制开发区域和禁止开发区域，提出相应的空间资源保护与利用的限制和引导措施。

产业发展规划（生产空间）：基于本县域的农林牧渔条件及资源禀赋条件，明确乡村产业结构、发展方向和产业选择重点，寻求差异化的产业发展路径，划定经济发展片区，构建定位合理、特色突出的县域乡村产业体系，制定各片区的开发建设与控制引导的要求和措施，促进县域城乡产业多层次融合发展。

村镇体系规划（生活空间）：依据县域内不同规模、职能和特点的村镇，科学合理地确定村镇等级体系。村镇体系一般由重点镇（国家级重点镇或特色小镇）、一般乡镇、中心村、自然村四个等级构成，形成以乡镇政府驻地为综合公共服务中心，以中心村为基本服务单元的相对均衡的乡村空间布局模式。

（3）乡村用地规划。根据县（市）域不同地区的用地适宜性条件、资源开发情况、生态环保和防灾减灾安全要求、扶贫支持政策等，研究生态、生产和生活空间内的建设用地模式，划定乡村居民点管控边界，明确宅基地规模标准，提出农村居民点布局原则，并和土地利用规划中的约束性指标相协调。

（4）乡村重要基础设施和公共服务设施规划。基于农村居民的出行距离、使用频率、设施服务半径构建乡村生活圈，并通过交通、地形、资源等因素对设施服务半径影响进行修正和调整，并以适宜的"乡村生活圈"为依据，统筹配置教育、医疗、商业、文体等公共服务设施。以城乡统筹、因地制宜为原则，确定县（市）域乡村供水、污水和垃圾治理、道路、电力、通讯、防灾等各类基础设施的规模、建设标准和选址意向。

（5）乡村风貌规划。依据区位条件、乡土风情、生态格局、自然肌理、建筑风格等划定风貌分区，明确各类风貌管控区的建设要求及重点，从田园风光、建筑风貌、山水特色和文化保护等要素，着手制定分区图则分类引导村庄建设。

（6）村庄整治指引。依据村庄规模、空心率、区位条件、综合现状、周边资源、市政条件等对村庄进行整治分类，并提出对应整治措施：一是建筑整治引导；二是基础设施建设，包括给水安全、污水处理、雨水排放、杆线改造、垃圾收运和道路硬化等；三是绿化景观改善，按照风貌分区制定乡村景观打造的通用导则，对滨水空间、村庄节点空间进行分类引导。

· 038 ·

(7) 专题。依据各地实际确定需要增添的规划内容，如历史文化名村保护规划等。

(二) 镇乡域村庄布点规划

1. 规划任务

镇（乡）域村庄布点规划应依据城市总体规划和县市域总体规划，以镇（乡）域行政范围为单元进行编制，可作为镇总体规划和乡规划的组成部分，也可以单独编制。小城市试点镇、中心镇、重点镇等宜单独编制。

镇（乡）域村庄布点规划应明确镇（乡）域空间管制要求，明确各村庄的功能定位与产业职能，明确中心村、基层村等农村居民点的数量、规模和布局，明确镇（乡）域内公共服务设施和基础设施布局，提出村庄公共服务设施和基础设施的配置标准，制定镇（乡）域村庄布点规划的实施时序。

2. 规划期限

镇（乡）域村庄布点规划的期限应与镇总体规划和乡规划保持一致，一般为10～20年。其中，近期规划为3～5年。

3. 规划内容

(1) 村庄发展条件综合评价。结合村庄现状特征及未来发展趋势，综合评价村庄发展条件，明确各村庄的发展潜力与优劣势，总结主要问题。

(2) 村庄布点目标。以镇（乡）域经济社会发展目标为主要依据，确定镇（乡）域村庄发展和布局的近远期目标。

(3) 镇（乡）域村庄发展规模。依据镇（乡）总体规划，结合农业生产特点、村庄职能等级、村庄重组和撤并特征以及村庄发展潜力等因素，科学预测乡镇域村庄人口发展规模与建设用地规模。

(4) 镇（乡）域村庄空间布局。明确"中心村—基层村—自然村（独立建设用地）"三级村庄居民点体系和各村庄功能定位，制定各级村庄的建设标准，并对主要建设项目进行综合部署。

(5) 空间发展引导。在镇（乡）域范围内划分积极发展的区域和村庄、引导发展的区域和村庄、限制发展的区域和村庄、禁止发展的区域和搬迁村庄等四类区域，制定各区域和村庄规划管理措施。

(6) 镇（乡）域村庄土地利用规划。依据发展规模，进一步明确镇（乡）域各村庄建设用地指标和建设用地总量，提出城乡建设用地整合方案，重点确定中心村、基层村和自然村（独立建设用地）的建设用地发展方向和调整范围。

(7) 基础设施规划。综合考虑村庄的职能等级、发展规模和服务功能，合理确定各级村庄的行政管理、教育、医疗、文体、商业等公共服务设施的级别、层次与规模。

(8) 公共服务设施规划。统筹安排镇（乡）域道路交通、给水排水、电力电信、环境卫生等基础设施，提出各级村庄配置各类设施的原则、类型和标准，并提出各类设施的共建共享方案。

城乡制度变革背景下的乡村规划理论与实践

（9）环境保护与防灾减灾规划。根据村庄所处的地理环境，综合考虑各类灾害影响，明确建立综合防灾体系原则和建设方针，划定镇（乡）域消防、洪涝、地质灾害等灾害易发区的范围，制定相应的防灾减灾措施。明确村庄环境保护的要求和控制标准，确定需要重点整治的村庄、污染源和防治措施。

（10）近期建设规划。明确近期镇（乡）域村庄布点的原则、目标与重点，确定近期村庄空间布局、引导要求和重点建设项目部署，确定近期各村庄建设用地规模与发展方向。

（11）规划实施建议和措施。提出镇（乡）域村庄发展和布局的分类指导政策建议和措施，重点对近期规划提出针对性的政策建议。

（三）村庄规划

1. 规划要求

村庄规划以行政村为单元进行编制，空间上已经连为一体的多个行政村可统一编制规划。村庄规划的规划区范围宜与村庄行政边界一致。

2. 规划期限

村庄规划的期限一般为 10 ~ 20 年，其中近期规划为 3 ~ 5 年。

3. 规划内容

村庄规划可分为村域规划和居民点（村庄建设用地）规划两个层次。村庄规划内容分基础性与扩展性内容，基础性内容是各类村庄必须编制的，扩展性内容针对不同类型村庄可选择性编制。村庄规划内容应符合规定（见表2-3）。

表2-3　村庄规划内容

村庄规划内容		基础性与扩展性内容	
		基础性内容	扩展性内容
村域规划	资源环境价值评估	√	
	发展目标与规模	√	
	生态保护规划		√
	文化传承规划		√
	产业发展规划		√
	村域空间管制	√	
	村域总体布局		√
居民点规划	村庄建设用地布局	√	
	旧村整治规划		√
	基础设施规划	√	

· 040 ·

（续 表）

村庄规划内容		基础性与扩展性内容	
		基础性内容	扩展性内容
居民点规划	公共服务设施规划	√	
	村庄安全与防灾减灾	√	
	村庄历史文化保护		√
	景观风貌规划设计指引		√
	近期建设规划	√	

注：1. 基础性内容可根据村庄实际情况作适当调整。
　　2. 历史文化名村、传统村落、景中村的规划内容应符合相关法规、规范、标准的要求。

（1）村域规划。村域规划综合部署生态、生产、生活等各类空间，并与土地利用规划相衔接，统筹安排村域各项用地，并明确建设用地布局；居民点（村庄建设用地）规划重点细化各类村庄建设用地布局，统筹安排基础设施与公共服务设施，提出景观风貌特色控制与村庄设计引导等内容。规划内容包括资源环境评估、发展目标与规模、村域空间布局、村庄产业发展规划和空间管制规划。

① 资源环境价值评估。提出镇（乡）域村庄发展和布局的分类指导政策建议和措施，重点对近期规划提出针对性的政策建议。

② 发展目标与规模。依据县市域总体规划、镇（乡）总体规划、镇（乡）域村庄布点规划以及村庄发展的现状和趋势，提出近、远期村庄发展目标，进一步明确村庄功能定位与发展主题、村庄人口规模与建设用地规模。

③ 生态保护规划。在梳理乡村生态资源的基础上，针对山、水、林、田、村、居等生态要素，提出生态保护规划措施，构筑村域生态空间体系。

④ 文化传承规划。传承民族文化，保护地方传统，促进乡村经济发展，引领乡村规划建设。

⑤ 产业发展规划。尊重村庄自然生态环境、特色资源要素以及发展现实基础，充分发挥村庄区位与资源优势，围绕农村居民致富增收，加强农业现代化、规模化、标准化、特色化和效益化发展，培育旅游相关产业，进行业态与项目策划，提出村庄产业发展的思路和策略，实现产业发展与美丽乡村建设相协调。统筹规划村域第一、第二、第三产业发展和空间布局，合理确定农业生产区、农副产品加工区、旅游发展区等产业集中区的选址和用地规模。

⑥ 空间管制规划。划定"三区四线"，并明确相应的管控要求和措施。

⑦ 村域空间布局。依据村域发展定位和目标，以路网、水系、生态廊道等为框架，明确"生产、生活、生态"三生融合的村域空间发展格局，明确生态保护、农业生产、村庄建设的主要区域。

（2）居民点（村庄建设用地）规划。① 村庄建设用地布局。对居民点用地进行用地适宜性评价，综合考虑各类影响因素确定建设用地范围，充分结合村民生产生活方式，明确各类建设用地界线与用地性质，并提出居民点集中建设方案与措施。

② 旧村整治规划。划定旧村整治范围，明确新村与旧村的空间布局关系；梳理内部公共服务设施用地、村庄道路用地、公用工程设施用地、公共绿地以及村民活动场所等用地；评价建筑质量，重点明确居民点中拆除、保留、新建、改造的建筑；提出旧村建筑、公共空间场所等特色引导内容。

③ 基础设施规划。合理安排道路交通、给水排水、电力电信、能源利用及节能改造、环境卫生等基础设施。

④ 公共服务设施规划。合理确定行政管理、教育、医疗、文体、商业等公共服务设施的规模与布局。

⑤ 村庄安全与防灾减灾。应根据村庄所处的地理环境，综合考虑各类灾害影响，明确建立村庄综合防灾体系，划定洪涝、地质灾害等灾害易发区范围，制定防洪防涝、地质灾害防治、消防等相应的防灾减灾措施。

⑥ 村庄历史文化保护。提出村庄历史文化和特色风貌的保护原则；制定村庄传统风貌、历史环境要素、传统建筑的保护与利用措施；列举历史遗存保护名录，包括文物保护单位、历史建筑、传统风貌建筑、重要地下文物埋藏区、历史环境要素等；提出非物质文化遗产的保护和传承措施。

（四）村庄设计

村庄设计是指村庄在新址建设和原址扩建之前，设计者按照传承历史文化，营造乡村风貌，彰显村庄特色，提高建设水平的要求，把村庄建设过程和使用过程中所存在的或可能发生的问题，事先做好通盘的设想，拟定好解决问题的办法、方案，用图纸和文件表达出来，便于整个建设过程在预定的规划设计范围内，按照周密考虑的预定方案，步骤统一，顺利进行，并使建成的村庄建筑、环境与基础设施能充分满足使用者和社会所期望的各种要求。

村庄设计是对村庄规划的深化，分为村庄总体设计和村居设计两种类型。

1. 村庄总体设计

村庄总体设计应当从空间形态、空间序列、村貌设计、环境设计等层面进行谋划和布局。

（1）空间形态。① 总体形态选择与设计。村庄设计应从区域整体的空间格局维护和景观风貌营造的角度出发，通过视线通廊、对景点等视线分析的控制手法，协调好村庄与周边山林、水体、农田等重要自然景观资源之间的联系，形成有机交融的空间关系。村庄设计应根据地形地貌和村庄历史文化特征，灵活采用带状、团块状或散点状空间形态。在功能布局合理的前提下，可采用具有历史文化内涵的图案状平面形态。

② 路网格局。村庄设计宜根据当地自然地形地貌，灵活选择路网格局。

③ 村庄肌理延续与格局。村庄设计应尊重和协调村庄的原有肌理和格局。

④ 建筑高度控制与天际线营造。

（2）空间序列。空间序列由轴线和节点组成，轴线以道路、河网等为依托，串联村庄人口、重要的历史文化遗存、重要的公共建筑及公共空间等节点，形成完整的空间体系。

（3）环境设计。环境设计主要指（村居）外部的景观设计，细分为交往空间设计、滨水空间设计、景观小品设计和绿化设计四项。

交往空间设计包括村口空间、公共广场、街巷节点空间和道路空间设计。

滨水空间设计包括桥梁、驳岸护砌及亲水设施设计。

景观小品设计包括标识系统、扶手栏杆、坐具、废物箱、花坛、树池、挡土墙、路灯及景观灯设计。

绿化设计分为公共空间、生产绿化、道路绿化、庭院绿化、滨水空间绿化和古树名木等。

（4）生态设计。生态设计在村庄设计中的核心是雨水链的生态管理；生态设计应与村庄环境设计紧密结合，展现乡野趣味的同时打造绿色乡村。

2. 村居设计

（1）村居功能用房设计。

（2）村居建筑风貌设计。

（3）村庄公共建筑设计。

（4）村庄建筑风貌整治设计。

三、成果与要求

（一）县市级乡村建设规划

成果包括"规划文本、图集、入库数据和附件（说明书、规划公示、公众参与、规划听证等规划公开过程的相关记录）"四项内容。其中数据库应为地理信息系统（GIS）数据，且文本和规划入库数据是《规划》的法律文件。

（1）规划文本：规划文本，应以规划强制性内容为重点，围绕地方政府的管控要求进行条文式书写。条文应直接表述为规划指标、结论和要求，措辞准确，符合名词术语规定，体现法定性和政策性。

（2）规划图集包括：乡村居民点综合现状图、村庄布点规划图、乡村体系规划图、空间管制规划图、乡村产业布局规划图、综合交通规划图、公共服务设施规划图、基础设施规划图、乡村风貌规划图、村庄整治指引规划图、近期建设项目规划图。

除上述必备图纸之外，可根据需要增加其他可选图纸，如历史文化遗产保护规划图、综合防灾规划图、环境保护规划图、乡村旅游规划图等。

（二）镇乡域村庄布点规划

镇（乡）域村庄布点规划成果主要由规划文本、图纸和附件三部分组成，以纸质和电子文件两种形式表达。

（1）规划文本：包括规划总则、村庄布点目标、镇（乡）域村庄发展规模、镇（乡）域村庄空间布局、空间发展引导、镇（乡）域村庄土地利用规划、基础设施规划、公共服务设施规划、环境保护与防灾减灾规划、近期建设规划、规划实施建议与措施等。

（2）规划图纸：包括区域位置图、镇（乡）域村庄布局现状图、镇（乡）域村庄布局规划图、空间发展引导图、镇（乡）域村庄土地利用规划图、基础设施规划图、公共服务设施规划图、保护与防灾减灾规划图、近期建设规划图等（应标明图纸要素，如图名、图例、图标、图签、比例尺、指北针、风向玫瑰图等）。

（三）村庄规划

村庄规划成果主要由规划文本、图纸及附件三部分组成，以纸质和电子文件两种形式表达。

（1）规划文本：包括规划总则、村域规划、居民点规划及相关附表等。

（2）图纸。

①村域规划。包括村域现状图、村域空间布局规划图、村庄产业发展规划、村域空间管制规划图等。②居民点（村庄建设用地）规划。包括村庄用地现状图、村庄用地规划图、村庄总平面图、基础设施规划图、公共服务设施规划图、村庄防灾减灾规划图、村庄历史文化保护规划图、近期建设规划图等。同时，为加强村庄设计引导，可增加景观风貌规划设计指引图、重点地段（节点）设计图及效果图等（所有图纸均应标明图纸要素，如图名、图例、图标、图签、比例尺、指北针、风向玫瑰图等）。③附件：包括规划说明、基础资料汇编等。

（四）村庄设计

村庄设计的成果内容包括：村庄总体设计、村庄居住建筑设计、村庄公共建筑设计、村庄建筑整治设计、村庄环境与生态设计、村庄基础设施设计等内容。

规划成果包括规划说明、规划图纸。

规划图纸包括村庄总体风貌分区图、村庄肌理与格局规划图、村居设计图、村庄公共建筑设计图、村庄建筑整治图、村庄环境设计图、村庄基础设施设计图。

第四节　乡村规划的编制程序与方法

一、乡村规划的编制程序

乡村规划没有城市规划中复杂的交通组织和功能布局，但乡村规划中基础设施完善、环境整治和公共空间重塑是非常重要的组成部分。与城市规划相比，乡村规划需要解决的应是老百姓直接关心的问题。乡村规划的方法主要是"调查＋指引＋互动＋改进＋互动"的规划过程，其更加强调与村民的互动和听取他们的反馈，是"自下而上"为主的发展指引的协商过程。

乡村规划的编制主要分为三个步骤：第一，收集资料；第二，编制规划方案；第三，规划方案的审批与实施。

(一)乡村规划资料收集

1. 相关法规、规划的梳理

进行乡村规划需要收集相关法律法规及基地相关规划作为参考。这些相关规划包括县域和镇域村镇体系规划、县域总体规划、镇(乡)总体规划、镇(乡)新村体系规划等。

以绵阳市平武县坝子乡八洞村村庄规划为例,其参考的相关法规及规划有:

(1)《中华人民共和国城乡规划法》(2008)

(2)《国务院办公厅关于改善农村人居环境的指导意见》(国办发〔2014〕25号)

(3)《村庄整治规划编制办法》(建村〔2013〕188号)

(4)《美丽乡村建设指南》(GB/T 32000—2015)

(5)《镇规划标准》(GB 50188—2007)

(6)《四川省城乡规划条例》(2012)

(7)《四川省"幸福美丽新村"规划编制办法和技术导则》(2014)

(8)《绵阳新村规划导则》(2012)

(9)《平武县县域新村建设总体规划》(2012—2020)

(10)《平武县城市总体规划》(2014—2030)

(11)《平武县坝子乡总体规划》(2015—2030)

2. 乡村的空间区位

乡村在区域的地理区位,乡村在区域的经济区位、交通区位、产业区位等。

3. 乡村自然地理条件

乡村的地形地貌、气候土壤、农作物种类、林木种类及面积等。

4. 乡村的人口构成

(1)规划乡村的人口总量,包括户籍人口数量、常住人口数量。

(2)规划乡村的人口流动情况,包括全年外出人口数量以及外来人口数量。

(3)规划乡村人口的年龄构成、性别比例、受教育情况、就业情况等。

5. 乡村经济产业发展

(1)乡村历年的生产总值及人均国民生产总值;乡村产业的产业结构—第一、第二、第三产业的发展情况等。

(2)村域的主要种植作物、种植面积、耕作方式、机械化情况,各种农作物的一年产出值。

(3)村域是否有养殖户,养殖的面积、年收入状况等。

6. 乡村的土地使用

需尽可能收集上位规划中关于规划乡村的土地利用情况,如镇(乡)总体规划、镇(乡)土地利用总体规划,包括图纸及文字。需要明确村域基本农田、林地、宅基地、水域、果园的范围,明确各村的地域边界。

7. 乡村道路交通

乡村的对外交通情况,包括公路、水路及铁路。明确乡村各级道路的宽度、硬化情况、道路长度，是否达到村村通的目标；是否有航运、码头情况；明确乡村道路设施是否达到规划要求。

8. 乡村历史文化

乡村历史文化包括乡村的历史沿革、村庄变迁的历史、村庄的文化特色、民间工艺传承、建筑特色等。了解是否是历史文化名村、国家或省级的传统保护村落，以此保护其乡村历史文化。

9. 乡村的基础设施

（1）了解乡村是否通自来水、水质状况；污水的排放方式和处理状况；电力电信的覆盖状况及来源；是否通燃气及网络。

（2）村域卫生室、幼儿园、养老服务设施、活动广场的建设情况。

10. 乡村的建设风貌

乡村的建设格局和特点：乡村建筑的选材及有没有特殊的建设工艺；本地是否有特殊的色彩倾向或禁忌。

基础资料的表现形式可以多种多样，图表与文字说明都是可以采用的形式。有些资料用表格的形式更清晰，但由于各种情况差异较大，很难用统一的表格反映出来。

（二）乡村规划的编制

乡村规划的方案编制一般包括图纸的绘制和说明书的编写。乡村规划应根据相关法律法规、技术规范与条例，以及上位规划对其的要求进行编制。编制乡村规划要求因地制宜、实事求是，充分调动群众参与的积极性，满足当地经济社会发展、生态环境良好、人民群众安居乐业、可持续发展的需要。乡村规划编制亦可参考《美丽乡村建设指南》《四川省"幸福美丽新村"规划编制办法和技术导则》提出的相关理论。

（三）乡村规划的审批与实施

根据《中华人民共和国城乡规划法》规定，乡、镇人民政府组织编制乡规划、村庄规划，呈报上一级人民政府审批。村庄规划在报送审批前，应经村民会议或者村民代表会议讨论同意。

乡村规划完成后，必须由上级主管部门审查批准，作为法律性文件强制执行。一些新的建设政策，要先在有条件的村镇搞试点，取得经验再推广。规划的实施还需将规划引导与政府组织相结合，同时做好规划的宣传工作。

二、县市级乡村规划的工作程序与方法

（一）工作程序

县市级乡村建设规划的具体工作程序为：现状分析与评估——确定乡村建设目标——进行乡村体系规划——乡村用地规划——乡村公共服务设施规划与重要基础设施规划——乡村风貌规划——乡村整治指引（见图 2-7）。

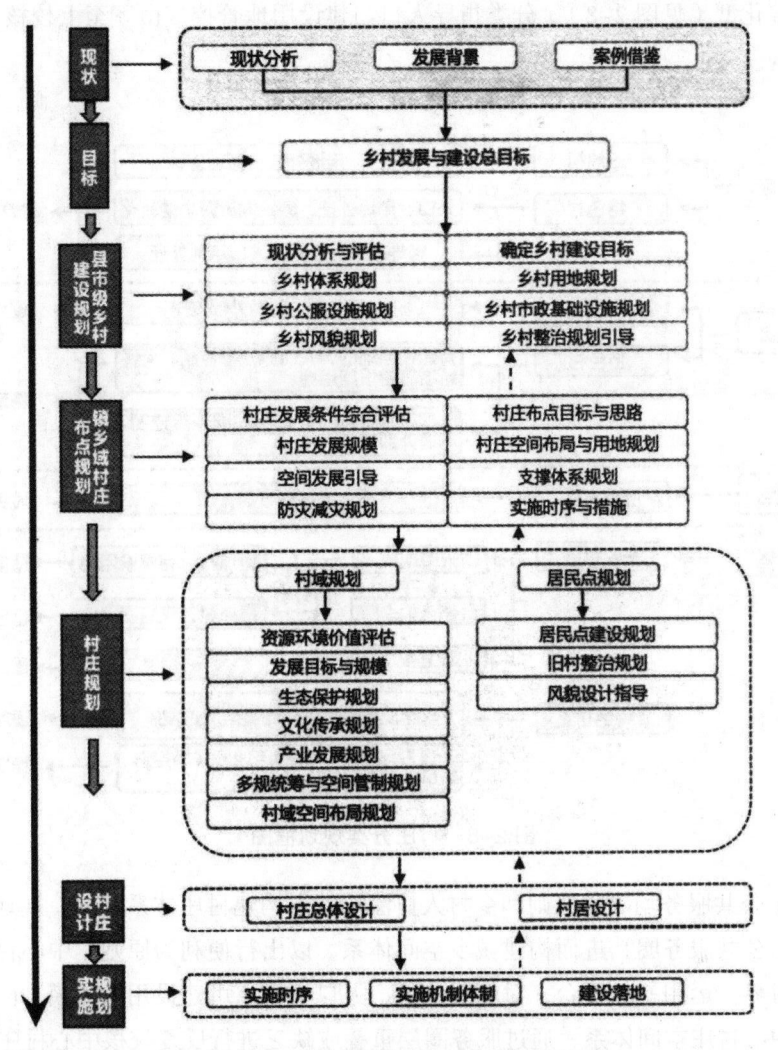

图 2-7　乡村规划整体工作程序框架

（二）规划方法

（1）基于全覆盖视角开展县域所有乡镇村落、基础设施、公共服务设施、用地条件、资源条件等调研，全面深化分析县（市）域村镇体系规划内容，实现规划研究对象（县域所有乡镇村落）、重要市政基础设施建设安排和基本公共服务设施全面覆盖。

（2）基于"多规融合"视角进行乡村体系规划。深化"多规合一"乡村层面用地分类，汲取农业、林业、水利、旅游、国土等相关按照自身责权划定相应的规划控制线。按照底线控制原则，对全域乡村空间建设适宜性进行分析，划定村庄建设管控区、禁止建设区、控制建设区、适宜建设区和划入城镇建设区。

同时，分区指引村庄分类，并加以管控。依据村庄所处的分区类型，综合考虑村庄交通可达性、现状人口集聚水平、基础公共服务设施、村庄周边可建用地存量等发展潜力因素，结合村庄特色资源，将所有村庄分为五类：择机撤减型、逐步衰减型、稳定发展型、适度成

城乡制度变革背景下的乡村规划理论与实践

长型和城镇转化型（见图 2-8）。分类指导人口与建设用地管控，由下至上校核人口与用地，保证增减挂钩。

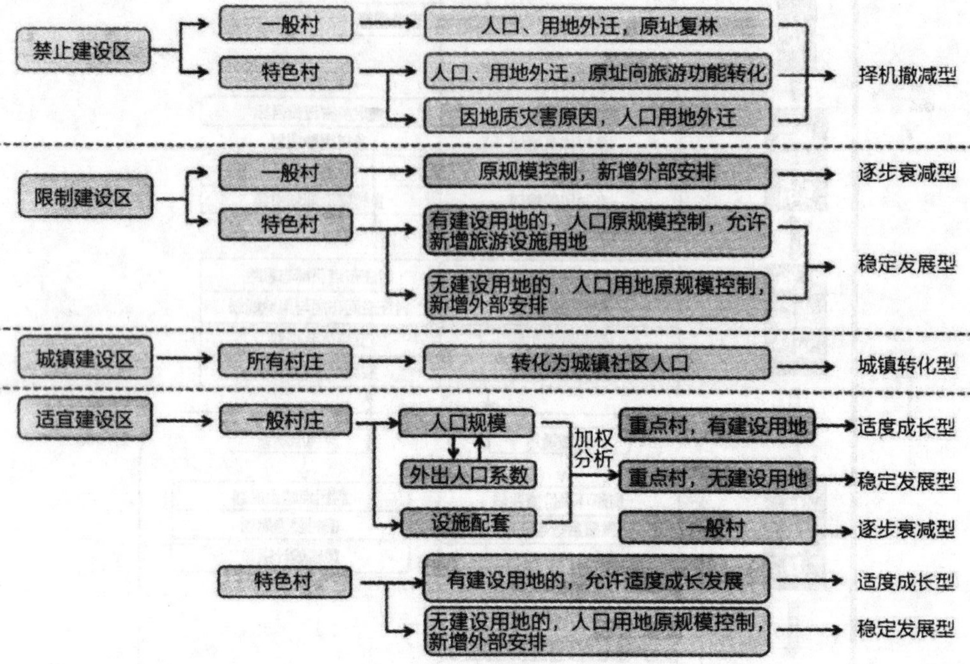

图 2-8 村庄分类规划框图

（3）基于公共服务均等化原则和乡村人口流动特点构建村庄体系规划。规划以人的活动路径为依据的公共服务圈，进而构建城乡空间体系。以出行便利为原则，中心村庄的服务圈应打破行政村界。运用 GIS 平台，对辐射范围、人口规模、可建设用地规模、已有服务设施等因素生成中心村庄空间体系，通过服务圈层重叠或缺乏进行反复校核中心村庄的选择。

（4）差别对待，因地制宜开展分区体系规划。规划应围绕主体功能定位划定经济发展引导分区，依据空间特点差异分级划定分类治理分区，基于生态环境和资源利用特点划定管控分区，进而因地制宜构建镇村体系。

（5）基于特色彰显的分类分层原则开展乡村风貌规划。依据区位条件、乡土风情、生态格局、自然肌理、建筑风格等划定风貌分区，明确各类风貌管控区的建设要求及重点，从田园风光、建筑风貌、山水特色和文化保护等要素着手制定分区图则，分类引导村庄建设。

三、村庄规划的工作程序与方法

（一）工作程序

村庄规划的一般流程为：① 摸清家底，开展资源调查与评估；② 充分挖掘资源与发展潜力，提炼村庄特色；③ 基于主题定位与市场分析开展项目策划，做好村庄产业发展规划；④ 基于需求确定发展目标与规模预测；⑤ 基于空间管制与乡村建设（旅游）需求做好村域

• 048 •

空间规划；⑥基于村民需求做好居民点规划；⑦基于美丽乡村建设需求做好环境提升设计；⑧基于村庄实施做好时序安排与近期建设项目资金预测（见图2-9）。

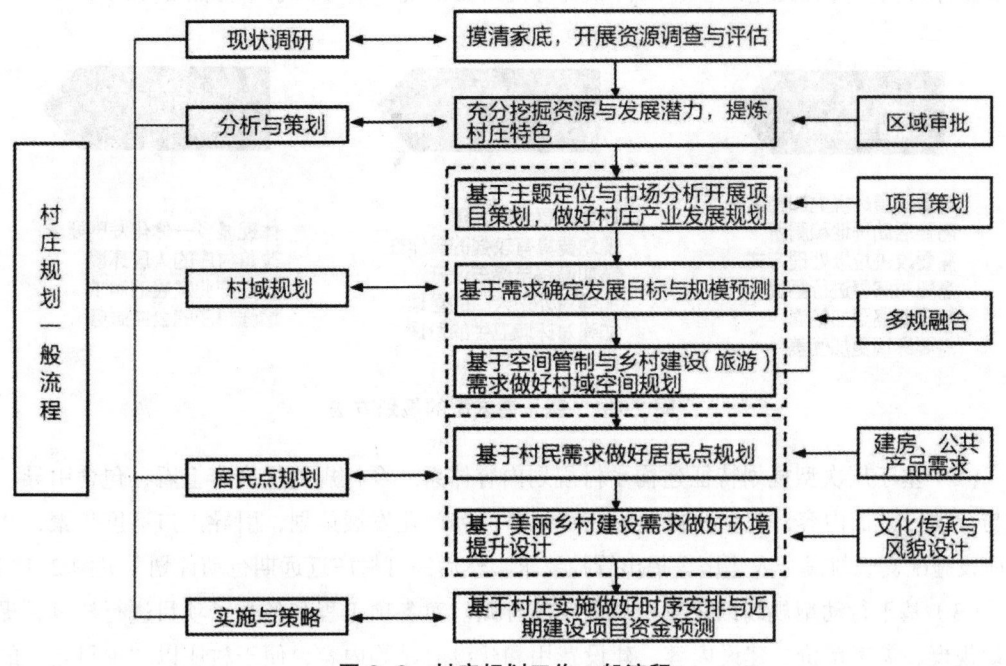

图2-9 村庄规划工作一般流程

（二）村庄规划方法

现有的村庄规划包括很多方法，徐宁、梅耀林提出乡村规划"五型方法"，可以在开展乡村规划与设计时参考（见图2-10）。

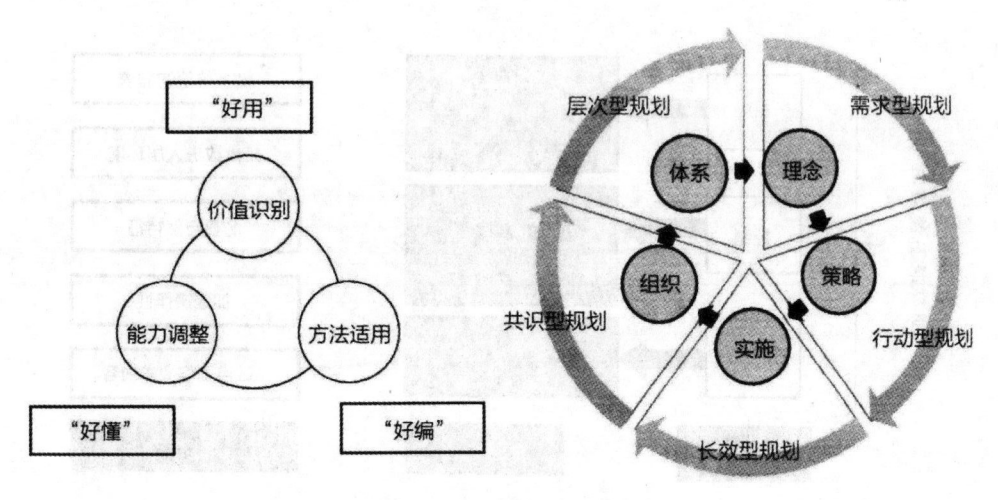

图2-10 村庄规划方法

城乡制度变革背景下的乡村规划理论与实践

（1）基于需求型规划厘清乡村建设的各方要求。乡村规划应本着尊重村民意愿的原则，把握村民对宜居生活的环境与设施需求；同时为加强规划可操作性，了解村干部关于村庄发展的整体意愿，并在此基础上，从村域统筹视角提出规划引导需求（见图2-11）。

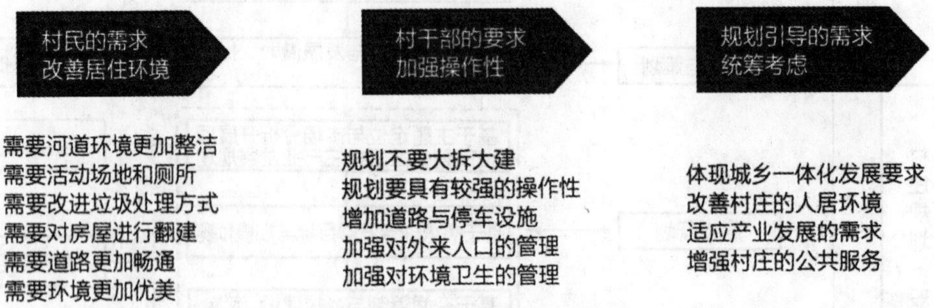

村民的需求
改善居住环境

需要河道环境更加整洁
需要活动场地和厕所
需要改进垃圾处理方式
需要对房屋进行翻建
需要道路更加畅通
需要环境更加优美

村干部的要求
加强操作性

规划不要大拆大建
规划要具有较强的操作性
增加道路与停车设施
加强对外来人口的管理
加强对环境卫生的管理

规划引导的需求
统筹考虑

体现城乡一体化发展要求
改善村庄的人居环境
适应产业发展的需求
增强村庄的公共服务

图2-11　基于需求型的规划方法

（2）基于层次型规划特征建构乡村规划内容体系。乡村规划从内容上看，包含引导、控制与行动三方面内容，规划要按照村庄资源条件和产业发展策划，引导人口适度集聚，并对村庄设施配套、村民个人建房等提出管控要求，然后制订村庄近远期行动计划（见图2-12）。

（3）基于行动型规划细化乡村规划实施导则。对各项工程和各类子项目进行核算，提供建设规模、参考单价、建设内容、建设费用和建设时序等内容，便于村庄以"项目化"的方式有序推进（见图2-13）。

（4）基于共识型规划组织流程。乡村规划的流程包含编制前期、编制过程和编制后期三个阶段。编制前期通过动员沟通、交流讨论形成关于乡村发展问题和发展期望的共识；编制过程通过方案比选、成果公示并听取村民、村干部各方意见加以修改完善；编制后期通过各种宣传，加深村民对乡村规划方案的认识，提升行动力（见图2-14）。

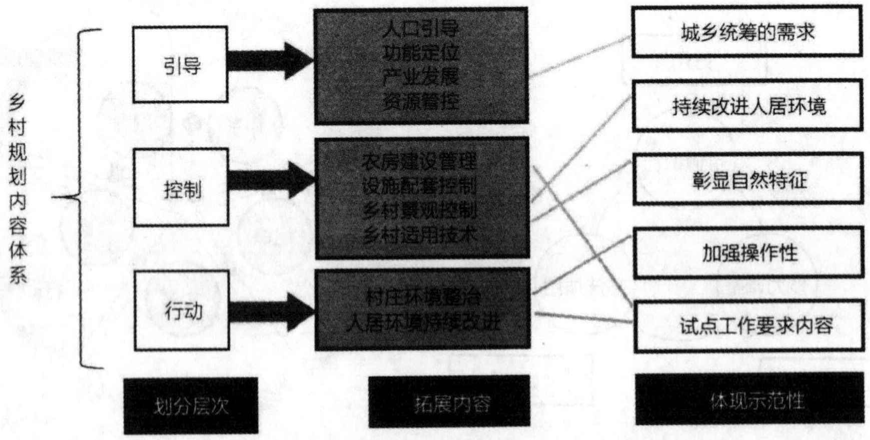

乡村规划内容体系

引导 → 人口引导　功能定位　产业发展　资源管控

控制 → 农房建设管理　设施配套控制　乡村景观控制　乡村适用技术

行动 → 村庄环境整治　人居环境持续改进

城乡统筹的需求
持续改进人居环境
彰显自然特征
加强操作性
试点工作要求内容

划分层次　　拓展内容　　体现示范性

图2-12　基于层次型的规划方法

·050·

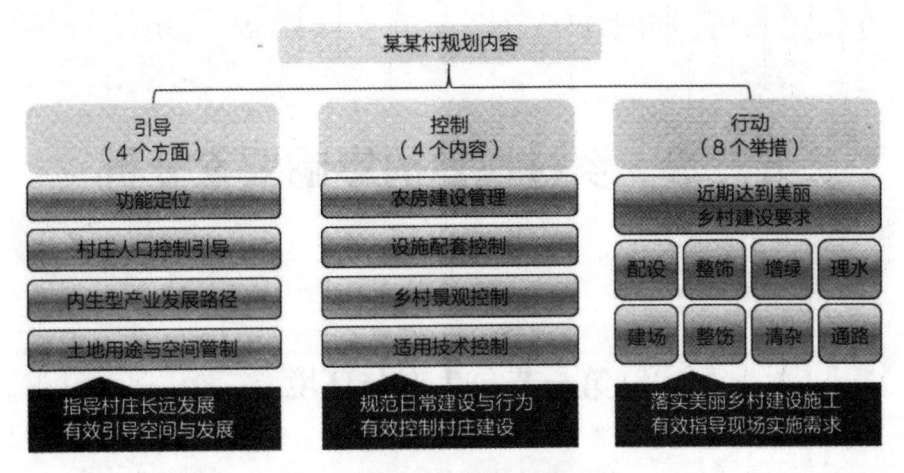

图 2-13 基于行动型的规划方法

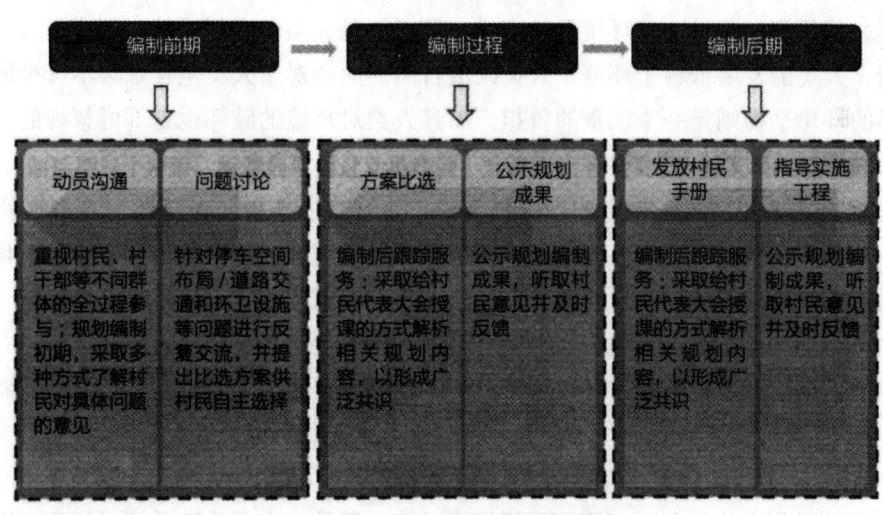

图 2-14 基于共识型的规划方法

（5）基于长效型规划编制乡村规划共识手册。乡村规划的实施是一个非常复杂的过程，因此要探索适合乡村发展的长效型机制，通过村民共识手册、乡村民约等本土化手段提升规划实施的有效性，促进乡村可持续发展。

第三章 乡村规划的影响要素分析

第一节 生态与环境

一、人与环境

环境是指周围的条件，从环境保护来说，环境就是人类的家园地球。环境是人类赖以生存的场所，人类的发展依赖于环境。人类改造自然的活动对于人类生存是必不可少的，但对于自然界的环境平衡则是一个沉重的负担，而且人类对环境的破坏也是不可忽视的。随着社会生产力的发展及人口的不断增长，农村的环境破坏也越来越严重。

农村生态环境的破坏，一方面，是因为农村森林和农田的不断减少以及各种资源的破坏；另一方面，是由于农村居民环保意识的淡薄及基础设施的缺乏。比如，农药和化肥的使用、生活污水的随意排放、秸秆的燃烧等行为，给农村环境造成了很大的负担。

乡村规划必须考虑人对环境的影响，并且在规划中要尽量减小这种影响。同时，对乡村环境容量进行评估，乡村的建设发展及活动不能超过环境容量，以此来提高乡村环境质量。

二、生态系统

生态系统是指由生物群落与无机环境构成的统一整体，农业生态系统是指由一定农业地域内相互作用的生物因素和非生物因素构成的功能整体，也是人类在改造和适应自然环境的基础上建立起来的特殊的人工生态系统。农业生态系统具备任何生态系统都具有的三大基本功能特征：能量流动、物质循环和信息传递。

（一）农业生态系统

美国生态学家坦斯利（A.G. Tansley）提出，农业生态系统是在一定时间和地区内，人类从事农业生产，利用生物与非生物环境之间以及与生物种群之间的关系，在人工调节和控制下，建立起来的各种形式和不同发展水平的农业生产体系。农业生态系统与自然生态系统相比较，具有社会性、高产性、波动性的特点。

人类通过利用农业资源及其他资源，如化肥、农药、机械作业、选育良种等辅助技术，在提高农业系统生产力方面取得了巨大的成就；但是在人类发展过程中，人类对农业生态系统的稳定性和持续性未能给予充分的重视，造成农业生态系统平衡的破坏。从目前农业生态环境状况来看，土地退化、土壤荒漠化及盐碱化、水土流失、农业水污染、农田土壤污染、农药和化肥污染时有发生，所以农业环境保护已经迫在眉睫。

（二）生态农业

1981年，英国农学家沃什顿（M.K. Worthington）在《生态农业及其有关技术》一书中提出，生态农业是生态上低输入、自我维持，经济上可行的小型农业系统，旨在对环境不致造成明显改变的情况下具有最大的生产力。其基本要求包括：作物营养和能量的自我维持、物种的多样性、净生产量高、能效率高、经营规模小、经济上有生命力等。

生态农业吸收了传统农业的精华，借鉴现代农业的生产经营方式，以可持续发展为基本思想，实现农业经济系统、农村社会系统、自然生态系统的同步优化，促进生态保护和农业资源的可持续利用。生态农业是一种将第一产业与二、三产业相结合的，实现经济、生态、社会三大效益的一种生产方式。

第二节 经济与产业

一、经济增长与乡村发展

乡村的发展与经济增长是相辅相成的，乡村的发展离不开经济的增长。乡村作为第一产业的主要发生地及第二产业原材料的主要来源地，其经济增长主要来源于第一产业和原材料的输出，但随着时代的发展，乡村旅游等第三产业的发展成为乡村经济增长的又一重要助力。

（一）乡村发展离不开经济增长

乡村经济增长可以从多个方面来衡量。首先，经济增长可由地区生产总值及人均收入水平的增长来衡量；其次，经济增长也表现在乡村总就业人数的增长和福利水平的提高上；最后，经济增长还反映为乡村基础设施、公共服务设施、居民生活水平的提高上。

（二）乡村新的经济增长点

目前，发展相对滞后的乡村，等援助靠帮扶应该算是一种办法。但时不我待，主动破解当前发展瓶颈，才是乡村经济增长的主要路径。那么，怎样主动破解呢？首先需要做的就是走合作之路，放大自己的特色，立足于自身的优势，打响自己的品牌。乡村的优势一般有资源优势和生态优势两种，利用这些优势，发展区别于传统种植业的新型产业，打造形成乡村新的经济增长点。

1. 原生态种养殖、特色加工业、电子商务

我国乡村土地辽阔，资源特别丰富，每个地区的乡村资源各有特色。随着城市化的发展，农村土地大量抛荒。因此，盘活这些土地，发展规模化种养殖，在农村发展电子商务，建立自己的网站与销售渠道，实现产品的生产—加工—销售一条龙，带动乡村经济发展，可实现农民增收。

2. 乡村旅游

随着国内旅游业的蓬勃兴起，以乡村生活、乡村民俗和田园风光为特色的乡村旅游迅

速发展。一些地方的乡村旅游正成为当地的特色产业和新的经济增长点，乡村旅游在带动农民脱贫致富，促进产业结构调整的同时，又有力地促进了农村基础设施建设和村容村貌的改善，带动了乡村生产生活条件的改善和提高，加快了农村社会事业的发展。乡村旅游的发展对促进社会主义新农村建设和美丽乡村建设具有重要意义。

3. 土地整理

土地整理：从狭义上可以理解为土地的整治与治理；从广义上讲，包括土地资源的优化配置、开源和节流等，但最重要的是转变土地利用的粗放观念和方式，走集约利用的路子，提高土地利用率和产出率。

通过土地整理，一方面，可以加速实现耕地总量的动态平衡，促进农村产业化发展；另一方面，可以优化配置土地资源，发挥土地的最大经济效益。土地整理是促进农村经济发展、合理控制用地规模、盘活存量土地的必要途径。

二、经济发展与产业结构转型

（一）我国乡村产业结构的发展现状

新中国成立以来，伴随着我国国民经济的发展，乡村产业结构的变化大致可分为以下三个历史时期：1949—1978 年为缓慢变动时期；1979—2000 年为开始形成和逐步完善时期；2001 年以来，是对乡村产业结构进行全面调整时期。

我国乡村产业结构在第一时期的基本特点是种植结构单一，第二、三产业在乡村经济中所占的比例很低，只作为农业的必要补充而存在；第二时期形成了农、林、牧、副、渔并举，以乡村工业为龙头，全面发展乡村的产业结构新格局；第三时期是由于我国乡村产业结构面临新挑战而进行全面调整的时期，自我国加入世贸组织以来，对乡村产业结构做出了相应调整，从产值状况来看，第一产业的比重在降低，第二、三产业的比重在上升。

综上所述，我国乡村产业结构自改革开放以来，已经发生巨大变化：一是乡村产业结构已经摆脱改革以前以第一产业，特别是以种植业为主的单一产业结构形态，进入第一、二、三产业共同发展的新历史发展阶段；二是随着乡村各类产业共同发展局面的形成，尤其是乡村非农产业的快速发展，乡村产业结构必然呈现出结构合理、分工明确、经济高效的发展方向。

（二）乡村产业结构转型与优化

1. 优化乡村产业结构

持续稳定地发展乡村第一产业、适当地发展第二产业、积极地发展第三产业，进而对农村第一、二、三产业结构进行调整，促使其优化升级，实现产业结构的合理化。总体要求是以解决二元结构矛盾为目标，大力发展农村非农产业，由此带动农村工业化、城市化水平的提高，最终实现农业现代化。

2. 优化乡村农业区域结构

积极调整农业的区域结构，加强农业区域之间的分工与协作，充分发挥区域比较优势，实行区域化、规模化开发。同时，注意避免区域农业产业结构雷同，着力形成有区域特色的农业产业带和关联产业群。

3. 调整农业产业布局结构

发展小城镇是调整农村产业布局结构的关键环节。通过发展小城镇，可以促使乡镇企业从分散逐步集中，彻底改变"乡乡点火、村村冒烟"的分散状况，实现连片发展。同时，小城镇建设将促进乡镇企业"第二次创业"，加快城市化进程，在城乡之间形成统一的产业链条，为我国经济发展提供更大的空间。

4. 优化农业产品结构

农村产品结构的矛盾，是目前我国农村工业结构及城镇工业结构的突出矛盾。优化农业产品结构的一般措施：一是通过技术改造，提高传统产品的质量与性能，同时，通过规模经营和品牌竞争，继续占领和扩大市场；二是大力进行新产品开发，不断开发适销对路的名特优新产品；三是加大科技投入，引进与培养企业所需的各类人才。农村工业的产品结构调整，必须坚持市场多元化战略，要大力开发农村市场和国际市场，通过开发档次不同的系列产品，满足国内外市场不同层次的要求。

5. 发展现代农村服务业，完善乡村社会化服务体系

必须改造传统农村服务业：一是建设好为农服务的流通网络和流通设施，建设为农服务的流通信息网络；二是完善经济信息市场的服务体系；三是创造条件建设信息高速公路；四是建立多层次的专业市场。大力发展现代新兴服务业，如农村信息、金融、会计、法律咨询、旅游服务等行业，带动服务业整体水平提高。另外，在大力发展农村现代信息、咨询、法律服务业的同时，还要重点发展农村现代金融和旅游业。

第三节　人口与社会

一、乡村人口与社会要素的定义

（一）乡村人口

1. 乡村人口定义

乡村人口是指居住在农村或农村聚落的总人口，以农民为主，也包括教师、医生、商业人员等为他们服务的农村其他人员。

2. 乡村人口与城市人口的区别

（1）人口生育率较高，婴儿死亡率较高；

（2）年龄构成中，老人、儿童比重较大；

（3）分布零散，职业构成简单；

（4）文化教育水平较低，文盲率高。

（二）乡村人口与社会要素对乡村规划的影响

人口和社会要素对乡村规划的各种需求的测定非常重要：人口规模决定了居住用地、公共服务设施用地等其他用地类型的面积大小，居住、公共服务设施的用地的需求，又是计算

交通和其他基础设施用地需求的基础。因此，人口和社会要素的预测，在很大程度上决定了乡村基础设施用地、乡村产业用地的需求；人口规模所带来的乡村要素的变化，决定了乡村环境压力的大小。

1. 人口要素对乡村规划的影响

人口有三个维度的要素与乡村规划息息相关：人口规模、人口结构及人口的空间分布。

对乡村人口的预测，一般指的是对人口规模的预测，人口规模的预测是估算未来居住、公共服务、产业空间及乡村设施空间需求的重要参考指标。

人口结构与乡村规划同样具有相关性，这里的结构指的是整体规模中特定族群的比重。人口结构可分为年龄结构、性别比例、家庭类型、文化教育水平、社会经济水平及健康状况等。年龄结构隐含了服务的需求，如儿童对学校的需求，老人对健康设施和特殊住宅的需求等。人口结构预测的意义在于，使土地利用规划可以反映乡村人口中诸多不同群体的需求。

人口的空间分布是第三个重要维度。人口的空间分布是评价公共服务设施的配置、基础设施配置及其他设施可达性的必要依据。此外，它还可以反映乡村存在的千篇一律、过于集中等问题。

2. 社会要素对乡村规划的影响

城乡规划作为一种公共政策，其根本目的在于实现社会公共利益的最大化。因此，社会要素对于城乡规划最本质的影响，在于城乡发展中多方利益的互动和协调，以此保障社会公平，推动社会整体生活品质的提高。

二、乡村人口与社会发展规律

人口统计是一种从"量"的方面去研究人口现象的方法或学问。通过人口统计，可以揭示人口过程的规律性和人口现象的本质。在中国，人口统计可以为控制人口数量、提高人口素质服务，使人口发展同经济和社会的发展相适应。

（一）人口统计

静态指标：又称时点指标，反映某一时点的状况，是从一个连续不断变化的过程中，取一个横断面的、静止的瞬间资料，如某年某月某日某时的人口数、人口的年龄、性别、民族等。常用的人口静态指标有性别与人口金字塔。

动态指标：这一类指标是反映一定期间内，人口的自然变动或社会变动状况，如某年的出生、死亡、迁移等，它反映的是某一期间内某事件连续发生的总的情况，而不是一个时点的情况，故称为人口动态指标或期间指标。

（二）人口预测

乡村人口的变化包括两个方面：自然增长与机械增长，两者之和便是乡村人口的增长值。

$$自然增长率 = \frac{本年出生人口数 - 本年死亡人口数}{年平均人数} \times 100\%$$

$$机械增长率 = \frac{本年迁入人口数 - 本年迁出人口数}{年平均人数} \times 100\%$$

1. 综合增长率法

综合增长率法是乡村人口预测最常用的方法，它是以预测基准年上溯多年的历史平均增长率为基础，预测规划目标年乡村人口的方法。根据人口综合年均增长率预测人口规模，按下列公式进行计算：

$$P_t = P_0(1+r)^n$$

式中：P_t——预测目标年末人口规模；

P_0——预测基准年人口规模；

r——人口综合年均增长率；

n——预测年限（$t_n - t_0$）。

人口综合年均增长率 r 应根据多年乡村人口规模数据决定，缺乏多年人口规模数据的乡村，可将综合年均增长率分解成自然增长率和机械增长率，分别根据历史数据加以确认。影响人口增长或减少的因素有很多，如乡村的经济发展状况、人口的迁入迁出、出生率及死亡率、资源环境等，乡村产业的发展状况也是影响乡村人口发展的一个重要因素，人口综合年均增长率的确定，就要考虑以上各方面因素。综合增长率法主要适用于人口增长率相对稳定的乡村，对于发展受外部影响较大的乡村则不适用。

例如，某村 2015 年现状人口为 826 人

（1）自然增长预测

根据该村的人口增长的实际情况，确定自然增长率为年平均 -0.9‰。因发展旅游业，会有一部分相关服务人员与流动人口增加，按照相应程序计算人口增加。采用自然增长率分析法对人口加以计算，在定性修正的基础上，加上机械增长人口以此推算人口规模，即预测 2020 年该村常住人口为 822 人。

（2）机械增长预测

2015 年总人口 868 人，现状常住人口 826 人，劳动力转移增加率为 8%，劳动力人口向外转移为 66 人，机械迁出人口 42 人，得出 2015 年剩余劳动力人口总数为 108 人。

2020 年，预测常住人口 822 人，劳动力人口向外转移为 96 人，劳动力转移增加率为 11.7%，因发展旅游业会有部分流动人口增加，则机械迁出人口会下降。根据趋势外推法对数据进行分析得出，2020 年机械迁出人口为 25 人，则 2020 年剩余劳动力人口总数为 121 人。

公式：

就业增长率 = 就业增长弹性系数 × GDP 的增长率

就业增长弹性系数 = 就业增长率 / GDP 的增长率

预测期就业人口规模 = 基础就业人口规模 ×（1+GDP 增长率 × 就业弹性系数）$^{预测年数 n}$

其中 2015 年劳动力转移增加率 8%，根据趋势外推法预测 2020 年劳动力人口向外转移为 96 人，可以测算出 2020 年农村剩余劳动力人口的总数 121 人。

现状该村就业人口占村域常住人口比重为 28.6%，村域常住人口中就业人口为 248 人，总人数 868 人，将就业增长弹性系数及 GDP 的增长率代入公式，可计算得出 2020 年村域就业岗位需求量 260 人。

（3）人口总量

人口总量 = 自然变动所产生数量 + 村域劳动力需求变化量 − 剩余人口转移

$$=822+（260-248）-96=738 人$$

2. 时间序列法

时间序列法是对一个乡村的历史人口数据的发展变化进行趋势分析，直接预测规划期乡村人口规模的方法。它通过建立乡村人口与年份之间的相关关系，预测未来人口规模，这种相关关系一般包括线性和非线性的，在乡村规划人口预测时，多以年份作为时间单位，一般采用线性相关模型。按下列公式计算：

$$P_t = a + bY_t$$

式中：P_t——预测目标年末乡村人口规模；

Y_t——预测目标年份；

a、b——参数。

通过一组年份与乡村人口的历史数据，拟合上述回归模型，如回归模型通过统计检验，则视为有效模型可以进行预测；否则，应视为不相关或相关不密切，不能用该方法进行预测。

3. 剩余劳动力转移法

随着农业生产率的提高以及土地边际效益递减的规律，农村剩余劳动力将大幅度转移到能为之提供就业岗位的区域，这即为工业化推动城市化的过程。剩余劳动力转移也是影响乡村人口机械变动的一个重要因素。

以 2008 年作为农业劳动力充分利用的固定期，则根据历史数据估算农业剩余劳动力的公式可定义为：

$$SL_t = L_t - S_t / M_t$$

$$M_t = N \times (1+\beta) \times (t-2008)$$

式中，SL_t 表示第 t 年乡村剩余劳动力，L_t 表示第 t 年农业实际劳动力，S_t 表示第 t 年实有耕地面积，M_t 表示第 t 年人均耕地面积，N 为当年人均耕地面积的平均值，β 为经营耕地变动率（用以描述农业生产技术进步对农业生产率的影响）。通过上面的计算模型，可以计算出农业剩余劳动力总数，再加上农村劳动力资源中非从业人员数，就可以测算出乡村剩余劳动力资源的总数。

第四节 历史与文化

一、乡村历史与文化

历史文化是农村发展的底蕴所在，乡村文明是中华民族文明史的一个重要组成部分。村庄是这种文明的载体，耕读文明是村庄软实力。2015 年，全国农村精神文明建设工作经验交流会指出：农村是我国乡村文明的发源地，乡土文化不能断，农村不能成为荒芜的农村、留守的农村、记忆中的故园。同时，大会强调搞新农村建设要注重坚持传统文化，发展有历史记忆、地域特色、民族特点的美丽乡村。

（一）乡村历史文化的概念

乡村文化是指在乡村社会中，以农民为主体，以乡村社会的知识结构、价值观念、乡风民俗、社会心理、行为方式为主要内容，以农民的群众性文化娱乐活动为主要形式的文化。

（二）中国传统乡村文化的生成及其特征

地理环境决定了中国传统文化的封闭性，地理环境是人类赖以生存和获取生产、生活资料的基础，对地理环境的依赖性，决定了处于其中的民族特殊的生产方式和生活方式，同时，也会积淀出独特的文化形态。落后的社会经济生产方式和单一的农耕经济，决定了中国传统乡村文化的家族性和浓厚的土地情结，不同的生产方式和经济结构对一个国家、地区和民族文化的形成和发展，具有决定性的作用。复合的二元农业社会塑造了中国传统文化的乡村性，在传统中国，复合的二元社会形成了两个层次的文化系统：一个是上层贵族、士绅、知识分子所代表的文化，称之为大传统；另一个是一般社会大众，特别是乡民或俗民所代表的生活文化，称之为小传统。建立在经济生产方式和经济结构的基础上，由它们所决定的政治结构对民族文化也有着重要作用，以小农为基础的自然经济，形成了我国古代中央集权的君主专制制度和带有某种血缘温情的宗法制度相结合的"家国同构"的社会政治结构。

二、历史与文化对乡村规划的影响

（一）传统文化对乡村规划的影响

受自然地理环境及气候的影响，我国村落多选址于水源充足、地势平坦、适宜农作物生长的地带。此外，君主专制制度、封建宗族制度、宗教文化也对传统村落的格局产生了重要作用，风水、神人关系对建筑的朝向、布局产生了重要影响。

（二）近现代文化对乡村规划的影响

随着社会的进步，道路交通四通八达，乡村也从封闭走向开放，城市文化入侵乡村，乡民的生产生活方式发生了巨大的变化，人们对生产生活环境的品质也提出了新的要求。因此，在进行乡村规划时，基础设施与公共服务设施的设置，不仅要满足人们日常生产生活的便利需求，还要满足人们的精神文化需求。

第五节 信息与技术

一、信息技术在乡村规划中的应用

信息技术的进步对学科的发展可以产生巨大的推动作用，在过去的几十年中，信息技术在规划中的应用已经取得了很大的进步。信息技术的进步对规划领域的促进主要表现在三个方面：计量分析和数学模型的应用、规划成果的表现、规划管理手法的提高。由于信息技术

城乡制度变革背景下的乡村规划理论与实践

的提升，可以利用数学模型及计算机、GIS 模型进行大数据分析，使乡村规划更加切合实际，更加利于实施。

随着"智慧城市""海绵城市"在理论上的逐步完善与在城市的实践，先进的信息技术逐渐被运用于乡村地区的建设。部分地区在"智慧城市"上的尝试推进了"智慧乡村"的发展，为乡村地区的社会服务管理的智能化、村民新的智能生活，提供了技术支撑与理论支持，"海绵城市"为改善乡村生态环境提供了新的思路。

二、信息技术推动智慧乡村建设

（一）"智慧乡村"的背景

2009 年 IBM 率先提出"智慧地球"的口号，倡导通过互联网与物联网的深度结合，让人类智慧地管理自己的生活与生产。随着全球物联网、无线宽带网络、互联网、云计算的迅猛发展，"智慧城市"的概念被提出，我国深圳、成都、无锡对"智慧城市"做出了一系列尝试。在这种情况下，"智慧乡村"的建设得到逐步推进，以提高农村地区资源利用率和生产力水平，实现乡村科技化、信息化、智能化的生产生活方式来应对城乡"二元结构"状态，进而缩小城乡差别。

（二）"智慧乡村"的概念

"智慧乡村"是指依托"智慧城市"所拥有的物联网、云计算、人工智能、数据挖掘、知识管理等技术，构建一个农村发展的智慧环境，形成基于海量信息和智能过滤处理的新的生活、产业发展、社会管理等模式，提高农村的规划、建设、管理、服务的智能化水平，面向未来构建全新的乡村形态。

（三）"智慧乡村"的目标

1. 经济要健康、合理、可持续

"智慧乡村"的产业结构和经济体系必须是智慧的，强调绿色、生态和高效，依靠科技进步使经济活动遵循农业生态系统的内在规律，促使人与自然的和谐、稳定、可持续发展。"智慧乡村"的经济还应是循环经济，以高效利用资源为核心的，具有可持续性的经济模式。

2. 生活要安全、舒适、便捷

与"智慧城市"一样，"智慧乡村"也是一个充满活力、富有朝气、面向未来的居住地。"智慧乡村"要创造一个以人为本的环境，其核心是运用创新科技手段服务广大农村居民，满足大家的生产生活需要。

3. 管理要科技、智能化

"智慧乡村"的管理包括政府管理和居民自我管理两个方面，管理要面向服务转变，以高效的管理促进农村地区经济社会的发展。

（四）"智慧乡村"国内外发展现状

1. 国内"智慧乡村"的发展

目前，国内农业信息化浪潮正蓬勃兴起，由此带来的不仅是令人目不暇接的新技术和新产品，更为重要的是，它正在改变着人们的生产和生活，尤其是便利的网络信息和及时的资讯传达，为农村摆脱贫穷落后的帽子带来了新的希望。信息化日益成为目前对我国农业和农村影响最为深远的社会变革之一。例如，随着物流业的发展，农村电子商业从无到有，取得了巨大的进步，农村的农产品可以通过网上销售来实现农民的增收。

例如，浙江省安吉县"智慧乡村"建设

（1）智慧乡村建设目标

紧紧围绕"城乡统筹发展"和建设"三个安吉"为中心工作。依托县广电数字网络资源优势，加快推进智慧基础设施体系、智慧乡村管理体系、智慧公共服务体系、智慧经济运行分析体系和公安应急管理体系的建设，加大信息共享和业务协同，运用现代物联网新技术，配置中央数据处理中心和终端运用设备，实现乡村科技化、信息化、智能化的生产生活方式。

（2）安吉县"智慧乡村"建设

从2009年开始，安吉县先后投入近2亿元，完成双向化改造，铺设光纤8km，安装光电转换传输设备2万多台，每10户配置一套光终端设备，确保用户电视接入带宽1000兆，上网点播带宽100兆，成为县域内带宽最宽、最安全、覆盖最广的传输网络。

建设"信息云台"，快捷共享使用各类信息；建立"智能联防"，使治安联防更有效，联动应急及时高效；建立"平安视频"，创造安全居住环境；建立"智能呼叫"，实现应急一键联防；建立"电视支付"，提供金融惠民服务；建立"智能家居"，实现远程控制，家居生活自动化，提高家居生活品位；创立"智慧课堂"，增强城乡教学互动；建立"智能医疗"，实现远程监护就医；建立"智慧农业"，实现对加湿器、遮阳网、风机等进行控制。

2.国外"智慧乡村"的发展

从全球范围看，农业和农村信息技术的发展大致经过三个阶段：第一个阶段是20世纪50—60年代的广播、电话通信信息化；第二个阶段是20世纪70—80年代的计算机数据处理、知识处理和农业数据库开发；第三个阶段是20世纪90年代，以来网络和多媒体技术应用和农业生产自动化控制等的新发展。目前，在农业和农村信息技术应用方面处于世界领先地位的国家有美国、日本、法国、德国等，韩国、印度、印度尼西亚等国家在推进农村信息化建设方面，也有许多可供借鉴的经验。

例如，德国乡村信息化发展情况如下：德国农业信息化基础设施完善，注重信息系统建设。"数字农业"基本理念与"工业4.0"❶并无二致，即通过大数据和云技术的应用，将一块田地的天气状况、土壤、降水、温度、地理位置等数据上传到云端，在云平台上进行处理，然后将处理好的数据发送到智能化的大型农业机械上，指挥它们进行精细作业。德国在开发农业技术上投入大量资金，并由大型企业牵头研发"数字农业"技术。据德国机械和设备制造联合会的统计，2015年德国在农业技术方面的投入为54亿欧元。在2016年的汉诺威消费电子、信息及通信博览会上，德国软件供应商SAP公司推出了"数字农业"解决方案。该方案能在电脑上实时显示多种生产信息，如某块土地上种植何种作物、作物接受光照强度

---

❶ 指以信息物理融合系统CPS为基础，以生产高度数字化、网络化、机器自组织为标志的第四次工业革命。

如何、土壤中水分和肥料分布情况，农民可据此优化生产，实现增产增收。

（五）规划思路与方法

虽然"智慧乡村"尚未达成一个统一的标准，但是有三个最基本的方面与"智慧城市"相对应，即"智慧化的基础设施""智慧化的民众应用"以及"智慧化的产业应用"，以此来提高农村地区的综合竞争力，创造更美好的生活。由此可以设想，"智慧乡村"的重点建设领域应该包括智慧的基础设施、智慧政府以及智慧的公共服务等。从规划角度上，"智慧乡村"的建立也应该从这几方面来考虑：

1. 智慧化的基础设施规划与建设

（1）道路交通

道路交通是乡村的血脉，是乡村与乡村、乡村与城市交流的桥梁。便捷的交通运输组成的物流网，为农村发展电子商务提供了契机；只有具有便捷的交通，才能将产品运往外地。

（2）电力电信

电力电信是实现"智慧乡村"的根本保证，海量的数据将通过无线或有线的网络进行传输，人们通过网络进行办公、交流。乡村网络的发展改变了人们的生产生活方式，使我们的生活智能化。

2. 智慧化的公共服务设施

智慧的公共服务设施涵盖了智慧医疗系统、智慧教育系统、智慧家居系统、智慧生态系统和智慧安防系统等。

（1）智慧医疗系统

随着时代的发展，农村年轻人大量向城市涌入，农村空巢老人及留守儿童数量庞大，而由于我国农村地域广阔，农村医疗设施匮乏，导致了农村人看病难的问题；而"智能医疗"就能实现电视挂号、远程身体监护、远程医疗诊断，可使农民实现迅速就医。

（2）智慧教育系统

通过"同一教学内容，不同教师授课"的学习功能，将"一个教师上，多个学生听"的传统教学模式，变为"多个教师上，一个学生听"的新型教学模式，有利于依靠社会力量办学。

（3）智慧家居系统

随着技术的进步，可实现对家用电器、家居装饰、家庭安全的远程控制，实现家居生活的自动化、提升家居生活的品位。

3. 智慧农业

通过监控系统，可实现对农田中农作物的生长态势、果园中果树的生长状况进行实时的监控；通过温光监测系统，对生产场地的二氧化碳浓度、空气和土壤湿度进行监测，一旦二氧化碳浓度异常或湿度温度异常，报警系统将会发出警报；通过控制系统，实现对加湿器、遮阳网、风机等进行控制。

4. 智慧旅游

可建立智慧旅游乡村。智慧旅游乡村是指拥有民俗旅游信息化网站，具备丰富的展现方式,提供旅游服务、农产品在线预订,能够向游客提供宽带上网服务、旅游信息智能推送服务(自助导览、自助导游)、旅游智能化安全监控服务的市级民俗旅游村。

智慧旅游乡村要求建立村级网站,包含村级景观、餐饮、农产品、休闲娱乐信息等,网站内容应支持在电脑、智能手机等显示屏上显示,网站应及时更新,可支持在线支付及手机支付;还需建立民俗旅游接待户,这类接待户必须要求具有独立网站、电子票、电子身份认证、客户服务电话、刷卡服务及在线支付便捷服务等;要实现无线网络在客房、渔场、观光果园等地的覆盖;此外,还需建立视频安全监控、农产品食品安全监控、产品销售运输安全管理等系统。

三、乡村规划中的"海绵城市"理论

(一)"海绵城市"的背景

2014年10月16日,国务院办公厅印发《关于推进海绵城市建设的指导意见》(以下简称《指导意见》),部署推进海绵城市建设工作。《指导意见》指出:建设海绵城市,统筹发挥自然生态功能和人工干预功能,有效控制雨水径流,实现自然积存、自然渗透、自然净化的城市发展方式,有利于修复城市水生态、涵养水资源,增强城市防涝能力,扩大公共产品有效投资,提高新型城镇化质量,促进人与自然和谐发展。

(二)"海绵城市"的概念

顾名思义,海绵城市是指城市能够像海绵一样,在适应环境变化和应对自然灾害等方面具有良好的"弹性",下雨时吸水、蓄水、渗水、净水,需要时将蓄存的水"释放"并加以利用。海绵城市建设应遵循生态优先等原则,将自然途径与人工措施相结合,在确保城市排水防涝安全的前提下,最大限度地实现雨水在城市区域的积存、渗透和净化,促进雨水资源的利用和生态环境保护。在海绵城市建设过程中,应统筹考虑自然降水、地表水和地下水的系统性,协调给水、排水等水循环利用环节,并考虑其复杂性和长期性。

(三)"海绵城市"的建设

通过不同层次的城市规划来建设"海绵城市",在城市总体规划中控制城市用地的边界与城市规模,明确低影响开发策略和重点建设区域;在城市水系规划、城市绿地系统专项规划、城市排水防涝综合规划、城市道路交通专项规划中明确水系的保护范围,对不同类型绿地进行开发控制,明确低影响开发径流总量控制目标与指标、雨水资源化利用目标及方式,提出各等级道路低影响开发控制目标,协调道路红线内外用地空间布局与竖向规划;在控制性详细规划中,结合建筑密度、绿地率等约束性控制指标,提出各地块的单位面积控制容积、下沉式绿地率及其下沉深度、透水铺装率、绿色屋顶率等控制指标,作为土地开发建设的规划设计条件;在修建性详细规划中,遵循控制性详细规划的约束条件,绿地、建筑、排水、结构、道路等相关专业相互配合,采取有利于促进建筑与环境可持续发展的设计方案,落实具体的低影响开发设施的类型、布局、规模、建设时序、资金安排等,确保地块开发实现低影响开发控制目标。

（四）"海绵城市"在乡村规划中的应用

（1）在进行乡村规划时，通过划定"蓝线""绿线"❶，严格控制河道、湖泊、湿地、森林草甸等生态敏感区及水源涵养区的各项建设活动，进行低影响开发，减少乡村建设对水体、湿地、森林的侵占破坏。

（2）通过"渗""蓄""滞"来减少地表径流量，实现雨水的净化与储存。"渗"，主要是改变各种路面、地面铺装材料，改造屋顶绿化，调整绿地竖向，从源头将雨水留下来，然后"渗"下去；"蓄"，即把雨水留下来，尊重自然的地形地貌，使降雨得到自然散落，使用人工蓄水池，可以将雨水暂时储存起来，达到调蓄和错峰；"滞"，通过生态滞留池、渗透池、人工湿地，可以延缓形成径流的高峰。

---

❶ 城市绿线是指城市各类绿地范围的控制线。按住建部出台的《城市绿线管理办法》规定，绿线内的土地只准用于绿化建设，除国家重点建设等特殊用地外，不得改为他用。

第二篇 城乡制度变革影响下的乡村规划理论变迁

第四章 城乡制度变革的体现

第一节 农村宅基地与住房制度

改革开放以来，农民收入显著提高、农民建房需求猛增，城市化和工业化加速发展，大量农村人口向城市转移、迁徙，社会经济变化显著，"空心村""城中村"等现象成为社会关注的热点问题。随着新农村建设和美丽乡村建设的持续推进，广大农村地区又将迎来新一轮住房建设热潮，亟待规划引导。

城乡规划的作用对象是以土地使用为核心的空间资源，城乡规划的实施也必然要通过对土地使用的调配来进行。因此，土地制度与城乡规划有着密切的关系，直接影响到城乡规划的制度环境和实施管理。城市于 20 世纪 80 年代末实行土地制度改革，城市住房逐渐实施土地使用权的有偿使用和住房的市场化交易。20 多年后，农村建房仍然实行作为集体土地所有制的宅基地无偿使用。二元制的土地和住房制度使农村地区规划建设必然呈现出与城市的巨大差异，农村建设用地呈现相对混乱的状态。虽有体制性因素，但是仍然凸显出城乡规划对此的应对措施不足。需要从土地使用制度的推进和城乡要素流动的角度，针对当前农村住房建设面临的问题进行深入的分析研究，以促进城乡规划体系的不断完善。

一、基于新制度经济学的宅基地和农村住房制度分析

新制度经济学的研究对象是制度，产权理论是其重要组成部分。产权用来界定人们拥有的权利并从中获益，通过产权界定和使用安排等，降低或消除运行成本，并改善资源配置。下面借助新制度经济学的相关理论对现行的宅基地和农村住房制度进行分析。

（一）宅基地制度下的农村住房产权分析

产权是指人们使用资源的一组权利。产权作为一种排他性的权利，是调节人与人之间利益关系的根本制度。在一般意义上，一项财产上的完备产权一般包括：使用权、收益权、让渡权。其中，让渡权是产权最根本的组成因素。它意味着所有者拥有将其对资产的全部权利（如出售一幢房屋）或某些权利（如出租一幢房屋）转让给他人的自由。因而，让渡权就是承担资产价值变化所引起的后果的权利。

我国农村的土地属于农民集体所有，从形式上看，集体土地产权是一种使用权与所有权

相分离的安排制度。作为集体建设土地的组成部分，农村宅基地的权能是不完整的。❶权利主体具有使用权，但是并不具备完整的收益权，不具备让渡权。农民虽然对宅基地上的房屋拥有使用权和所有权，但是却对其必须附着的宅基地没有所有权。也就是说，房屋的所有权与其附着的宅基地所有权不统一，如图4-1所示。《土地管理法》规定，集体建设用地必须转为国有用地以后，才能进入二级市场流转。这样，在立法意旨上，就是禁止城市及外村、外乡居民成为集体土地上住宅的合法所有权人。与国有土地使用权相比，农村宅基地的产权流转受到了诸多限制。

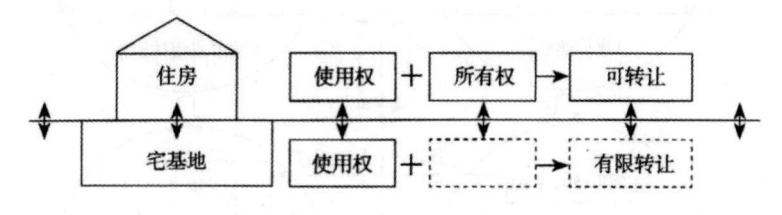

图4-1 农村住房产权分析图

（二）宅基地制度下的农村住宅资源分析

资源的稀缺性使人类社会有必要建立明确的产权制度约束社会成员的行为。随着人们对各类资源的竞争性使用的增强，资源的稀缺性越来越明显，限制无序的争夺并界定资源的归属就越来越必要。要实现资源最优配置，应将各种资源用到最需要的地方，使资源掌握在最需要它的人手中。资源产权必须经过不断交易或转手而流动起来。明确产权是通过交易来实现资源最优配置的前提。产权没有被完全界定或缺乏排他性权利的约束时，未被界定的部分会被交易各方攫取，进入公共领域的财富将成为人们投入资源争夺的对象。

作为集体组织的一员，农民可以无偿获得一宗宅基地用于住房建设，但当他因离开集体（如进入城镇居住）而要将住房出售时，只能出售给该集体符合宅基地申请资格的成员，宅基地的转让不会为其带来合理的经济收益。但由于其离开了集体经济组织，从而也丧失了其原有的宅基地福利，而这种权利的丧失既不能从集体组织得到补偿，也不能将土地向集体以外的成员让渡获取更高的价格补偿。根据资源配置的效应最大化原则，迁出集体的农民大多

---

❶ 农村宅基地使用权是农村居民在集体所有的土地上建造住宅及其附属设施的权利。《物权法》确立其为一种独立的用益物权，具有以下几个特征：1. 无流动。农村宅基地使用权主体的特定性。在我国，农村宅基地仅限于本集体经济组织内部成员享有使用权，该集体经济组织成员申请宅基地只可以向本集体经济组织提出，非该集体经济组织的成员不得享有该权利，也不得通过转让获得。《中华人民共和国土地管理法》第62条规定，农村村民一户只能拥有一处宅基地。现行法禁止城镇居民在农村购置宅基地。农村村民出卖、出租住房后，再申请宅基地的，不予批准。2. 无偿性。农村宅基地使用权取得的无偿性。农民申请宅基地使用权，需要经过乡、镇人民政府审核，由县级人民政府批准。农村宅基地使用权的取得，原则上是无偿的。现行法不允许宅基地使用权抵押。依法取得一宗宅基地是集体成员享有的一种基本权利。3. 无限期。农村宅基地的使用没有年限的规定。现行法只是规定宅基地的面积不得超过省、自治区、直辖市规定的标准。与用于农业用途的生产用地和工商业用途的经营用地不同的是，取得宅基地不必签订承包合同或使用合同，没有使用年限的规定，也就不存在留滞成本。

城乡制度变革背景下的乡村规划理论与实践

会选择在迁出后仍然保留房屋，从而占有着宅基地使用权，使一些本应当通过交易能够得到利用的宅基地被闲置，造成土地资源浪费，如图 4-2 所示。

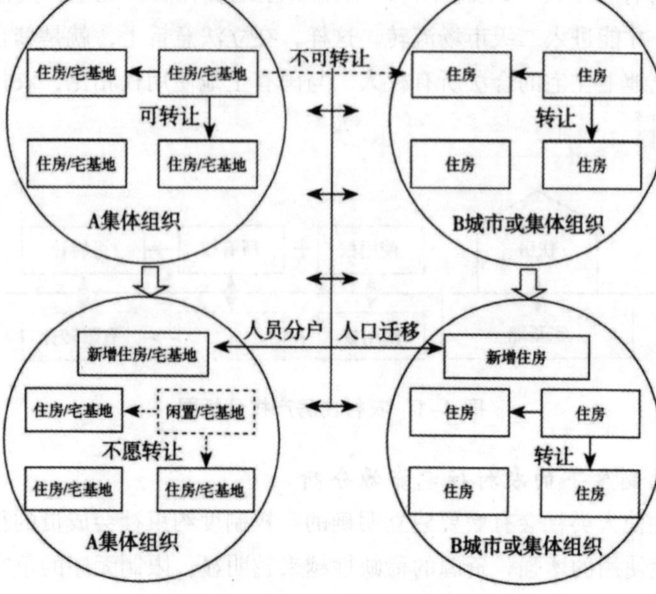

图 4-2　农村住房资源配置分析图

对于本集体成员来说，在宅基地无偿使用的条件下，尽管对宅基地审批面积有着明确的规定，但由于产权未被明确界定，仍难以有效避免农民多占宅基地多占公共领域的资源，从而出现一户多宅的现象。

二、宅基地制度下的农村住房资源配置热点问题分析

在城市住房资源配置系统中，城市居民通过有偿取得国有土地、购买住房而获得房产价值，并拥有完整产权的商品住房。在拥有完整的使用权、收益权和让渡权的基础上，能够自由地对房屋做出自住、出租和出售的处置，因此，整个城市形成了建立在明确产权基础上的住房链条和有序合理的住房资源配置机制。与之不同的是，农村居民无偿获得宅基地，获得房产价值和有限的产权，却只能自住而不能够自由处置房屋，形成了不利于住宅资源合理配置的住宅闲置，以及违法违规的住宅出租和住宅出售现象。可以通过城乡对比，从宅基地制度在产权上的特殊性分析当前几个农村住房资源配置的热点问题（见图 4-3）。

（一）"空心村"

近十年来，"空心村"一词频繁地进入人们的视线。根据有关调查统计数据，全国村庄用地共 1 653 亿平方米，其中宅基地占 80 % 以上，约有 1 333 亿平方米左右。约 1 333 亿平方米的宅基地中，闲置荒芜宅基地竟达 20 % 左右。

1990—2015 年，中国城市化水平从 26.4 % 提高到 56.1 %，农村人口由 84 138 万人减少

·068·

到 60 346 万人，减少了 23 792 万人，而村庄用地却从 1 140.1 万公顷增加到 1 401.3 万公顷，增加了 261.2 万公顷。可见，随着经济发展和城镇化水平提高，村庄用地的不集约趋势加剧（见图 4-4）。

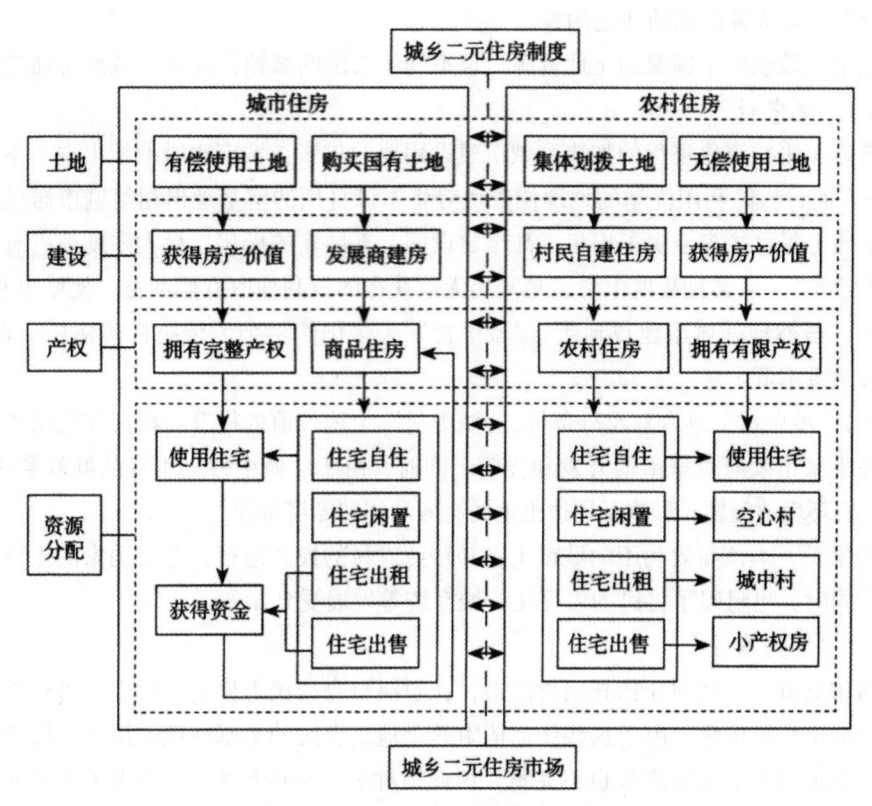

图 4-3 城乡二元住房制度对比

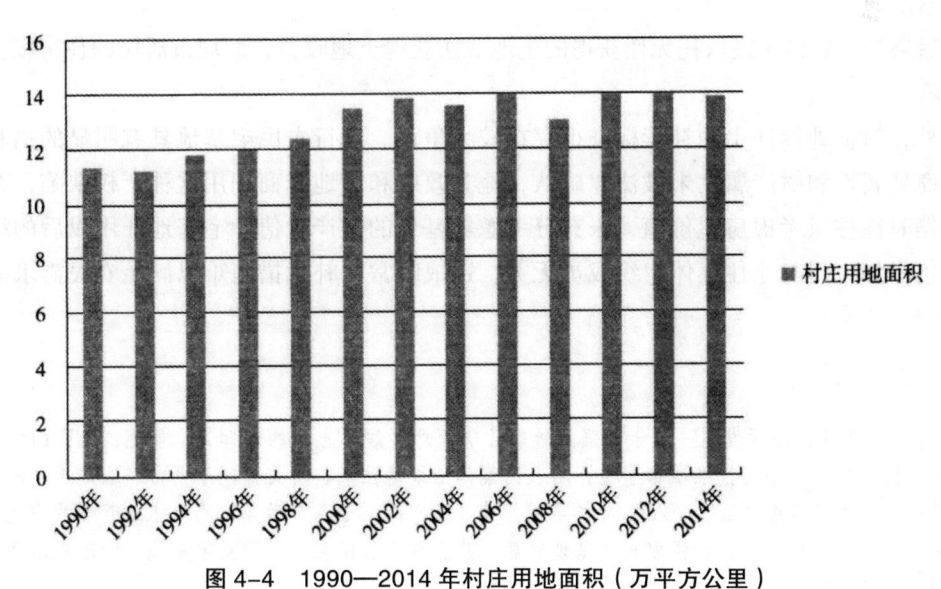

图 4-4 1990—2014 年村庄用地面积（万平方公里）

城乡制度变革背景下的乡村规划理论与实践

一方面，由于缺乏让渡权，离开村庄进入城镇居住的人不愿放弃宅基地，让住房长期闲置。由于宅基地无限期使用的特点，造成土地资源的浪费；另一方面，长期在外打工的人虽然希望能进入城镇居住，但是由于缺乏让渡权，不能通过出售农村住房获得资金而作为进入城市的资本，造成钟摆式的住宅闲置。

其结果是既浪费了国家的土地资源，也不利于农民的城镇化转移，城乡流动受阻。

（二）"城中村"

随着近年来城镇化进程的加快，城市建设用地的扩张，城市边缘地带出现了不少"城中村"。一方面，村民利用优越的地理位置优势将本该自用的宅基地出租给城市居民，或是在自家宅基地上尽可能多盖房子出租，甚至建设四、五层高的楼房，最大限度地占有资源，形成"瓦片经济"。从某种程度上看，是利用无偿获得的权利换取有偿利益，使城市利益受损；另一方面，虽然地处城市建设地带，"城中村"大多仍然沿袭了传统村落格局，容积率低，土地的利用效率低。

因此，"城中村"具有双重外部性。"城中村"土地价值的提升和村民住宅出租收益的提高，得益于城市政府对城市的开发和投资。同时，由于"城中村"本身的低效利用和社会、经济、生态环境的问题，影响了周边土地的有效利用和经济价值。

其后果是，本该高效利用的城市土地却按照农村的模式运行，造成国家的土地资源配置的低效，同时，也阻碍了村民的市民化，城乡统筹发展受到制约。

（三）"小产权房"

在城市近郊，一些村庄依托旧村改造，在解决自身村民上楼的基础上，进行部分住宅开发，并向城市居民出售。由于这些住宅依附的土地是农民的宅基地或农用地，属于农村集体土地，所以地面上的房屋产权也不完整，因此被称为"小产权房"，体现了宅基地在城乡之间的隐性流动。虽然国家自 2004 年起，就出台了一系列的政策法规 ❶，但是"小产权房"依然屡禁不止。

其后果是，农村居民依托无偿获得的土地非法获得土地收益，而城市居民的住房权益得不到保障。

另外，对征地拆迁中的补偿标准也存在较大争议。现行农民宅基地具有明显的福利性质，其商品属性和财产属性未被法律确认，地方政府和房地产商利用这种产权缺陷，在给农民补偿时往往只考虑房屋价值，未充分考虑宅基地的财产价值，宅基地征用以后的级差收益数倍增加，但与原住集体组织成员无关，造成时常因补偿措施难以满足农民需求而引发纠纷。

---

❶ 1999 年，国务院办公厅发出《关于加强土地转让管理严禁炒卖土地的通知》，规定"农民的住宅不得向城市居民出售。也不得批准城市居民占用农民集体土地建住宅。有关部门不得为违法建造和购买的住宅发放土地使用证和房产证"。2004 年国务院发布《国务院关于深化改革，严格土地管理的决定》，改革和完善宅基地审批制度，加强农村宅基地管理，禁止城镇居民在农村购置宅基地，明确提出严格限制城市居民购买农村住宅。

三、农村住房相关制度变革需求与政策建议

农村与城市相比,由于农村住宅产权的不明确,导致资源配置缺少流动,存在着配置效率低的问题。同时,在产权不明晰的制约下,城乡之间要素也缺少流动,存在着资源配置不合理的问题,如表4-1所示。应从城乡统筹的视野,通过城乡一体化的土地市场、住房制度、保障制度和户籍制度的变革,促进城乡资源的合理配置与高效利用,如表4-2所示。

表4-1 村庄建设难点问题比较分析

现象	产权	资源占有与分配
"空心村"	缺乏让渡权	村庄内双重占地 城乡双重占地 城乡资源浪费严重,城市发展受限
"城中村"	缺乏让渡权,收益权不明晰	村庄内掠夺性占地;城乡资源配置效率低
"小产权房"	缺乏让渡权	城乡资源分配不合理

表4-2 城乡统筹视野下的城乡二元住房制度

城乡制度		城市	农村	城乡统筹要求
城乡土地市场	土地制度	国有土地制度	集体土地制度	统一建设用地市场
	土地市场	土地市场	隐性市场	集体用地进入市场
	土地利用现状	高效配置	建设用地粗放	节约利用土地
	土地利用潜力	建设用地紧张	土地整理潜力巨大	统筹城乡土地资源
城乡住房市场	住房供给与更新	提供住房买卖、租赁服务的房地产市场	无法通过市场配置住房资源	建立城乡一体化住房制度
	住房保障体系	包括保障性住房在内的多元住宅体系	住房发挥保障性作用	建立城乡住房保障体系
城乡人口流动	住房地点选择	基于市场的资源配置,居民拥有流动自主权,地点自定	基于计划的资源分配,居民无法流动,居住在所在村庄中	合理自主地选择居住地
	人与住房的关系	人与住房不具备必然联系。人口流动促进资源流动和配置	人与住房产生必然联系。人口固化,阻碍了城镇化步伐	建立与人口流动相适应的城乡一体化的户籍制度

(一)建立完善的城乡土地市场,促进土地资源的集约利用

土地是不可再生的稀缺资源,是全社会的资源和财富,城乡土地市场的完善,有利于促进土地资源的集约利用。

城乡制度变革背景下的乡村规划理论与实践

一方面，由于当前宅基地的流转受到限制，退出机制无法有效实施，造成建设用地粗放的弊端；另一方面，二元化的城乡土地市场似乎并未阻止农村隐性土地市场的出现。

由于农村集体建设用地的规模和数量巨大，农村土地资源配置市场化已成为与城市土地资源市场化相衔接的系统工程。国家已经通过一系列的政策规定引导农村集体所有建设用地与城市土地市场衔接（见表4-3）。与其隐性、非法流转，不如让集体建设用地直接进入市场。按照新制度经济学的观点，通过制度的建立，可以减少产权界定的成本，有利于限制、规范人们的争夺与竞争行为。各方可以通过自愿、平等的交易寻求最佳的权利配置。

可见，其土地制度改革的思路是赋予宅基地完整的使用权，完善宅基地的登记和发证工作，完善宅基地退出和补偿机制，探索宅基地的入市流转办法。

表4-3 国家关于宅基地流转的主要政策规定演变（2004——2015年）

时　间	政策规定名称	内　容	影　响
2004	《国务院关于深化改革严格土地管理的决定》	在符合规划前提下，村庄、集镇、建制镇中农民集体所有建设用地使用权可以依法流转	中央文件第一次明确提出集体建设用地使用权流转的政策
2006	国土资源部《关于坚持依法依规管理节约集约用地支持社会主义新农村建设的通知》	稳步推进集体非农建设用地使用权流转试点，不断总结试点经验，及时加以规范完善	与新农村建设相配套的政策引导，鼓励各地进行试点
2008	国土资源部《关于进一步加快宅基地使用权登记发证工作的通知》	于2009年完成全国范围内宅基地使用权的登记和发证	为农村宅基地流转做好基础准备工作
2008	《中共中央关于推进农村改革发展若干重大问题的决定》	提出"依法保障农户宅基地用益物权"	进一步在全国范围内确立了保障农村宅基地流转的政策导向
2010	国务院《关于2010年深化经济体制改革重点工作的意见》	深化土地管理、户籍制度改革，建立城乡统一的建设用地市场和人力资源市场	对于消除城乡协调发展的体制性障碍十分关键
2010	国土资源部《关于进一步完善农村宅基地管理制度切实维护农民权益的通知》	落实土地用途管制、改进计划分配方式、满足农民建房的合理用地需求以及探索宅基地管理新机制创新	标志着制度创新的开始
2013	十八届三中全会《中共中央关于全面深化改革若干重大问题的决定》	保障农户宅基地用益物权，改革完善农村宅基地制度，选择若干试点，慎重稳妥推进农民住房财产权抵押、担保、转让，探索农民增加财产性收入渠道	鼓励开展宅基地制度试点

·072·

（续表）

时　间	政策规定名称	内　容	影　响
2014	中共中央、国务院印发《关于全面深化农村改革加快推进农业现代化的若干意见》	推动修订相关法律法规。完善农村宅基地管理制度，针对目前我国农村宅基地立法的滞后，应尽快出台《农村宅基地管理条例》	推动宅基地相关法律法规的制定
2015	《中共中央关于制定国民经济和社会发展第十三个五年规划的建议》	维护进城落户农民土地承包权、宅基地使用权、集体收益分配权，支持引导其依法自愿有偿转让上述权益	推进城乡间资源流动

（二）建立完善的城乡住房制度和保障制度，促进城乡资产的高效配置

住房是人们财产的重要组成部分，建立完善的城乡住房制度和保障制度，有利于城乡资产的高效配置。

当前，由于产权的不完整，宅基地使用权的转让和抵押受到限制，尤其是对土地流转的约束使房地产物权没有得到充分体现，使农村的不动产难以进入市场进行交易。一方面，农村的宅基地出现大量闲置；另一方面，城镇化进程中农民无法获得进入城市生活的资金。出现"农村住别墅，城里住窝棚"的差异现象。城乡住房市场呈现出农村住房无价闲置而大城市房价快速上涨的局面，阻碍了城乡资源的高效配置。

伴随城市化的进程，出租房屋已成为城郊接合部和发达地区农民最主要的收入来源。按照新制度经济学的观点，富有灵活性的让渡权能够使所有者在无限的时域内计划资源的使用，关心资源在不同时期的配置效率。

因此，应赋予农民宅基地及其房屋所有人以完整的物权，正视住宅商品化是城市化进程中农民财产权利不可分割的部分，建立与城市房地产相衔接的农村宅基地使用权制度与住房制度，保障广大农民的土地财产利益，建立城乡一体化保护的财产制度，促进城乡资产的高效配置。

（三）建立完善的城乡户籍制度，促进城乡人口的有序流动

城市化的进程本质上是城乡人口的流动，建立完善的城乡户籍制度，有利于促进城乡人口的有序流动。

我国城市化已进入加速发展时期，城乡人口跨区流动规模急剧扩大。目前，有大约2亿农民工往返于城乡，而且每年还有大量的人口从农村流向城市、从落后地区流向发达地区。囿于城乡户籍限制，由于农村宅基地与住房无法流动，农村集体经济组织成员权的自然取得或丧失，势必产生资源要素配置以及城乡社会保障等方面的一系列矛盾和问题。

当前中国社会已不再是过去封闭型的静态社会，农民的流动和迁徙已成为社会常态，二代农民工更趋向于在城市中生活。对于那些准备向城镇迁移的农民，如果限制其将房产向非集体成员转让，一方面影响他们筹集一笔进入城市安身立业的最低资本金，从而阻碍人口城市化进程；另一方面，他们进城之后继续将农村的房产保留在手中，不利于农村土地的减量提质。

城乡制度变革背景下的乡村规划理论与实践

目前，广州、重庆等大城市纷纷进行户籍改革试点，以促进与城镇化进程加快相适应的人口流动和城乡人民的安居乐业。

综上所述，诞生于 20 世纪 60 年代的宅基地使用制度，是以城乡二元户籍制度为基础、限制城乡人口流动为初衷、实现重工业优先发展战略为最终目标，而做出的一种制度安排，对农村住宅建设产生了重大的影响。宅基地的无流动性、无偿和无限期使用的特性，不仅造成了大量宅基地的闲置与无序扩张的矛盾；而且宅基地使用权的非流转性也阻滞了农村剩余劳动力的转移，成为破除城乡二元社会结构和推进城市化进程的障碍。

城市化不断推进、人口流动加速、户籍制度逐步改革和农村社会保障体系的日渐完善，为宅基地使用制度和农村住房制度的变革提供了现实基础。在国家管理的前提下，要逐渐完善农民的宅基地产权，引导和规范宅基地合理流转，提高农村宅基地有效利用，促进城乡要素的合理配置和有序流动。通过建立完善的城乡土地制度、住房制度和保障制度，既可以促进农村住房建设的健康发展，也可以更加有效地抑制大城市房价上涨过快的趋势，推动城乡经济和社会和谐的均衡发展。

第二节　农村集体土地制度下的人地关系

《城乡规划法》定义的"城乡规划"包括"城镇体系规划、城市规划、镇规划、乡规划和村庄规划"，将"乡规划""村庄规划"与"镇规划"和"城市规划"分离开，并明确区分了建设用地规划许可证和乡村建设规划许可证的核发规定❶，凸显了国家法律对城市和乡村分别实行的国有土地制度和集体土地制度二元城乡差异的重视。

一、集体土地制度影响下的城乡规划

（一）城市扩张的巨大需求

随着城镇化进程的加快，城市建设用地迅速增加，如图 4-5 所示。随之而来的是城市扩张带来的用地矛盾日益尖锐，对农村集体建设用地❷的需求不断增加。不少地方通过在乡村规划建设中大搞"迁并""并居""上楼"等，以求节约农村集体建设用地，满足城市发展需求，但是农地征用、失地农民安置引发的社会矛盾日趋凸显。城市急速扩展过程中，如何合理利用集体土地成为政府亟待解决的难题。

---

❶ 《中华人民共和国城乡规划法》第三十六条、第三十七条、第三十八条、第三十九条、第四十条均明确指出，基于国有土地使用权的建设用地规划许可证核发规定。第四十一条指出，"在乡、村规划区内进行乡镇企业、乡村公共设施和公益事业建设的……核发乡村建设规划许可证"。

❷ 根据《中华人民共和国土地管理法》第四十三条，农村集体建设用地主要是指村民住宅、乡镇企业、乡（镇）村公共设施和公益事业用地。

· 074 ·

（二）乡村建设的严峻现实

近年来农村人口向城市转移和迁徙的速度加快。虽然每年约有 900 万农村人口转移到城市，但农村居民点用地呈现不减反增态势，土地低效闲置，浪费严重，乡村建设杂乱，管理薄弱，"空心村"现象日益突出，不利于新农村建设的有序推进。2015 年，村庄用地总量为 14.01 万平方千米，是城市建设用地总量的 2.7 倍。

（三）城乡用地的松散"拼贴"

在城乡接合部地区，由于集体建设用地与国有土地不相衔接，"城中村""小产权房"等现象早已成为社会关注的热点问题，在城市近郊呈现"拼贴"现象，城市规划范围内形成众多集体土地的"飞地"。同时，供销社、粮库等国有用地也混杂在集体用地中，成为集体用地规划中的"天窗"。而且，由于城乡人口流动与土地流动不一致，过去只是城市近郊区呈现的局部"拼贴"现象，如今已扩展到广大农村地区。城市社区出现多种产权用地并存的现象，而乡村社区造成大量土地闲置，如图 4-6 所示。在发达地区，这种现象愈加凸显。

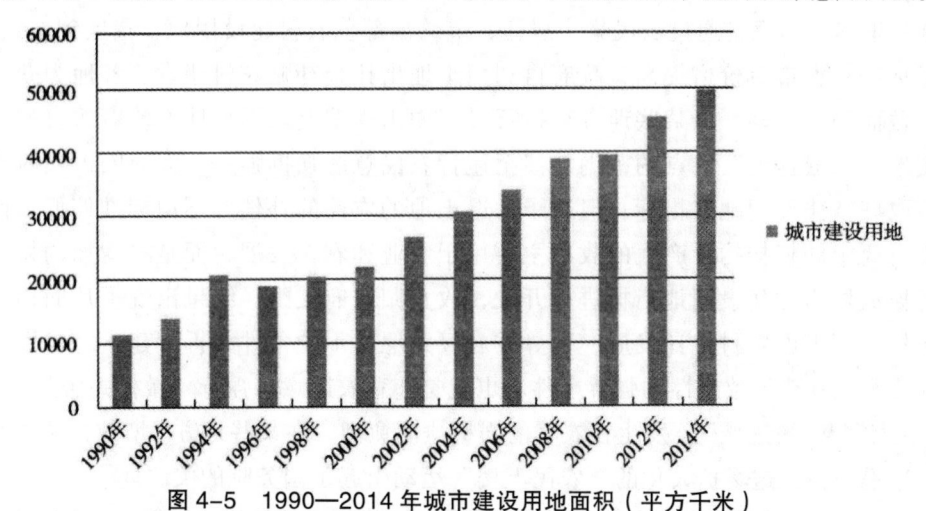

图 4-5　1990—2014 年城市建设用地面积（平方千米）

资料来源：根据《中国城乡建设统计年鉴（2015 年）》绘制

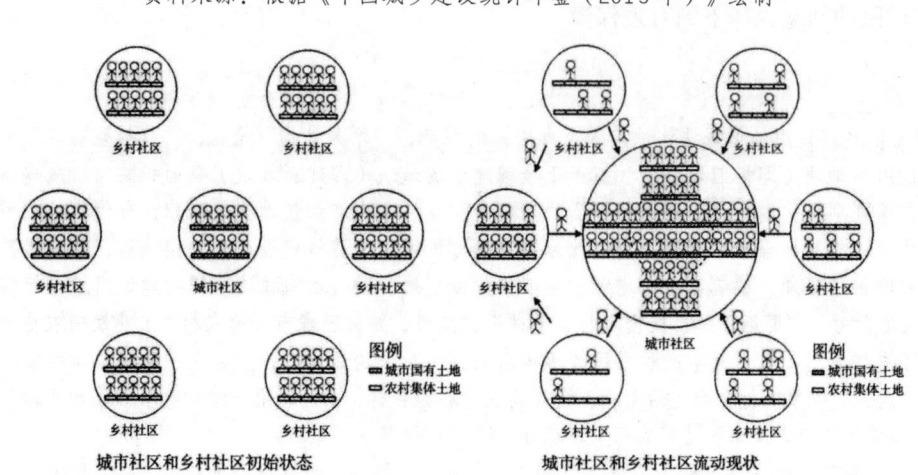

图 4-6　城乡"人""地"要素流动现状示意图

二、农村集体土地制度下的乡村规划建设热点问题分析

近年来，"农民上楼"引发的社会事件频发，其核心焦点就是基于集体建设用地的城乡规划建设矛盾。

（一）"农民上楼"的缘由——以"地"为起因

随着城市经济的飞速发展，国家严格控制的城市建设用地指标早已远远不能满足各个地方的城市扩张需要。正是在这种背景下，2004 年 10 月，国务院颁布《关于深化改革土地管理的决定》，明确"鼓励农村建设用地整理，城镇建设用地增加要与农村建设用地减少相挂钩"，开始在各地试点城乡建设用地"增减挂钩"制度❶，参与试点的省份达到 24 个。其总体目的明确：让农民上楼，节约出的宅基地复垦，换取城市建设用地指标。于是，全国各地农村出现了规模浩大的拆村运动❷。

（二）"农民上楼"的矛盾所在——对"人"的忽视

这一思路的本意是通过农民集中居住，节约出部分农村建设用地，置换到城镇使用。土地指标进入城市后价格提高，政府再利用土地出让金补贴农村建设。各地为获得更多土地收益而积极行动，但某些地方在执行过程中出现偏差。不少地方政府擅自扩大城乡建设用地"增减挂钩"试点的范围，甚至违背农民意愿强拆强建、大肆圈占农村集体土地，换取城镇建设用地的指标；但给予腾退土地的农民的补偿，不但标准偏低，而且未按政策所要求的将挂钩所产生的收益主要用于农业和农村发展，而是将增加的耕地面积直接置换成城市的建设用地指标进行开发，收益归政府支配。结果出现了片面追求建设用地指标、不考虑农村生计发展、不尊重农民意愿、不顾条件大拆大建、对农民补偿不到位的情况，甚至导致恶性的强拆事件。也就是违背农民意愿强行"撤村并居"，不少农民"被上楼"❸"被进城"。发生在农村的强拆愈演愈烈，在某些地方"增减挂钩"政策越界执行近乎失控，这场扩大化的"农民上楼"运动引起了国务院的关注。

村民在"被上楼"过程中对村庄规划建设缺乏话语权和选择权，村集体的作用缺失，村集体和村民的利益也得不到有效保障。

---

❶ 按照《城乡建设用地增减挂钩试点管理办法》的规定，"增减挂钩"是指，"将拟整理复垦为耕地的农村建设用地地块（即拆旧地块）和拟用于城镇建设的地块（即建新地块）等面积共同组成建新拆旧项目区，在保证项目区内各类土地面积平衡的基础上，最终实现增加耕地有效面积，节约集约利用建设用地，城乡用地布局更合理的目标"。也就是将农村建设用地与城镇建设用地直接挂钩，若农村整理复垦建设用地增加了耕地，城镇可对应增加相应面积建设用地。通过增减挂钩获得的建设用地指标实行有偿供地所得的收益，"要用于项目区内农村和基础设施建设，并按照城市反哺农村、工业反哺农业的要求，优先用于支持农村集体发展生产和农民改善生活条件"。挂钩试点工作应以保护耕地、保障农民土地权益为出发点，以改善农村生产生活条件，统筹城乡发展为目标，以优化用地结构和节约集约用地为重点。

❷ 资料来源于《南方周末》《新京报》、新华网、百度网等。

❸ 根据百度百科中的词条解释，"被上楼"是指各地为了换取城镇建设用地指标，将农民的宅基地复垦来增加耕地，从而强迫农民搬出平房，搬上楼房居住。

（三）"农民上楼"的焦点——"人""地"关系

在"被上楼"现象中出现被动局面的大部分源自政府"要地不要人"的搬迁策略，即要农村集体建设用地却忽视农民。在搬迁规划建设中，缺乏对农民、对土地保障功能的关注，忽视农民个体利益与集体利益以及国家利益的合理分配，而只关注于建设用地和建筑面积的置换，造成农民不仅无法从土地城乡置换的巨大差价中获得任何长期或者短期的利益，而且永远失去了土地，只是获得了用宅基地置换来的一套基于农村集体土地的不具备完整产权的楼房，造成失地失业而又不具有社会保障的农民再也难以回到乡土，从而彻底失去具有保障作用的土地，割断了农民与土地的固有联系。

总之，在"农民上楼"过程中，只关注了农村集体建设用地中的"地"，而忽视了与农村集体建设用地密不可分的"人"——农民。农村集体土地制度与城市国有土地制度有很大差异，其中，最重要的就是"土地"与"人"的紧密联系。

三、基于制度分析的农村集体土地制度

农村集体土地制度中"土地"与"人"紧密相连，互为依附关系。农民依附于村集体，村集体又与集体土地相互依附，而土地又与社会保障相依附，形成了特有的"人""地"关系，这是城市国有土地制度中不具备的特殊性质。当"土地"发生流转时，尤其是城乡间流转时，无论是乡村间，还是城乡间，都必然会涉及附着在其上的"人"的流动和相应的社会关系、社会利益和社会保障的变化。如果只是片面地流转了土地而不顾及人，容易带来社会问题。

（一）"地"——城乡二元土地制度和市场体系

一方面，集体土地与国有土地的城乡二元土地制度和市场体系，给土地的城乡统一配置、利用和规划造成障碍。我国现行的土地制度是 20 世纪 80 年代初实行农村经济体制改革时建立起来的，其特点是城乡产权分离[1]。国有土地产权清晰，可在市场正常流动，通过市场供需关系调节和平衡土地价格。相比之下，我国现行农村集体土地产权不清晰，所有权不具备自主性、完整性与自治性，它是一种残缺而且异化的所有权。法律虽规定农村土地归农民集体所有，但是它受国家对农村集体土地的管制权与征收征用权等国家公权力的过度控制，在一定程度上也制约了农村土地用益物权流转制度的发展。同时，由于集体使用权受到流转的限制，土地价格无法建立在商品化、市场化的基础上，土地难以通过市场进行配置，从而增加了集约化经营的成本，给投融资制度的建立造成了障碍，也限制了城乡土地的统一规划和利用。

另一方面，农民个体的宅基地的所有权和使用权不明确，限制了资源流动和配置。我国农村集体土地产权是一种使用权与所有权相分离的制度安排。农村宅基地使用权是指，农村居民在集体所有的土地上建造住宅及其附属设施的权利。农民虽然对宅基地上的房屋拥有使用权和所有权，但是却对其必须附着的宅基地没有所有权。也就是说，房屋的所有权与其附

---

[1] 根据《中华人民共和国土地管理法》第八条，"城市市区的土地属于国家所有。农村和城市郊区的土地，除由法律规定属于国家所有的以外，属于农民集体所有；宅基地和自留地、自留山，属于农民集体所有"。

着的宅基地所有权不统一。这种权利的不确定性为各类纠纷埋下隐患。也就是说，村民虽然无偿获得宅基地使用权，但是也很容易被以集体的名义收回使用权。这就是宅基地权利屡被侵害的主要原因。在"被上楼"事件中，大多数农民都是用原有的宅基地置换为楼房中住房的使用权。在此过程中，农民个体的宅基地概念已经完全丧失，也无法还原，如图4-7所示。另外，对征地拆迁中的补偿标准也存在较大争议。现行农民宅基地具有明显的福利性质，其商品属性和财产属性未被法律确认，地方政府和房地产商利用这种产权缺陷，在给农民补偿时往往只考虑房屋价值，未充分考虑宅基地的财产价值，宅基地征用以后的级差收益数倍增加，但与原住集体组织成员无关，造成时常因补偿措施难以满足农民需求而引发纠纷。

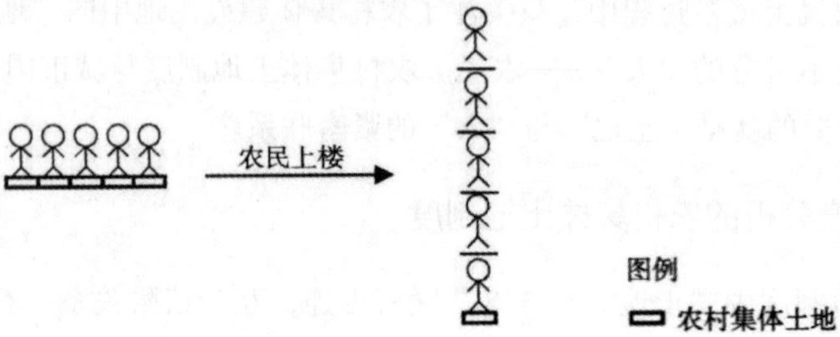

图4-7 "农民上楼"宅基地变化示意图

（二）"人"——农民个体和双重代理身份下的村集体

集体土地制度中的核心词汇是"集体"。"集体"包括了诸多"个体"以及代表所有个体的"集体"。"个体"与"个体"之间，"个体"与"集体"之间的关系以及主体的多样和复杂造成利益的多元化。

1. 谁属于"集体"——集体经济组织成员及其权利

从物权共有关系看，我国农村的集体组织属于"总有"组织。所谓总有，即成员资格不固定的团体，以团体的名义享有的所有权；其基本特征是团体的成员身份相对确定但不固定，团体的成员因取得成员身份而自然享有权利，因丧失成员身份而自然丧失权利。自然人加入某一个成员资格不固定的团体时，对其他成员的现有财产权利必然有所损害，但是，其他成员却没有对新成员的加入行使否决的权利。随着城镇化进程的加快，自改革开放以来，我国农村人口跨区迁移不断增多，人口流动非常频繁，一个村、组范围内居住成员的身份日益复杂，集体成员的取得和丧失问题日益凸显。随着地价的提升，在以土地为主的农村集体资产收益分配中，农村集体经济组织新成员能否享有土地的权益，在经济比较发达地区已成为一个引发纠纷的突出问题。农村集体经济组织中享有土地收益分配权的成员资格确定，已成为当前集体土地产权管理中亟待解决的一个新难点。而当村庄合并形成新社区后，新的社区集体组织的确立也成为难点。

2. 谁代表"集体"——集体所有权主体的代表及其作用

按照《物权法》第60条的规定，土地属于村农民集体所有的，由村集体经济组织或村民委员会代表集体行使所有权；分别属于村内两个以上农民集体所有的，由村内各集体经济组织或者村民小组代表集体行使所有权。我国现行法律关于农民集体土地所有权主体的规定是明确的,但是对所有权主体的代表没有明确界定。从《村委会组织法》来看,村集体组织应是农村基层社区群众的自治性组织,其有义务维护村民的合法权益。村委会、集体经济组织等村社机构是农民集体的代表机关。前者是行政主体,后者是经济主体,其负责人是农民集体的法定代表人。依据民法的基本原理,作为代表机关,其成员的职务行为应当以实现集体的利益为目的,他们的行为代表了集体的行为。但是,事实并非如此简单。村集体组织的运作过程往往不能真正体现集体成员的意志,村集体组织是村民自治组织,但由于需要协助乡镇政府开展工作,在很大程度上扮演了政府代理人的角色。它夹在上级政府与村民之间,具有了政府代表和农民代表的双重身份,存在双重代理的性质。然而,这种双重身份带来了下述的矛盾:不维护村民的利益,村集体会遭到村民的离弃;但如果不执行政府指派的工作和任务,村集体就面临失去来自正规组织所赋予的合法性和权威性,这种矛盾也构成了村集体行动的基本约束。总之,由于村级基层组织代理人的缺位,村集体组织在乡村规划建设中,大多并不能承担起代表农民利益进行谈判和公平分配土地收益的任务。

(三)"人""地"关系——乡村规划中的利益分配

城乡土地制度的这些差异,造成乡村规划与城市规划巨大的差异性和特殊性,决定了乡村规划在编制上应有别于城市,需妥善处理"人""地"关系。

首先,乡村规划中需要调整的资源要素限制因素多。不仅基于农村集体土地制度的农业生产组织方式、农村生活方式、服务设施配套建设和服务的运作方式具有自身特点,而且由于"人"与"地"依附性强,流动性不统一,给规划中的土地利用调整带来困难,如图4-8所示。而乡村长远发展中所涉及的土地使用权流转、农民生计以及土地保障等问题更是乡村规划面临的挑战。其次,乡村规划中的利益分配因涉及多样的利益群体而使各方利益的诉求多元而复杂,包括个体与个体利益、个体与集体利益,以及集体与国家利益等各个方面。由于乡村土地的所有权属于集体,而使用、经营权又分散到每家每户,利益主体多元,这就使得规划编制既要考虑村集体的长远发展,又要保障每一户村民的利益,同时,还要协调政府及开发商的利益,能否协调好利益群体之间的关系,成为乡村规划能否实施的重要前提。再有,主导利益分配的乡村规划编制主体不清,与城市有着巨大的差别。城市规划的编制主体是城市政府,由政府组织编制;乡村规划的编制主体本应是农村土地的所有者——村集体,但大部分村集体缺乏主动组织编制规划的动力。即使是由上级政府组织进行规划编制,但是由于主体代表不清,其主体地位仍然难以得到体现。

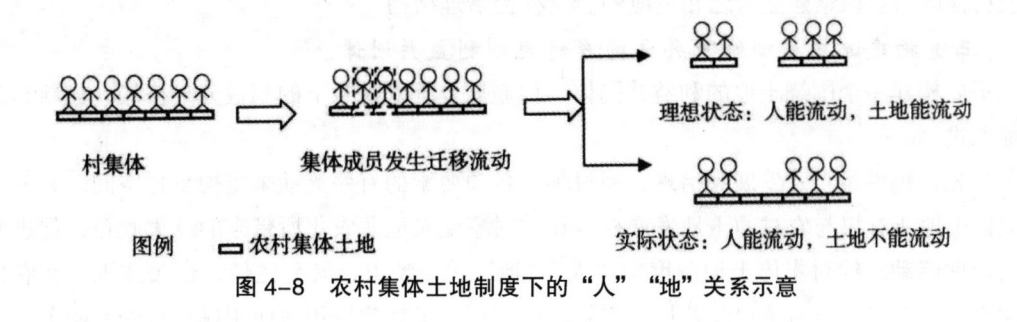

图4-8 农村集体土地制度下的"人""地"关系示意

四、农村集体土地制度的变革需求和规划对策建议

城乡规划的实质是对以土地利用为核心的空间资源及其隐喻利益的一次再分配过程。城镇化加速时期，集体建设用地在城乡间再分配已演变为各方的利益博弈。

应顺应农村集体土地制度的变革需求，完善有利于城乡和谐发展和有序流动的政策措施，制定有利于城乡建设健康发展的规划对策。

（一）积极推进产权明晰的农村集体土地制度改革

从乡村规划的作用对象看，明晰产权关系是集体土地制度改革的最根本、最基础的工作，也是乡村规划的前提条件。新一轮土地改革路径以确权为始点，以流转来放活，最终实现土地市场化交易。

首先，产权明确有利于降低土地资源流转的交易成本，有利于促进城乡间各项资源要素的流动，城乡规划可以充分发挥其统筹调配城乡资源的作用；其次，产权的界定有利于明确乡村规划中的各项用地，包括农民宅基地、公共设施以及产业设施用地等集体用地，增强规划的可操作性；再有，产权明晰有助于乡村规划的公众参与。当一个人没有明确、稳定、独享的财产需要保护时，就会缺乏参与政治进程的动力。拥有了个人产权的农民在与各方进行利益博弈时，也就拥有了作为平等主体讨价还价的能力，并具备了对拥有公共权利的各级政府进行有效制衡的条件，这时，农民才有了真正参与乡村规划的动力和权力。

（二）建立体现农民自主地位的乡村治理结构

完善有效的乡村治理结构是构建农村社会和谐稳定的基石，是乡村规划建设的重要保障。

一方面，需要逐步完善基于村民自治的乡村治理结构。《中华人民共和国村民委员会组织法》中规定，村民自治是指农民通过自治组织依法办理与村民利益相关的村内公共事务，从而实现村民的自我管理、自我教育和自我服务。村民自治的主体是农村社区的居民，客体是农村社区的公共产品。建立村民自治模式的出发点，就是为了更好地提供农村社区的公共产品。乡村规划作为公共产品的重要组成部分，与村民利益密切相关，理顺乡村社区的权利体系是促进乡村建设的有效机制。

另一方面，随着撤村并点进程的日益加快，完善新型乡村社区的社会建设迫在眉睫。村民自治制度是建立在集体经济组织基础上的。当若干村庄合并后，新型乡村社区建立，会出现集体经济组织中的"经济"组织与社区组织中的"社会"组织不一致性的情况，因此，新型农村社区需要探索建立与之相适应的新型社会治理结构。

（三）构建适应新型城乡关系的乡村规划利益共同体

需要构建一个围绕土地的利益共同体，树立城乡统筹视野下的利益分配格局，创新利益分配方式。

首先，提倡参与式发展和治理，通过促进各项要素的有序流动来重构乡村空间。充分尊重集体土地所有权与农村的土地发展权，让农村享受农地非农化所带来的巨大收益，促进要素的合理流动。针对集体土地制度中"人""地"关系特点，既关注地，也关注人。在农村集体土地所有权、土地承包经营权、宅基地使用权、集体建设用地使用权确权的基础上，积

极推动土地流动，为农民迁移提供更大的自由空间。通过产业规划引导农村生计的持续发展，在各项要素有序流动的基础上，通过规划空间布局和空间管制引导乡村节约用地，促进城乡空间的健康协调发展，如图 4-9 所示。

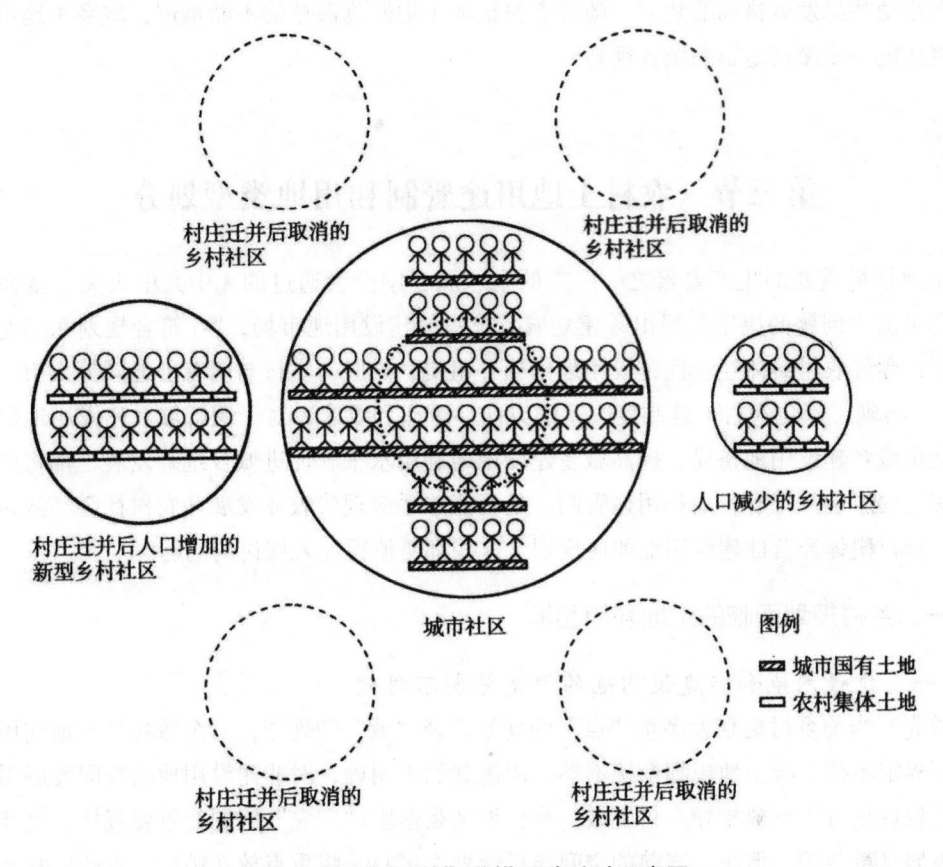

图 4-9　城乡"人""地"要素流动示意图

其次，关注多元群体权益的保护，构建围绕土地的利益共同体。土地资源配置的本质是权利的分割、分配与交易，要分析开发过程中土地使用所蕴含的社会利益关系，因为土地使用关系的任何改变都意味着社会利益的再调整。市场经济下的土地利用，除了要保障城市空间资源的分配效率外，更应保护社会各个群体的合法财产权益，让"政府—市民—农民—开发商"等共同享受农地转用所带来的收益。同时，也要充分重视个体利益与集体利益的分配。

再有，明确乡村规划编制主体，重视公众参与，使之成为程序性的制度设计。一方面，通过明晰产权、增强集体经济活力等方面，加强村集体编制规划的主动性；另一方面，通过公众参与这一程序性的制度设计来实现各方利益的均衡，以便处理好村集体与农民个体的关系，以及村集体与上级政府之间的关系，并促进公正合理地处理乡村规划中各方利益的划分与分配。

总之，城市化加速时期，城乡空间格局发生巨变，城乡规划面临"重构"。一方面，应

城乡制度变革背景下的乡村规划理论与实践

重视基于农村集体土地制度的乡村规划问题，积极推进产权明晰的农村集体土地制度改革，努力构建体现农村自主地位的乡村治理结构，为乡村规划打下良好基础；另一方面，更应重视新的城乡关系下城乡空间的发展特征，构建适应新型城乡关系的乡村规划利益共同体，促进城乡互动共赢发展格局的建立。随着农村集体土地制度改革的不断推进，城乡土地市场的变革将会进一步深刻地影响城乡规划。

第三节　农村土地用途管制和用地类型划分

土地是最重要的生产要素之一。党的十八届三中全会通过的《中共中央关于全面深化改革若干重大问题的决定》提出，建立城乡统一的建设用地市场，"在符合规划和用途管制前提下，允许农村集体经营性建设用地出让、租赁、入股，实行与国有土地同等入市、同权同价"。明确了深化农村土地制度改革的方向、重点和要求，对于缓解城乡建设用地供需矛盾、优化城乡建设用地格局、提高城乡建设用地利用水平、促进城乡统筹发展，都将产生广泛而深远的影响。现有规划和用途管制，是否能够适应现代农业发展和农村社会经济转型的需要？农村集体经营性建设用地如何规划？这些都是值得深入探讨的问题。

一、乡村规划面临的土地利用困境

（一）建设用地和非建设用地的用途管制不明确

首先，当前乡村规划大多重"点"的规划，轻"域"的规划，对全域各类土地使用的空间范围界定不清，与土地规划衔接不够，用途管制不明确，对非建设用地的空间发展引导不足，导致规划难以有效指导乡村发展。乡村地区是落实"三农"问题的重要载体，尤其是与农业发展息息相关。但是，当前的空间布局规划大多只是将重点放在镇区、乡政府驻地和村庄居民点的规划，关于农业发展、农业生产方式及设施布局的内容却非常薄弱。而随着现代农业的发展，工厂化作物栽培、畜禽养殖、农产品存贮销售、休闲农业等新型农业产业形式出现巨大的发展需求。但是，多种形式的以发展现代农业之名的"农业"，造成了大量耕地变为建设用地，增大了耕地保护的难度。单纯以地面硬化程度来对农用地进行管制已难以奏效。一方面，不能有效保护耕地；另一方面，也会制约现代农业的进一步发展。

其次，乡村规划大多重空间城镇化、轻乡村生态保育。以城市的四区划定、三废环保标准简单套入乡村规划，对具有农村地区鲜明特征的农业生态本底，适宜农村地区的低成本、低冲击生态规划建设内容考虑很少；对生态底线分析不充分；对历史文化遗产保护，传统文化的挖掘、保护与传承关注不足；忽视农村地区传统文化特色、乡村自然景观等特色要素的传承。

（二）农村集体建设用地的类型划分不明确

目前，村庄规划大多参考城市规划方法，按照居住用地、公共设施用地、道路广场用地、工业用地等，进行用地类型划分与规划，并根据空间布局的合理性要求与现有用地进行调整。但是，这些土地中哪些属于村民个体使用支配，哪些属于村集体使用支配，公共空间

·082·

如何界定，空闲地如何使用，工业用地使用期限是否限定，都缺乏细致的土地权属分析，未能提出相关规定予以指导。由于规划未能充分考虑到农村集体建设用地使用权与所有权的特殊性，宅基地纠纷、村民个体随意侵占公共空间私搭乱建、空闲地闲置等诸多情况时有发生，影响乡村规划的实施。

其次，农村集体经营性建设用地划分不明确。目前的乡村规划仍然沿用城市规划办法，大多笼统按照居住、公共设施、道路广场、工业等性质划分用地，无法体现经营性建设用地的实质内容。乡村地区的公共设施包括哪些？哪些是政府提供的公益性服务内容？哪些是市场提供的服务性内容？尤其是与现代农业发展相适应的农业生产性服务方面的内容尚不明确。

二、农村土地特征对乡村规划的影响

（一）农村地区土地用途的多元特征

一方面，"两规"[1]衔接成为乡村规划的关键问题。《城乡规划法》的修订，强调了对镇、乡、村规划的重视，将"乡规划""村庄规划"与"镇规划"和"城市规划"分离开。但是，长期以来按照城市规划理论进行的乡村规划，仍然与农村地区发展不相适应。其根本原因在于城市与乡村发展基于不同的产业构成。作为农业大国，以农业为主要产业基础的乡、村的生产生活与土地这一农业生产要素紧密关联，乡村规划也必然会涉及农用地和建设用地两部分用地，而不仅局限于建设用地。城市规划大多是在已经划定的大范围规划建设区内进行规划，边界明确且规整，而乡村规划面对的是农用地与建设用地交错的规划基底，根据土地用途管制的要求，必须与土地利用规划紧密关联，如图4-10所示。作为我国粮食安全保证和生态环境保护的重要基础，农用地受到耕地红线和生态底线的严格管控。由于我国目前"两规"分别由住房和城乡建设部及国土资源部主管，在具体编制、审批、实施和管理中，"两规"之间的矛盾和冲突比较突出，且一直没有很好地解决。虽然近年来部分地方进行了规划国土的部门合并以及开展"两规合一"的工作，但是无论是国家标准，还是地方标准，城乡规划与土地利用规划还不能相统一，用地分类标准不一，造成规划的诸多矛盾与问题。

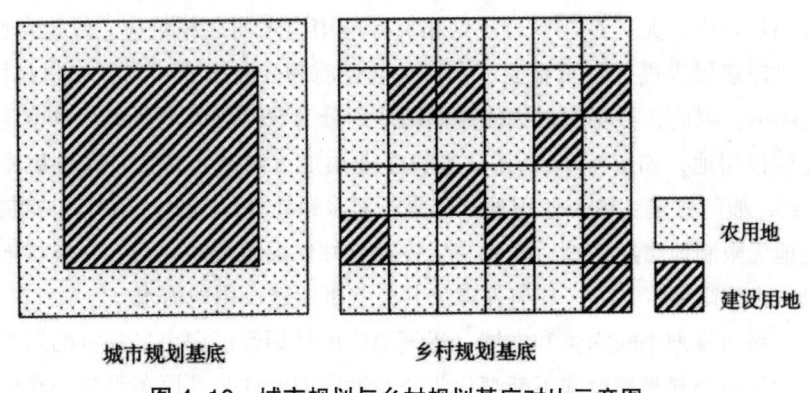

图4-10 城市规划与乡村规划基底对比示意图

---

[1] "两规"指城乡规划和土地利用规划。

城乡制度变革背景下的乡村规划理论与实践

另一方面，现代农业的发展对乡村规划和土地管制提出了新的要求。现代农业是未来乡村发展的重要产业。农业与不同产业之间交叉渗透、融合发展，形成加工农业、旅游农业、生物农业等新型产业业态。随着农业产业链的延伸，农业生产性服务业涵盖农业产前、产中和产后全过程，包括良种服务、新型农技服务、农资连锁经营、农机作业服务、信息服务、金融服务和农产品加工、物流等诸多方面。农产品市场信息服务、高端市场营销服务、储藏保鲜服务、冷链物流服务、农产品质量检验检测服务等，新兴农业生产性服务面临空前发展机遇，也对乡村规划提出新的要求。当前，地方的普遍做法是将农业生产及辅助设施、水产养殖、畜禽养殖、工厂化作物栽培、农产品贮存销售、观光农业、休闲旅游农业等都纳入现代农业发展的范畴。现行政策规定，除了农业附属设施的管理和生活用房等永久性建筑物的用地，须依法办理农用地转用审批手续、按照建设用地管理外，凡未使用建筑材料硬化地面，或虽使用建筑材料但未破坏土地并易于复垦的畜禽舍、温室大棚和附属绿化隔离带等用地，以及农村道路、农田水利用地，均可作为设施农用地办理用地手续。但从目前实际情况看，随着现代农业发展的客观需求越来越高，单纯以地面硬化程度来对农用地进行管制面临很大困难，对以发展现代农业为名的项目用地合法性难以界定。各地往往为了加快现代农业发展，而将硬化了地面的农业基础设施或修建的永久性建筑物等，按照设施农用地办理用地手续，并且仍将农业结构调整占用耕地按照原地类统计，造成建设用地规模隐性扩大，实际耕地隐性减少，严重威胁了耕地红线。同时，农用地管理制度尚缺乏对现代农业发展用地范围、生产设施用地和附属设施用地的规模、比例，以及审核、监管程序的明确规定，导致此类用地难以监管和规范，也给一些地方借发展现代农业之名圈占土地进行其他非农经营带来可乘之机。

针对现代农业发展的要求，中央提出要"研究制定支持农产品加工流通设施建设的用地政策"，同时，粮食安全又要求国家对耕地保持最严格的土地控制。如何在同时满足两个方面要求的基础上，落实乡村规划和土地用途管制是亟待解决的重要问题。

（二）集体建设用地类型的多元特征

农村集体建设用地包括"农村集体经营性建设用地"和"农村集体非经营性建设用地"。但是，在各项规定中，尤其是在乡村规划相关标准中尚未与之相对应。《城乡规划法》中规定，在乡、村庄规划内进行乡镇企业、乡村公共设施和公益事业建设及农村村民住宅建设，不得占用农用地。因此，可将农村集体建设用地划分为农村居民宅基地、乡镇企业用地和公共公益事业建设用地，如图4-11所示。乡镇企业用地可以被认为是"农村集体经营性建设用地"。那么，如何界定乡镇企业用地？如果不对乡镇企业用地加以界定和控制，就会出现乡镇企业用地无限制地增加，然后转化为集体经营性建设用地的局面。在农村集体经营性建设用地可以入市的政策背景下，如何保障公共公益事业建设用地需求？

近年来，城市规划不断完善和发展，逐渐适应由计划经济向市场经济的转变，计划经济条件下传统意义的公共服务设施不断细化为公益性和商业性公共服务设施。在修订后的《城市用地分类与规划建设用地标准》（GB 50137—2011）中，已将公共服务设施划分为A、B两大类，其中A类为公共管理与公共服务设施用地，包括行政、文化、教育、卫生等机构

·084·

和设施的用地，是指政府控制以保障基础民生需求的服务设施，一般为非营利的公益性设施用地；B类为商业服务业设施用地，包括商业、商务、娱乐康体等设施用地，是指主要通过市场配置的服务设施，包括政府独立投资或合资投资的设施（如剧院、音乐厅等）用地。可见，通过用地分类的细化，在城市规划中已较为明确地划分出公益性与商业性设施用地，以便与社会经济发展相适应。

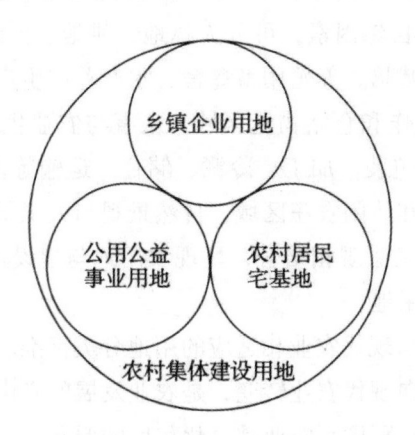

图 4-11　农村集体建设用地构成

在乡村规划中，现行的《镇规划标准》（GB 50188—2007）中，仍沿用C类公共设施用地的用地标准，包括行政管理用地、教育机构用地、文体科技用地、医疗保健用地、商业金融用地和集贸市场用地。在M类生产设施用地中分为一类、二类、三类工业用地和农业服务设施用地。其中，M4为农业服务设施用地，指各类农产品加工和服务设施用地，不包括农业生产建筑用地。可以看出，尚未对公益性与商业性用地做出明确划分。在2014年起开始实行的北京市地方标准《城乡规划用地分类标准》（DB 11/996—2013）中，规定C2为村庄公共服务设施用地，指为村庄提供基本公共服务的设施用地，包括村务管理、文化、教育、体育、医疗等设施用地，以及农机站、兽医站、农具存放处等农业生产设施用地。C3为村庄产业用地，指村集体用于生产经营的各类建设用地，包括小超市、小卖部和小饭馆等配套商业用地，村庄信用、保险、集贸市场、旅游服务设施等村庄商业服务业设施用地，以及村庄独立设置的生产设施与物资中转仓库、专业收购和存储建筑、堆场等设施用地。后者中，"村庄产业用地"虽然与乡镇企业用地有所不同，但对于更好地界定"农村集体经营性建设用地"进行了有益的尝试。

三、农村土地特征影响下的乡村规划应对

（一）加强对农地的用途管控，实现建设用地与非建设用地的统筹布局

第一，加强管控，推进"两规"合一，维持乡村良好生态环境，保障耕地红线和生态底线。依托镇、乡、村的资源条件类型和生态环境建设目标，控制和引导各种资源（如土地、山林、水体和景观等）的利用方式和强度，建立可持续发展的空间管制规划。根据生态环境、资源利用、公共安全等基础条件划定生态空间，确定相关生态环境、土地和水资源、能

源、自然与文化遗产等方面的保护与利用目标和要求，综合分析用地条件划定镇、乡、村域内禁建区、限建区和适建区的范围，提出镇、乡、村域空间管制原则和措施。

第二，依托镇、乡、村的区位环境条件、地域内的土地资源条件和适宜的农业生产方式，进行生产型、生产服务型和服务型农业用地空间配置的土地利用规划。承担不同农业不同功能的功能区具有各自的空间布局特点。生产型农业用地，主要承担农业生产活动，强调生产功能，根据土壤条件等自然因素，可分为林地、耕地、园地（花卉苗圃、经济作物）、设施农业用地（工厂化作物栽培、养殖用畜禽舍、水产养殖生产设施用地）等；在生产服务型用地中，如农产品加工制作和仓储物流区域，从事与农业生产活动相关的非农业生产活动，产后服务，包括农产品包装、加工、冷藏、储存、运输等内容，用地以建设用地为主。服务型用地中，如科普展览和休闲农庄区域，自然景观与人工景观相结合，注重空间景观特色塑造，突出自然景观与人工景观相结合，呈现农用地与建设用地复合使用的特点。因此，需要在规划中合理布局各类用地。

第三，加强引导，建立与现代农业相适应的用地分类标准。现代农业是转变经济发展方式的重大任务。从传统农业向现代农业转变，是农业发展的必由之路。通过土地流转实现适度规模经营，提高农民组织化程度和农业社会化程度的服务水平是发展方向。应积极探索针对现代农业发展需要的农产品加工、物流、仓储、农机具维修等公共生产性服务设施，以及休闲农业等的配套服务设施布局和指标。一是现代农业发展用地的范围应当予以界定。温室大棚、畜禽舍、简易看护房、农资仓库等直接生产设施和附属设施，属于现代农业发展用地范围，应按设施农用地办理手续。但以农业为依托兴建的拥有餐饮、住宿、大型停车场、会议场所等的农业观光、休闲、旅游园区，则不能列入农用地范围，应严格按照建设用地审批手续办理。二是现代农业生产设施和附属设施用地的规模、比例应当予以规定。对各类农业设施、特别是附属设施的规模及其占项目用地的比例，制定控制性标准，并根据不同地区农业发展的类型和特点做出指导性规定。

（二）明确建设用地类型划分，处理好农村集体经营性与非经营性建设用地的关系

第一，尽快明晰农村集体建设用地各项产权，在乡村规划中加强对集体建设用地权属的现状分析，增强规划的可实施性。产权的界定有利于明确乡村规划中各项用地的现状情况，包括农民宅基地、公共公益设施及乡镇企业用地等集体用地，提升规划的可操作性。同时，通过明确村庄中农民宅基地用地范围，有助于界定村庄公共空间和空闲地范围。公共空间是农村社区的重要场所，是农村居民日常娱乐休闲、人际交往和节日集会等活动的空间，有利于增强村民的集体感、参与感与归属感。空闲地的大量存在不仅浪费了土地，也由于缺乏管理造成环境脏乱。一方面，通过基于产权界定基础上的规划管制，防止出现村民通过私搭乱建，随意侵占公共空间的情况；另一方面，通过规划建设，合理利用公共空间和空闲地，提升和优化村庄空间格局与品质，提高土地利用效率，不断改善人居环境。

第二，完善与经营性、非经营性建设用地相对应的乡村规划用地分类标准。在城乡公共服务设施均等化进程加快的背景下，乡村地区的教育、医疗卫生、文化体育公共生活性服务设施有了长足发展，在相关规划标准中日益有所体现。而公共生产性服务体系的健全是农业发展的必要条件，随着各级农业技术推广、动植物疫病防控、农产品质量监管等公共服务机构的不断增多，需要建立与农业公共生产性服务体系相适应的规划标准，并与生活性服务设施一起构成乡村地区公共公益事业用地体系，以更加明确农村集体经营性建设用地的范畴。在不增加农村集体建设用地总量、保障村民宅基地和公共公益设施用地需求的基础上，积极推进农村集体经营性建设用地的规划与流转，促进集体建设用地的高效和集约利用，以实现农村地区建设的健康发展。

所以，城乡规划的实质是对以土地利用为核心的空间资源的一次再分配过程。土地利用格局是社会经济活动需求在空间上的反映。新形势下的乡村规划，应顺应我国农村地区发展的切实需要，尤其要与农村土地特征相适应，与现代农业发展的需要相适应。要处理好建设用地和非建设用地关系，以及农村集体用地中经营性建设用地与非经营性用地的关系，系统地完善乡村地区的空间布局规划。只有这样，才能既保证我国的耕地红线和生态底线，又能推进农村再次焕发出新的活力，促进乡村地区的持续发展。

第四节　新型农村社区的建设

我国已经进入城镇化快速发展时期，城镇化水平超过50%。全面加快城镇化步伐，已经成为经济结构战略性调整的关键环节之一，也是全面建成小康社会的重要基础。新型农村社区正是在近年来这一背景下迅速发展起来的，针对村庄目前存在的过度分散、土地利用不集约、不能适应城镇化发展等矛盾和问题，各地不断探索以城乡统筹为目标的新型农村社区建设模式，对现有农村居民点加以整合，以促进城镇化的健康发展。"以中心村为核心，以农村住房建设和危房改造为契机，实现农村社区建设全覆盖；以新型农村社区建设为抓手，积极稳妥推进迁村并点，促进土地节约、资源共享，提高农村的基础设施和公共服务水平"；"逐步实现农村基础设施城镇化、生活服务社区化、生活方式市民化"❶新型农村社区，既有别于传统的农村居民点，又不同于城市社区，它是由若干村庄合并在一起或由某个行政村为主，统一规划、统一建设而形成的新型社区。新型农村社区建设，以节约土地，提高土地生产效率为动力，实现集约化经营为主导，提高农民生活水平为目标，营造一种全新的社会生活形态。

一、新型农村社区建设的核心问题

（一）农村居民点的变动与农业生产方式紧密相关

农业经营方式的转变和产业模式的转变会推动新型农村社区的建设。1978年，改革开放以来确定的农村家庭联产承包责任制，在当时极大提高了农民的积极性，粮食连年大丰

---

❶ 《中共山东省委山东省人民政府关于大力推进新型城镇化的意见》

城乡制度变革背景下的乡村规划理论与实践

收。但是，随着农业现代化的发展，现行的土地制度逐渐表现出其固有的传统农业性质和计划经济的痕迹，在某种程度上开始制约农业和农村的长远发展。比如，容易造成小而分散的农田经营情况，无法形成规模经营，也导致集体难以统一布局、耕作和提供服务，甚至难以改造农田基础设施。随着农业产业化和现代化进程的加快，农地经营方式和农业生产方式也不断发生变化。如果农地经营仍是分散经营，居民点也必然与之相适应；如果农地实现规模经营，或者已经实现产业转型，土地的集中或者农民主要收入不再依附于土地，必然会引发农村居民点的重组，推动新型农村社区的建设，以适应新的生产方式。

（二）新型农村社区建设与农村集体土地制度紧密相连

与城市土地属国有建设用地不同，农村土地属集体所有。农村土地包括建设用地、农用地和其他用地。

首先，农村集体土地问题的复杂性，突出表现为集体土地所有权和使用权的分离。对于集体来说，虽然拥有所有权，但是必须将土地按政策分给每个农户，所有权在经济上没有得到体现，从而使集体的所有制观念和统一管理的职能被弱化。对农户来说，虽然拥有使用权，但承包权的不稳定使其从事农业的积极性大大降低：一方面，希望进一步扩大经营规模的农民难以在公平、公正、公开的条件下获得土地，即使获得了土地也由于产权问题无法进行长远的投资；另一方面，想另择他业的农民也无法在确保自己利益的前提下，自主转让土地权益。这种矛盾的长期存在，将制约农村经济的发展，加剧农民与土地联结的惯性，使农村的兼业化现象长期存在。同时，农村社区建设中，宅基地置换难的问题、缺乏过渡建设用地的问题，都与此相关。

其次，农村土地问题的复杂性还表现在各项用地所承载的社会功能上。例如，宅基地不仅承载了农民的居住功能，某种程度上，农村宅基地上产生的庭院经济，也承载了一部分社会保障的功能；对于承包地来说就更为复杂，不仅承载了农民就业功能，还承载了其生存保障及其他社会保障。这些因素，需要在新型农村社区建设中给予认真考虑。

因此，必须慎重对待新型农村社区建设中的土地问题，有两个核心的基本要求：节约利用土地资源和土地置换中的村民搬迁"无缝"过渡。前者是建设新型农村社区的目标之一，而后者关系到建设的顺利实施。无论各地开展何种形式的新型农村社区建设，必然要先占用一部分土地资源，村民迁居后，再通过原宅基地复垦补偿先前占用的土地资源。换言之，新型农村社区的建设用地都是通过置换得来的，虽然各地土地置换的流程不尽相同，但大体思路一致：先占后补，占补平衡，增减挂钩。❶

---

❶ 新型农村社区建设实践案例介绍部分根据网络资料整理。其中，四川省成都市"拆院并院"资料来自 http://www.tiaozhanbei.net/project/3304 和 http://baike.baidu.com/view/4164451.htm；江苏省江阴市新桥镇资料来自 http://www.mlr.gov.cn/xwdt/jrxw/200507/t20050729_69283.htm；浙江省嘉兴市"两分两换"资料来自 http://mall.cnki.net/magazine/article/CYYT201103027.htm；天津市华明镇资料来自于内部资料。

二、新型农村社区建设实践

(一) 四川省成都市——"拆院并院"

为了缓解城市发展用地需求的压力，同时，提高农村土地使用的合理性和有效性，在保障农民权益，尊重自然、尊重人文、尊重科学的前提下，成都市以"拆院并院"带动村民向中心村集中，村民向中心村集中带动土地向规模经营集中，土地向规模经营集中带动产业发展，产业发展带动新农村建设的产业支撑。而其复垦的土地原则上不再分散到户，而是由村社集体经济组织统一管理、统一招商或统一发包，开展农用地规模经营。通过发展产业，拓展农民稳定收入的渠道，农民以土地经营权入股的方式，成为公司股东，参与公司经营管理，并享受公司的收益分红。

成都市在以"拆院并院"推进新型农村社区建设中，依据土地利用总体规划，将拟复垦、整理为耕地的集体建设用地（即拆旧地块）和拟用于城镇建设的地块（即建新地块）共同组成拆旧建新项目区，通过拆旧建新和土地复垦、整理，最终实现项目区内建设用地总量不增加，耕地面积不减少，质量不降低，并使用地布局更合理。

据统计，成都市农民宅基地占地 80 000 平方米左右，人均占用土地 150 平方米，通过实施综合整理和拆院并院，农民适当集中居住，可腾出约 33 333 平方米土地。

在推进村民集中居住的过程中，成都市因地制宜，采用多种安置方式供村民选择。如双流县鼓励"拆旧建新"项目区农民根据自身经济状况、从业状况，自愿选择购买商品房、统建集中安置和自建集中安置的方式，引导分层次向城市、城镇和中心村集中，促进向非农产业转移，如图 4-12 所示。

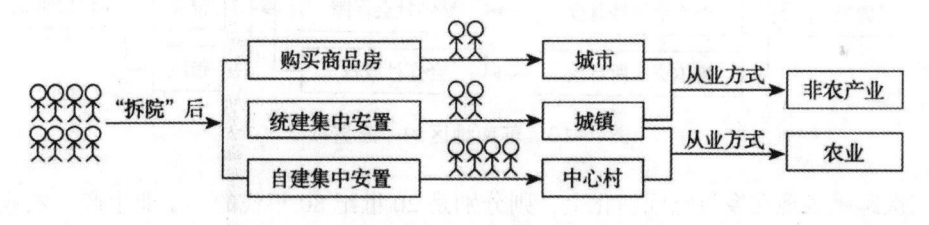

图 4-12　成都市"拆院并院"的村民流向

成都市"拆院并院"的做法要点包括：设置拆旧建新项目区，把增减挂钩指标限定在一定范围内流转，这一点是与《城乡建设用地增减挂钩试点管理办法》的要求相契合的；原宅基地复垦后，并没有分散到户，而是由村集体统一管理，这就为土地适度规模经营创造了必要的基础条件；此外，"拆旧"形成的建筑垃圾用于铺平田间道路，体现了资源节约利用；低保户由集体出资建设安置房，体现了对弱势群体的照顾。这些做法对其他地区具有一定的借鉴意义。

其积极作用在于，通过"拆院并院"，从空间上优化土地功能布局，土地利用效率得到大大提升，促进了农业的现代化经营和城市化进程，农村经济得到飞跃式发展，实施"拆院并院"后的农村地区，主要着力于发展本地的特色农业、规模农业及旅游业；与此同时，通过配套实施农民集中居住，农村居住环境得到显著改善，农民的生活品质得到明显提升；此外，城乡社保和其他社会保障体系逐步实现全面覆盖。

但是在实施过程中也暴露出一些不足之处。一方面，宅基地复垦后，虽然规划由村集体统一管理、统一招商、统一发包，用于规模化经营，但由于项目实施初期规模经营并没有实现，容易造成复垦土地暂时无法带来经济效益。甚至有些地区把复垦的耕地重新分给农户，依然摆脱不了小农经济的制约。另一方面，"拆院并院"工作要求先拆后建，这需要很长的一个过渡阶段，农民需要到处投亲靠友，或者住在临时搭建的棚屋里，导致其生活条件相对艰苦。此外，在项目实施后，如不能在一定时段内发挥土地流转所带来的优势，发展特色产业、形成支柱产业增加当地群众收入，群众虽体会到了生活方式改变带来的便利，但因支出增加、耕作距离变远、新建房屋的支出、物价上涨与没有改变的收入所形成的反差，将会改变他们对"拆院并院"的看法，并引发对引导项目实施的基层政府的抱怨。

（二）江苏省苏南地区——"三集中"

改革开放以来，苏南地区由于乡镇企业发达，工业化进程发展较快，经济也得到了迅速发展。在此期间，苏南农村经济社会发展先后经历了三次历史性跨越。第一次跨越，是改革开放后推动城乡工业化进程，形成了"苏南模式"；20世纪90年代，苏南大力发展外向型经济，带动苏南农村实现了第二次跨越，经济发展的质量、速度令人瞩目；近年，苏南地区通过"三置换"和"三集中"，使苏南城乡一体化发展迎来新的跨越，如图4-13所示。

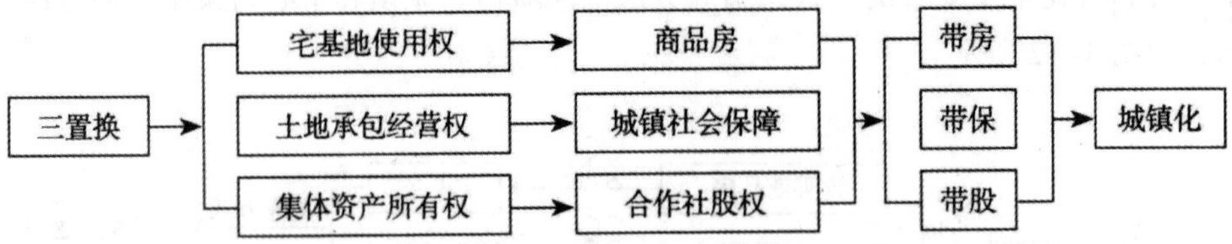

图4-13 苏南地区的"三置换"

三次跨越表现在乡村空间演化上，则分别是20世纪80年代的"工业生产+农业生产+生活居住"三位一体，20世纪90年代的"工业向工业园区集中"，近年来的"三集中"。

苏南地区农村由此率先迈出了农民集中安置的步伐。结合各自实际，主要通过以下三种方式引导农民集中居住。第一种，建设拆迁安置点。主要针对离城市距离比较近的农村地区。采用面积补差价的方法，把农民安置在城市近郊或城区的拆迁户定向销售房，按原有面积换算，可换取定向销售房相同的面积，如需要购买面积较大的房屋，只需按照约定价格或者低于同类商品房的价格支付多出面积差价即可，农民生活质量得以改善并可享受更多的生活便利，而且其居住的房屋为商品房性质，具备市场交易的资格。第二种，建设集中统建安置点。这种建设模式是由镇、乡或行政村之间统筹规划、设计、建设、管理集中居住点的一种模式。集中建好居住点以后，把住房卖给或置换给拆迁户或者需要扩建住房的用户，按照每户人口实际数量确定置换面积，农民只要支付很低的建设成本价，就可以拥有各方面设施

· 090 ·

比较完备的住房，而且相应的道路等基础设施建设和医院等配套设施均由政府和当地财政出资修建，唯一的条件就是农民搬迁后，原来的宅基地必须交给政府统一规划处理，一般会用作复耕，并由集体耕种。第三种，建设自建安置点。与集中统建安置点类似，自建安置点也是由镇、乡或行政村统一规划、统一设计出各种不同的户型，这笔规划设计费用一般由各级政府支付，农民可根据各家各户的实际情况，自行挑选合适户型出资修建，自主选择性强，当地也可根据自己的实际情况给予一定的补贴，但农民住进新居后，原宅基地所占土地要交回集体统筹规划。

以江阴市新桥镇为例。新桥镇在苏南地区开展"三集中"的背景下，将全镇土地划分为三个功能区，即工业集中区、生态农业区和商贸居住区，每个功能区都是连成一片的。在建设新型农村社区、推进农民集中居住的过程中，资金实力雄厚的新桥镇面临的最大问题不是资金问题，而是土地问题，因为不可能实施先拆迁后安置的方法，这就需要一笔用于周转的土地储备。

新桥镇为此争取了400亩的启动土地指标，先在这400亩土地上建设农民公寓式住宅，等几个村子集中搬迁、集中安置后，再把腾出来的宅基地整理出来进行置换，进行新一轮的开发。这样，就让农民在拆房进镇的过程中实现"零过渡"。

新桥镇土地置换值得借鉴之处在于，以启动指标为保障，采取"连片拆迁、整体安置"的办法，对有条件的自然村进行整体拆迁安置，既加快了集中步伐，又因此腾出土地复垦，实现土地有效转换，形成了拆迁、复垦、建设的良性循环。此外，这些宅基地在未复垦之前，已经确定由当地的某企业承包开辟生态农业园，保障了规模化经营的实现。

项目也存在一些不足之处，位于镇区的农民安置房的土地仍属集体所有，农民只有居住证，没有土地使用证和房产权证，所以无法进入市场流通，农民权益在一定程度上没有得到充分补偿。

（三）浙江省嘉兴市"两分两换"

近年来，随着嘉兴市经济快速发展和城乡一体化加速推进，大批农村劳动力实现了从第一产业向第二、三产业转移就业，并有相当一部分已在城镇置房定居，农民的生产、生活方式已发生了深刻变化。但由于土地使用制度、户籍制度和社会保障制度等方面的束缚，农业小规模兼业经营、农民建房散乱和农村宅基地闲置等问题得不到有效的解决，严重影响了现代农业发展、农村新社区建设和工业化、城市化进程，成为制约城乡一体化的突出瓶颈。

基于上述情况，嘉兴市推行"两分两换"政策，用这种方式鼓励农民退出土地，向城镇集聚，如图4-14所示。"两分两换"，是指宅基地和承包地分开、搬迁与土地流转分开，在依法、自愿的基础上，以宅基地置换城镇房产、以土地承包经营权置换社会保障。土地置换后，不改变土地所有权性质和土地用途。土地流转后，农民凡是非农就业的，三年内必须实现养老保险的全覆盖；对已经进入老龄阶段的农民，逐步提高养老保险的待遇。这种政策，首先是让农民的资产获得承认，实现土地的大规模经营，提高生产效率；其次，通过置换方式让农民进城，在打破城乡壁垒、提高城市化和工业化水平的同时，让进城农民不至于成为流民，或是产生城市贫民窟；再次，用社会保障来置换农民的土地承包经营权，杜绝了某些

城乡制度变革背景下的乡村规划理论与实践

农村人口冲动转让土地、然后挥霍一通沦为贫民的现象发生。

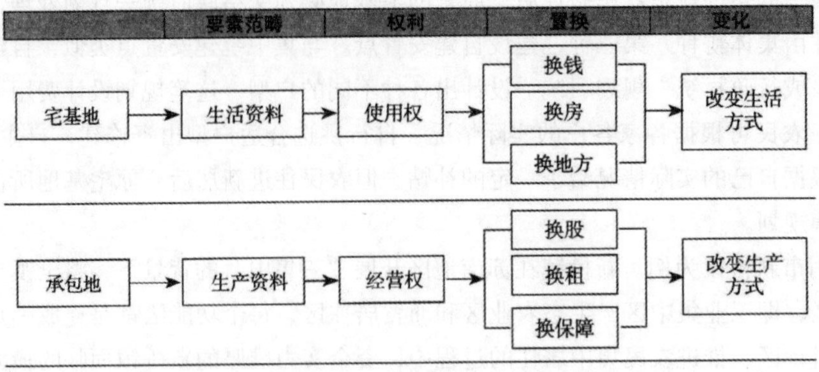

		要素范畴	权利	置换	变化

宅基地 → 生活资料 → 使用权 → 换钱 / 换房 / 换地方 → 改变生活方式

承包地 → 生产资料 → 经营权 → 换股 / 换租 / 换保障 → 改变生产方式

图4-14 嘉兴市"两分两换"的基本做法

嘉兴市的做法相对彻底，基本取消了农业户口，土地置换方面则是把原有的农村宅基地置换为城镇建设用地，在城镇集中建设新社区安置农民，原村庄复垦为耕地，然后把多余出来的土地指标挪到城市近郊用于工商业开发。

嘉兴市"两分两换"的土地置换流程相对简单，但也为土地流转后重新发包、农业招商引资和农民就业等问题留下了隐患，并且节余的土地指标大多用于城镇开发，并没有增加耕地面积。

（四）天津市——"以宅基地换房"

自2005年开始，天津市政府为了加快全市小城镇建设，推进农村城市化，促进城乡统筹发展，结合天津市社会经济发展的特点，提出了小城镇建设"以宅基地换房"的新思路，其核心内容是，城乡建设实行城市建设用地增加与农村建设用地减少挂钩。

"以宅基地换房"指在国家政策框架内，坚持承包责任制不变、可耕地面积总量不减少，充分尊重农民自愿，高水平规划设计和建设一批有特色、利于产业聚集和生态宜居的新型小城镇。农民用自己的宅基地，按照规定的置换标准无偿换取小城镇中的一套住宅，迁入小城镇居住，同时，由村、镇政府组织对农民原有的宅基地统一组织整理复垦，实现耕地占补平衡。规划建设的新型小城镇，除了规划农民住宅小区外，还要规划出一块可供市场开发出让的土地，并以土地出让获得的收入平衡小城镇建设资金。具体来讲，就是在农民自愿的基础上，用村民现有宅基地统一置换新建小城镇的楼房，实现农民向城镇集中、工业向小区集中、耕地向种植大户集中，农民由第一产业向第二、三产业转移，可以明显改善其居住环境，提高文明程度，并使之分享城镇化成果。

华明镇是天津市"以宅基地换房"指导思想下进行规划建设的第一个示范镇。围绕华明镇的建设，天津市政府从相关部门抽调专门人员，开展了有关小城镇建设管理制度、扶持政策和运作模式等14个专题研究，形成了一整套体现创新要求、协调配套、具有可操作性的理论、政策和制度体系，以指导全市推进农村城市化工作，促进城乡统筹发展。

华明镇镇域内所有村庄的建设用地达804公顷，通过编制华明示范小城镇规划，将镇域所有建设用地指标都集中到津汉公路以北、杨北公路两侧562公顷的地块内，但需要占用耕地314公顷，这些土地可通过土地周转指标实现。在规划方案中，233公顷土地用于建设镇内搬迁居民的安置住区和公共设施，为此需投入资金约37亿元，通过向银行抵押贷款获得。该批住宅已于2007年7月建成，4万多农村居民先后入住；329公顷土地用于商业开发，目前已建成中央生态公园、新移民产权住区和花园商务区等商业地产。与建设前相比，全镇域共复垦出耕地363公顷，实际新增耕地49公顷，实现了城镇建设用地增加和农村建设用地减少的土地平衡。与此同时，用于商业开发的329公顷土地所获取的收益，保证了政府对农村居民安置住区建设投入的资金平衡。这种"双平衡"也是被后来其他示范小城镇建设实践所证明了必不可少的条件。

实践证明，"华明模式"是目前国内在新型农村社区建设方面较为成功的探索。首先，它提出了我国发达地区农村加快实现城市化的新模式，创造了农村集体土地重新整合、农村建设用地流转和集约利用的新途径。其次，集中建设农村居民安置住区，能够改善农村居民的居住环境，实现农村居民住宅的商品化和产权化，大幅提高了农村居民的财产性收入和非劳动所得。第三，它开辟了农村建设用地重新整合、流转和集约利用的新路子，是解决城市土地资源紧张和小城镇建设资金制约的有效途径，对于推进社会主义新农村建设和改变城乡二元经济结构，具有重要的现实意义。

此项目的可借鉴之处在于，大都市近郊区是我国农村城市化进程高速发展的区域，农民的生活方式城市化速度严重滞后于生产方式的城市化速度，主要受到土地和资金两大瓶颈的制约，华明镇的实践为解决这两大瓶颈提供了思路。

三、新型农村社区建设的启示

我国的新型农村社区规划建设尚处于探索阶段，加之社会经济发展差异，各地的实践模式各不相同。虽然各地建设农村社区的具体方式有所不同，但这些地方的探索实践提供了如下的经验和启示。

（一）以政府为主导，推进农村社区建设

政府在农村新型社区建设中扮演着协调、沟通和支持等多个角色。政府各项政策机制的健全是推进农村社区建设的保障。制度和政策制定、项目运作、产业引导、资金保障、宣传动员等方面均需要政府的大力推动。在当前形势下，政府主导是新型农村社区建设的主要方式。

（二）促进土地规模化经营以推进新型农村社区建设

土地规模化经营是提高农业生产效率的根本途径。土地资源的规模化经营，必须建立在保护农民根本权益和切实保护耕地的基础之上。在农民权益和耕地得到有效保护的前提下，采取合适的方式加快土地承包经营权、农村集体建设用地的流转，推动土地规模化经营，提高土地资源效益。通过土地规模化经营带动新型农村居民点的建立。

（三）农业产业转型是新型农村社区建设的动力

农业产业化是农业发展的必然趋势。各地根据实际情况，挖掘地方特色资源，延伸农

业产业链，提高农产品的产值和附加值，增加农民收入。不能就农村论农村，要体现"以工带农"和"城乡互动"。随着农业生产效率的提高，农村剩余劳动力的转移成为农村社区发展的关键。农村的发展需要工业和三产的支撑和带动，以促进农村剩余劳动力向非农产业转移。只有农村人口充分流动和就业，才能推动新型农村社区建设的持续发展。

（四）城乡统筹资源配置是新型农村社区发展的基础

建设新型农村社区的主要目的就是要加快缩小城乡差距，改善农村居民的生产和生活条件，其中，很重要的部分就是公共设施和保障体系的城乡统筹配置。社会保障体系、基础设施和公共服务设施的均等化是农村社区发展的基础。一方面，应建立健全农村地区的社会保障体系；另一方面，应完善农村基础设施和公共服务设施，促进农民生产和生活方式的转变。

（五）新型农村社区建设需要土地制度创新

开展新型农村社区建设，必然涉及农村土地性质的变更与调整，同时，也必然对土地制度的创新做出一定探索。例如，一些地方把耕地集中起来由集体统一经营或承包给种田大户，或以镇村为单位，成立土地股份公司，村民用土地换股份，参与分红，尤其是后者，在我国很多省份都有实践。但无论现行的土地制度如何完善，在我国当前的社会经济发展水平之下，都必须坚持土地公有制，并稳定以家庭联产承包责任制为核心的土地制度，这一点关系到农村社会的稳定和国家的安定。需要进一步实践和探讨的是，如何建立有效的土地流转机制和利益分配机制，稳定承包权，促进农民有序转移到新型农村社区。

新型城镇化是以城乡统筹、城乡一体、产城互动、节约集约、生态宜居、和谐发展为基本特征的城镇化，是大中小城市、小城镇、新型农村社区协调发展、互促共进的城镇化。建设新型农村社区，农民既不远离土地，又能享受城市化的生活环境，以满足随着经济社会的发展变化，农村居民对加强社会建设、提高公共服务水平等改善居住条件和生产生活环境的新的更高要求。新型农村社区的建设有利于推动城镇化的健康发展，并将不断探索新型城镇化的发展道路。同时也应看到，各地在探索新型农村社区建设中既有经验也有教训，仍然存在着不少误区。因此，应该根据实际情况，因地制宜地建设发展新型农村社区，以促进乡村地区的持续健康发展。

第五章 乡村规划新目标体系的构建

第一节 乡村规划新目标体系的内涵

构建乡村规划的技术框架时，除对目标体系进行生态、经济和社会3个方面的初步划分外，还应对这3个方面目标的内涵进行深入分析。尤其在高速城市化时期，对城乡发展建设出现的新情况，乡村规划目标体系内涵的确定是否科学，更关系到其控制高速城市化负外部性、缓解乡村衰退、保障粮食和生态安全的作用能否有效实现。本书从乡村规划历史缺位导致的现实问题和高速城市化时期发展特征对乡村规划的需求两个角度出发，分析乡村规划目标体系的内涵。

一、基于现实问题的分析

由于改革开放后中国乡村规划实践过程中区域性研究的历史缺位，导致出现生态环境和粮食安全面临威胁、乡村发展的空间引导和支撑不力，以及农村资源要素价值流失等3个方面的现实问题。

（一）乡村生态环境与粮食安全面临威胁

从"农村支持城市、城市反哺农村"的城乡关系角度来看，农村应当承担保障粮食安全、生态安全和环境安全的三大安全功能，也关系到维护国家的发展安全。然而现实情况是，中国农村生态环境和粮食安全日益面临严重威胁，尽管导致这种情况的因素很多，不能完全归结于乡村规划的欠缺，但乡村规划的缺位至少是其中一个重要因素。

生态环境方面，由于乡村规划没有对农村自然生态空间和要素实现有效控制，随着城市化的发展和城市环境保护力度的加大，城市实行"退二进三"，导致污染向乡村地区转移。而农村经济开发也处于自发状态，农村生态用地在农业、工业甚至包括旅游业的开发中被侵蚀，生态环境遭到破坏。此外，乡村规划缺乏对农业用地及其配套设施建设的指导，导致农业面源污染严重的问题得不到有效解决，成为区域环境恶化的新问题。根据2010年年初公布的全国面源污染普查数据，中国面源污染贡献度最高的领域，不是城市，也不是工业，而是农业，其占面源污染的份额是47%，接近一半。

粮食安全方面，主要表现为村镇建设占用耕地，导致粮食减产。一方面，是村镇建设中存在"喜新厌旧"的倾向，没有合理利用原有设施和建筑物。而采取开辟新区的建设方式，乡村规划没在行政辖区范围内对耕地进行有效保护及对这种现象进行有效管制；另一方面，

城乡制度变革背景下的乡村规划理论与实践

是乡村规划未能对村镇范围内，乡村居民点体系的分布进行有效引导，导致乡村居民点布局分散，相应的基础设施和公共设施的配套建设存在大量重复和浪费，也占用了耕地。此外，随着城镇化进程的推进，"空心村"现象逐渐突出，乡村居民点体系的调整未能及时跟进，农民在城镇和农村两头占用建设用地的现象难以解决。

（二）乡村发展空间引导与支撑基础不力

乡村规划导致对乡村发展的空间引导和支撑不力表现在生活空间和生产空间两个方面。

生活空间方面。乡村规划对乡村居民点体系的规划引导不力，使我国村镇居民点普遍规模小、布局散。不仅影响第三产业的发展，不利于城市化，而且浪费资源、扩散污染，也使公共建筑与基础设施的配置很不经济。同时，农村剩余劳动力就业转移与居住空间转移的不同步，使"空心村"不断出现。不仅造成了建设用地的重复占用，也造成乡村发展活力的丧失，乡村规划未能通过引导"空心村"适当合并重塑乡村发展活力。

生产空间方面。乡村规划对乡村产业发展的空间支撑不力。一方面，乡村规划对农业发展和非建设用地的忽视，使农业发展和农业项目建设缺乏空间引导。另一方面，由于乡村规划未能在镇域、乡域范围内实现对工业发展和集体建设用地的统筹考虑，使乡镇企业布局呈现"村村点火、户户冒烟"。不仅影响村镇集聚，使村镇居民点布局散的状况难以改变，制约农村城镇化发展。也使乡镇企业难以形成产业集群等规模经济形式，对乡镇企业的进一步提升发展形成限制。

（三）乡村经济发展要素及价值流失严重

乡村规划欠缺区域性研究的问题，通过综合作用使经济发展的三要素（资金、土地、劳动力）不断流出农村。其中，又以土地和劳动力要素的流出与乡村规划的相关性最为显著。

土地要素及其价值的流失主要是在城乡二元土地制度下，通过城镇非农建设占用耕地，耕地"农转非"实现的，这也成为改革开放以来经济增长和资本积累必不可缺的因素之一，如图5-1所示。有研究表明，集体所有制的农业用地被征为国有并转变为非农用地的过程中，形成了征地价、成本价、行政划拨价、协议出让价、市场拍卖出让价等5种地价；从征地价到出让价（包括协议出让价和市场拍卖出让价），土地资本增值收益可达几倍乃至十几倍。

值得注意的是，在中国耕地保护日益严格的情况下，农村集体建设用地的流失正成为农村土地流失的一种新的主要形式。通过农村居民点整理获得建设用地指标，并利用"城乡建设用地增减挂钩"的政策将指标转移至城市。与非农建设直接占用耕地的形式不同，这种形式的农村土地流失不表现在土地利用变更上，更多的是一种价值形态的转移，农村实际流失的是建设用地指标上承载的发展权益。

在农村土地及其承载的发展权益流失的情况下，农村经济难以获得良好发展，从而资本和劳动力要素在市场经济和城镇化作用下也不断从农村流出，与农村经济凋敝和发展权益丧失形成了恶性循环。

从上述分析中可以看到，通过乡村规划有效实现对农村产业经济发展的引导和支撑。通过产业发展增加农村非农就业、提高农民收入水平，可以减少劳动力要素的流出。通过统筹

• 096 •

安排农村集体建设用地为农村产业发展提供空间，既实现了对农村经济发展的空间支撑，又可以有效遏制集体建设用地及其承载的发展权益的流失。

图 5-1　GDP 增长率与建设占用耕地对比

数据来源：历年《中国国土资源统计年鉴》《中国统计年鉴》

二、基于发展趋势的分析

截至 2016 年年底中国城市化水平达到 57.35%，城市化进入缓慢增长期。值得注意的是，从 1995 年开始，我国农村人口的绝对数量开始逐年减少，从 1995 年的 8.59 亿减少到 2009 年的 7.13 亿（见图 5-2），农村人口向城镇的转移成为城镇人口增加的主要来源。这表明，中国的城市化进入了新的发展阶段。

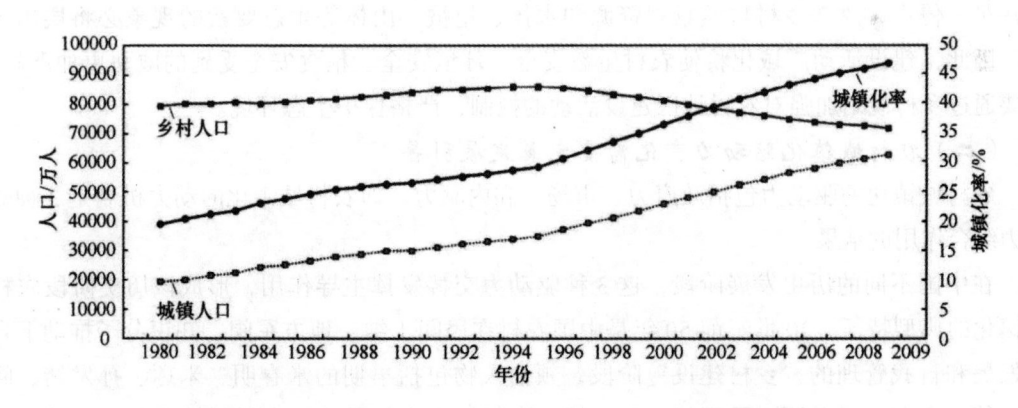

图 5-2　1980—2009 年全国城镇、乡村人口变化情况

数据来源：国家统计局历年《中国统计年鉴》《中国人口统计年鉴》

在新的发展阶段，城乡统筹成为城乡之间关系的主题，城乡之间的要素流动更加活跃，乡村建设和农村城镇化也呈现出新的发展趋势。主要包括建设活动的广域化、城镇化驱动力的多元化和城乡社会公平重建的诉求等方面。

城乡制度变革背景下的乡村规划理论与实践

（一）建设活动的广域化需要严格保护生态环境

高速城市化时期城乡交流更加频繁，城市资本下乡与乡村资源结合的诉求和可能都大大增加。而在市场经济条件下投资主体更加多元化，寻求与乡村资源结合的城市资本的来源也趋于多元化，同时农村产业发展也会在上述因素的影响下趋于多样化。多元投资主体与多样化的农村产业发展相结合，特别是资本与农业、旅游业的结合，将使开发建设诉求远远超出乡村居民点的范围而走向更广阔的乡村区域，即导致乡村建设活动的广域化。

从生态环境的角度来讲，高速城市化时期建设活动的广域化使乡村空间在城乡生态环境系统中的角色发生改变。在传统的城乡空间格局中，乡村空间很大程度上是作为城市环境缓冲区的角色出现的，其功能是对城市污染物的稀释和自然净化。而乡村建设活动的广域化将使乡村工业污染、现代化农业生产带来的面源污染、农业生产和乡村旅游开发的拓展对自然地域的侵蚀等问题，越来越上升为一个城乡区域空间体系中的主要环境问题。于是，乡村空间在整个生态环境体系中的角色，由缓冲区向保障区转变，即乡村空间不再只有环境容量问题，解决乡村空间本身的环境问题已经成为保障整个区域环境质量的关键。因此，高速城市化时期建设活动广域化对乡村生态环境的保护提出了更高要求，需要通过乡村规划落实对乡村生态环境的保护。

从规划管理的角度来说，高速城市化时期建设活动的广域化将对乡村规划管理提出新的要求。以往乡村规划一般将规划管理范围，即规划区，设定为乡村居民点建设用地及其周边区域，通常不会覆盖整个村镇行政辖区。在除居民点之外的乡村地域范围内建设需求不大的情况下，这样的规划管理设定抓住了重点，有利于节省管理成本，也不会发生太大的纰漏。然而，在乡村地域开发建设需求大量增加的情况下，乡村地区的开发建设压力将明显增大，如果不能进行有效的规划控制，工业开发、休闲农业开发等侵占耕地，农业开发、旅游开发等污染、侵占、改造乡村自然景观资源和水体、植被、山体等生态要素的现象必将层出不穷。因此，建设活动广域化将使农村生态安全、环境安全、粮食安全受到的威胁更加严峻，需要通过乡村规划加强对农村地区建设活动的控制，严格保护生态环境。

（二）农村城镇化驱动力变化需要完善发展引导

农村城镇化的驱动力包括政府力、市场力和内驱力，即农村城镇化的动力机制是3种驱动力综合作用的结果。

在中国不同的历史发展阶段，这3种驱动力交替发挥主导作用，形成该历史阶段农村城镇化的典型特征。20世纪前50年是中国农村在民间士绅、地方军阀、知识分子推动下自我发展和自我管理的"乡村建设"阶段，领袖人物包括早期的米春明、米琢、孙发绪、阎锡山等和后期的梁漱溟、晏阳初、黄炎培、陶行知和卢作孚等，农村城镇化的主要动力是内驱力，通过村民合作实现公共服务的"自我供给"。新中国成立后到改革开放前，中国农村在"人民公社化运动"中进行了农业社会主义的实践，尽管从实际效果来看这一时期的农村公共服务水平发展缓慢，但这一阶段的农村城镇化仍然具有明显的农村自我供给的特征，只不过推动力量从知识分子转变为政府。改革开放后，乡镇企业的兴起使农村城镇化的驱动力发生了根本转变，乡镇企业的发展带动了农民及非农就业率和收入水平的提高，也带

·098·

动农民进入小城镇，促进了小城镇的发展建设，这一阶段的农村城镇化可以认为是市场力主导的城镇化。

进入高速城市化时期，中国农村城镇化的动力机制再次发生了变化。一是，改革开放后形成的市场力（乡镇企业）主导模式难以为继。一方面，随着外部发展环境的变化乡镇企业普遍陷入困境，布局散、规模小、管理与创新能力不足等方面的问题，使其持续发展能力遇到空前挑战。另一方面，"乡镇企业在资本增密的内在机制作用和以私有化为主的改制中，出现了始料不及的资本排斥劳动、使农村劳动力在本地的非农就业连年下降的情况"，这使乡镇企业对农村城镇化的带动作用较大降低。二是，在经历了以土地家庭承包经营为核心的农村经营体制改革后，农村生产力有了长足发展。但也由于农民的单干和分散而使农村失去了合作基础，农村公共管理能力降低、公共服务退化，农民的集体凝聚力下降，乡土中国的自给自足传统再难以承担主导农村城镇化的重任。而这一时期在"城乡统筹""以工补农""城市反哺农村"等战略的指导下，政府力一跃成为农村城镇化的主要驱动力。国家每年向乡村支付数以千亿的财政资金，通过推进农村义务教育、新型合作医疗、最低生活保障等向农民提供高效公共服务，促进了农村城镇化的发展。同时，在政府主导、民间力量参与下，农村组织建设和制度建设开始得到恢复。通过培训、研讨、实验和信息化等手段提高农民组织化程度的工作全面展开，农村组织化程度的提高使内驱力在农村城镇化中的作用得到强化。因此，可以认为高速城市化时期农村城镇化的驱动力更加多元化，由上一阶段的市场力为主导转变为政府力和内驱力共同主导。

农村城镇化驱动力的变化对乡村规划也提出了新的要求。第一，农村城镇化的多元驱动力需要整合。一方面政府力本身存在"条块分割"的问题，另一方面政府力与内驱力、市场力之间需要空间、领域等方面进行整合，都需要规划加以引导。第二，城镇化驱动力的多元化带来乡村发展诉求的多元化。而发展诉求多元化则可能带来发展空间的冲突，需要规划进行协调。第三，农村城镇化的市场力需要重振。政府大量的资金投入只能是"授人以鱼"，不能起到"授人以渔"的效果，需要培育农村的自身发展能力。而农村组织化程度的提高带来内驱力的提升，如果缺少农村经济发展作为着力点也将陷入"无的放矢"，而市场力的重振需要发挥乡村规划对乡村经济产业发展的指导作用。综上所述，高速城市化时期的乡村规划需要对乡村经济社会各方面的发展及其空间做出全面完善的引导和安排。

（三）城乡社会公平重建需要控制要素价值流失

随着改革开放的深入和城镇化进程的推进，"城乡二元"社会经济体制的弊端和其对农民利益造成的损害日益得到正视，城乡社会公平的重建成为高速城市化时期的必然要求。而城乡社会公平重建的重要目标就是要控制资金、土地、劳动力三要素从农村持续流出。

20世纪80年代，乡镇企业发展带动农村居民收入增长速度，连续多年超过城市居民收入增长速度。农村商品消费需求旺盛导致国民经济出现内需拉动型"黄金增长"的经验很好地说明了资金、土地、劳动力三要素对农村发展的重要性。分析乡镇企业的发展模式，可以看到乡镇企业在当时实现了将资金、土地、劳动力三要素留在农村并就地转化为工业化要素，从而促进了农村的发展和农民收入水平的提高。90年代则形成了三要素持续大幅流出

城乡制度变革背景下的乡村规划理论与实践

农村的局面，致使农村经济、农民收入增长缓慢，城乡差距持续拉大，而目前更形成了三要素及其价值流出农村的恶性循环。

高速城市化时期乡村社会和空间的变迁更加剧烈，变迁过程中有可能出现农村土地、资金、劳动要素的进一步流失。特别是土地要素的价值流失形态已现端倪，需要通过乡村规划在农村内部整合经济发展三要素的路径，控制要素价值的流失，重建乡村社会、保留土地及其承载的发展权利。

三、新目标体系的内涵

通过对乡村规划区域性研究，历史缺位导致的现实问题和高速城市化时期发展特征对乡村规划需求的分析，提出乡村规划新目标体系涵盖乡村生态、经济、社会和城乡关系4个方面，可概况为生态环境保护、乡村发展引导、社会公平重建和城乡一体化。

（一）生态环境保护

落实乡村规划以生态为底、自然要素为本的规划理念。在规划空间范围方面实现对乡村行政地域范围的全覆盖，在规划要素方面加强对自然生态要素和非建设环境的管制，保护乡村生态环境，从而使农村保障粮食安全、生态安全和环境安全的三大安全功能得以实现。

（二）乡村发展引导

整合农村城镇化过程中的政府力、市场力和内驱力，寻求乡村发展并围绕发展安排空间。为乡村经济产业发展提供路径指引和生产空间支撑，挖掘和整合乡村生产要素并通过推动要素资本化促进农业和农村发展，为农村生活空间的合理调整提供科学引导。

（三）社会公平重建

遏制资金、土地、劳动力等要素及其价值从农村不断流失，特别是保证土地增值收益及其承载的发展权益留在"三农"，优先为乡村经济产业发展提供空间保障。促进乡村基础设施建设和公共服务配给，提高农民生活质量。从发展权益和公共服务两方面实现城乡社会公平的重建。

（四）城乡一体化

城乡一体化作为现代化和城市化的终极目标，也是乡村规划的具体目标。城乡一体化的基础是实现农村现代化，包括农村人居环境现代化、农民生活质量现代化和农业现代化，是城市与乡村经济、社会和制度内涵与发展水平趋于一致的过程。城乡一体化的内容包括4个方面：一是经济一体化。促进城乡之间生产要素有序流动，发展以农业现代化为核心的农村经济，缩小城乡产业效率差距；二是社会一体化。提高乡村居民收入水平，缩小城乡居民的收入差距；三是制度一体化。为农村地区提供均等化的公共服务，缩小城乡居民享受公共服务水平的差距；四是城市内部二元结构一体化。农民工市民化可以彻底解决中国城市化的两栖化问题，是中国当前最为严峻的任务。

第二节 乡村规划新目标的界定

在将乡村区域作为一般性的概念时，其规划目标无疑应该是综合平衡的，即应同时兼顾生态、经济和社会等方面的发展效益。然而，在面对一个具体的乡村区域时，一方面由于个体情况千差万别，其发展的主导因素和主要问题也各有不同。另一方面，由于乡村区域的规模和体量小，一个主导因素或主要问题决定着整个系统的发展走势。再加上高速城市化时期乡村系统的非自主性使其主导因素的不确定性极大增加，因而具体乡村区域的规划目标往往是单方面主导的、阶段性的和多变的。因此，需要分析乡村规划目标体系中3个方面目标可能的相互关系模式，并理清界定乡村区域发展目标需要考虑的因素和分析方法。

一、目标体系之间的关系模式

总体而言，乡村规划目标体系的3个方面，即生态环境保护、乡村发展引导和社会公平重建。三者之间的关系主要有协同关系和主次关系两种模式，而随着乡村区域外部环境和内部条件的发展变化，这两种关系模式也会发生转化。

（一）协同关系模式

协同关系模式是乡村规划目标体系相互关系模式中比较一般化的模式，也是从长期发展来看应该具有的模式，即生态、经济、社会3个方面的目标，对乡村区域发展具有同等的重要性，在规划过程中需要综合平衡考虑3个方面目标的实现的情况。此外，在生态目标、经济目标、社会目标3个方面中有两个方面具有同等的重要性，另一个方面相对不那么重要的情况也可以归于协同关系模式之中。

（二）主次关系模式

主次关系模式是指乡村规划目标体系的3个方面中，有一个方面的目标非常重要，处于绝对主导的地位，另两个方面的目标相对不重要，处于从属地位的情况。对于具体意义上的乡村区域，在一个相对较短的发展阶段，主次关系模式应该是乡村规划目标体系关系模式表现出的最普遍的模式。也就是说，在乡村规划实践中，经常需要面对的就是某一方面目标占主导地位的情况。

（三）关系模式的转化

随着乡村区域发展的外部环境和内部条件的变化，乡村规划目标体系的关系模式也会发生转化。有可能由于主导目标的实现或主要问题的解决使原来的主导目标重要性降低，而某个次要问题却变为主要问题，从而发生主次关系模式内部的转化。也有可能主导目标的实现使3个方面目标的重要性又回到同等水平，从而产生从主次关系模式到协同关系模式的转变。

二、目标界定的因素和方法

目标界定应该是一个"分析——综合"的研究过程，即通过对影响乡村区域发展的各种

城乡制度变革背景下的乡村规划理论与实践

因素的分析，理清各方面目标的具体内涵和支撑其重要性的因素，再通过目标之间重要性的对比或逻辑关系上先后顺序，确定目标体系的关系模式。有的情况下还需要目标体系关系模式界定和目标界定两者之间进行互动反馈。

乡村规划目标界定过程中可予考虑的因素包括主体功能、区位关系、发展阶段和系统问题等，并各有不同的分析方法和路径。

（一）主体功能分析法

主体功能分析法即根据省、市等编制的主体功能区划，按照乡村区域属于哪一类主体功能区来确定乡村规划的主导目标，这种方法对于位于禁止开发区和限制开发区的乡村区域具有较强的适用性。从广义上来说，通过上位规划对乡村区域的发展要求来确定乡村规划主导目标的方法，也属于这一类。

（二）区位关系分析法

区位关系分析法即根据乡村区域与大中城市、区域性资源和设施等的区位关系来判断乡村区域发展的主导目标。例如，根据与大中城市的区位关系，可将乡村区域分为大城市郊区型、腹地边缘型、腹地中心型等。城市发展对其有着不同的影响机制，会产生不同的导向目标。而与风景名胜区、自然保护区或区域饮用水水源地等，区位较近的乡村区域则一般以生态目标为导向。

（三）发展阶段分析法

发展阶段分析法是根据乡村区域的工业化和城镇化发展阶段，来判断其发展的主导目标的方法。一般而言，工业化和城镇化尚未起步的农业型乡村区域以城乡社会公平目标为主导，处于工业化和城镇化发展中期的乡村区域以经济目标为导向，工业化后期的乡村区域则可能以生态目标为导向。

（四）系统问题分析法

系统问题分析法即在分析乡村系统中存在的主要问题的基础上，确定乡村规划的主导目标，是一种问题导向的分析方法。需要指出的是，这种分析方法需要建立在对乡村区域的运行机制和问题传导机制的系统认识的基础之上，因为乡村区域表现出的主要问题很有可能不是其根源性的问题。

第三节　基于既定目标的规划策略

规划策略制定是乡村规划适应乡村区域多样性和发展不确定性的重要环节，也是规划弹性的重要体现。

在面对具体村镇个体时，需要通过具体问题具体分析界定乡村区域发展的主导目标。在此基础上，通过乡村规划的规划策略制定环节安排各规划内容组合的技术路线，根据既定的主导目标确定各项具体规划内容的优先顺序、逻辑顺序。这也是乡村规划与强调综合平衡的大尺度区域的区域规划存在较大差别的地方。

· 102 ·

本书将分别对生态目标导向、经济目标导向和社会目标导向下乡村规划的规划策略进行探索，并结合规划案例进行说明。

一、生态目标导向的规划策略

生态目标导向的规划策略即以生态环境保护为乡村规划的主要目标，优先解决乡村区域中的生态问题或保护其中的重要生态资源，并以此为依据展开其他规划内容。一般适用于乡村区域内包含或涉及重要生态资源，或者所处地区自然生态环境有特殊限制的情况。

生态目标导向的规划策略需要以生态资源的保护或灾害性生态环境的改造为首要或关键任务。首先，通过景观生态格局规划和空间管制规划，确定乡村区域内的禁建区和限建区；其次，根据空间管制和生态保护要求，调整居民点体系布局，确定产业发展方向和产业布局；再次，在严格限定产业发展方向的基础上进行乡村区域内的非建设用地规划和建设用地规划，特别强调非建设用地上的产业发展生态化；最后，配置相应的交通体系、公共服务设施和基础设施，并重点强化非建设用地生态化发展的设施规划，如渠道、道路的布置等，如图5-3所示。

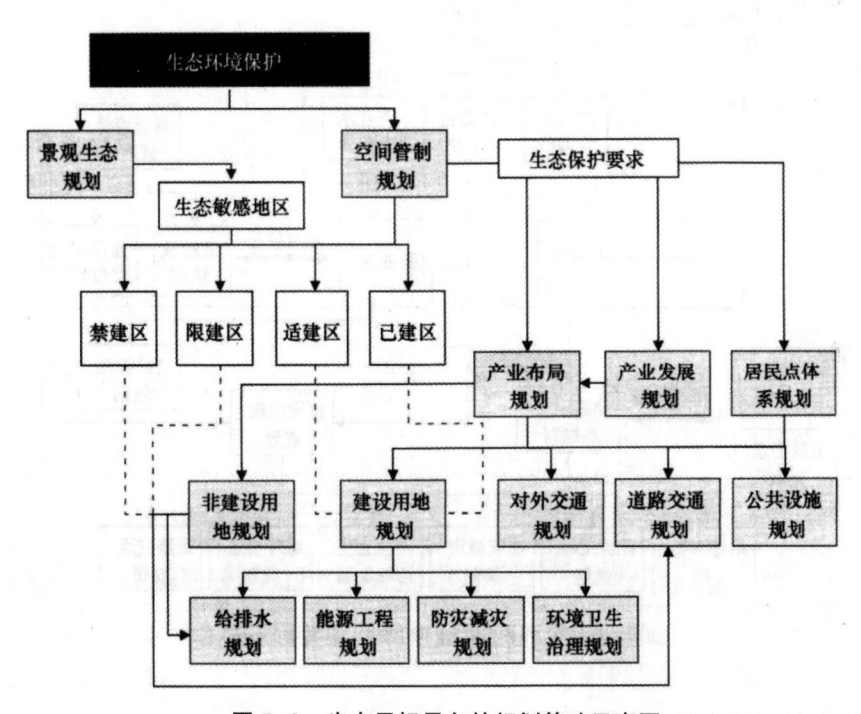

图5-3 生态目标导向的规划策略示意图

二、经济目标导向的规划策略

经济目标导向的规划策略即以村镇经济产业的全面、优化发展为乡村规划的主要目标，强调规划对产业发展方向的引导和空间引导，从促进经济产业发展的角度展开其他规划内容。经济目标导向的规划策略一般适用于乡村区域具备一定乡镇工业基础和城镇化基础，但进一步发展面临各种制约和瓶颈，需要通过规划整合资源、实现突破的情况。

经济目标导向的规划策略，应在分析现状产业发展所面临的制约因素和问题的基础上，以产业结构调整、产业链延伸和产业水平提升等产业发展的关键目标为中心，从以下几个方面组织规划内容：一是工业发展方面。通过居民点体系调整实现对乡村区域建设用地的整理，为工业集中发展提供空间；二是服务业发展方面。与居民点体系规划相结合，实现服务业发展与农村城镇化的相互促进，并与公共设施规划相协调；三是农业发展方面。按照生态化、高效化、链条化和适度规模化的发展思路，与乡村区域内非建设用地规划相结合；四是空间管制方面。在保证各产业发展空间的基础上，结合居民点体系进行乡村区域建设用地规划和非建设用地规划，并与空间管制、景观生态规划相协调；五是基础保障方面。根据用地规划，协调交通体系和各项基础设施的规划布局，如图5-4所示。

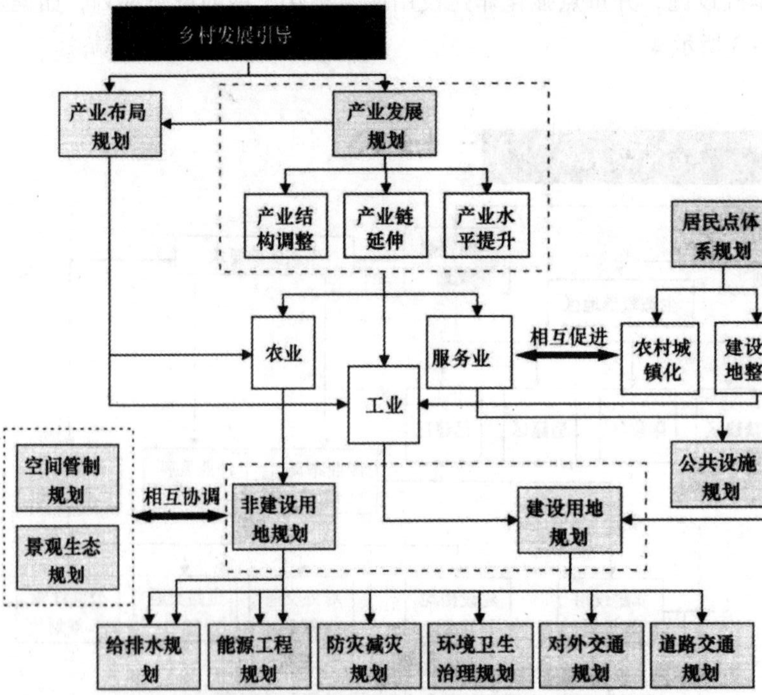

图 5-4 经济目标导向的规划策略示意图

三、社会目标导向的规划策略

社会目标导向的规划策略即以实现城乡社会公平为乡村规划的主要目标，从公共服务和发展权益两方面对乡村区域进行保护和引导，以乡村区域内部调整和要素资源整合为线索展开各项规划内容。

社会目标导向的规划策略一般适用于乡村区域经济社会发展基础较差、内部发展诉求得不到有效满足和规划支持，以及由于高速城市化发展的负外部性使乡村区域发展条件显著恶化而导致乡村衰退的情况。

　　社会目标导向的规划策略应在分析导致乡村区域衰退的原因及其传导机制的基础上，以促进城乡公共服务均等化、引导和组织村镇发展诉求为两条线索，从按以下思路组织规划内容：一是以乡村区域内各级居民点公共服务发展水平为重要考虑因素，对居民点体系进行调整。并根据调整后的居民点体系规划结构清晰，覆盖全面的公共服务设施体系，实现公共设施规划和居民点体系规划，以及交通规划的相互协调；二是通过发掘和引导乡村区域内部的发展诉求，提出产业发展的规划思路。并结合居民点体系规划对乡村区域的建设用地进行整理，为基于内部诉求的工业和服务业发展提供空间；三是归纳工业和服务业发展布局，居民点体系规划和公共设施布局，进行乡村区域建设用地规划，对重要公共设施的建设用地进行直接安排；四是提出提高农业发展水平的思路，并通过非建设用地规划确定农业规划布局。结合空间管制和景观生态规划改善非建设用地的生态条件，通过渠道和道路规划改善非建设用地农业生产设施条件，促进农业发展；五是结合建设用地规划安排各项基础设施规划，如图 5-5 所示。

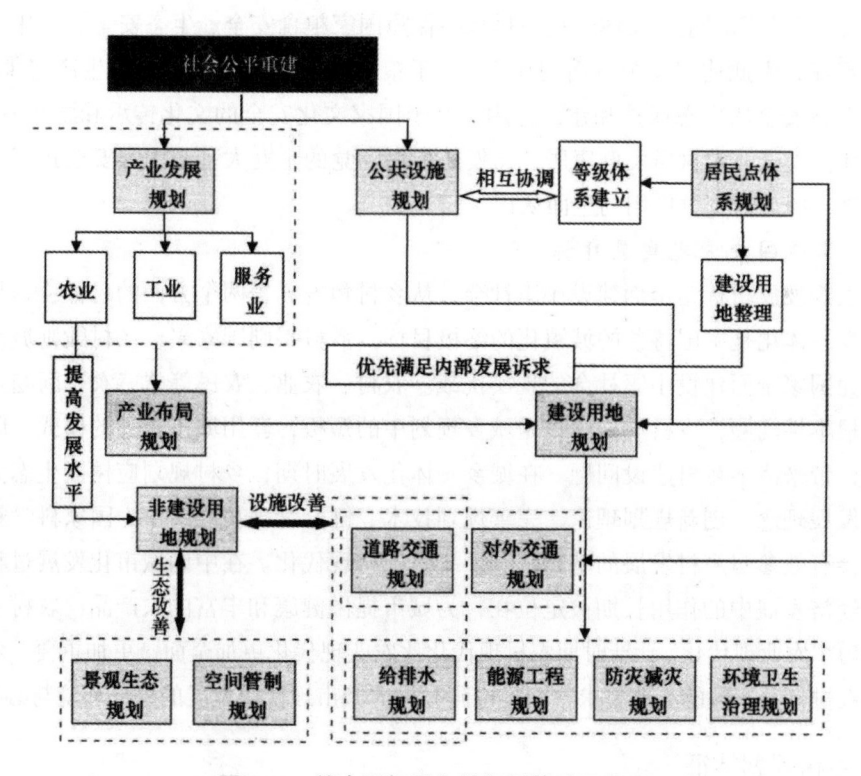

图 5-5　社会目标导向的规划策略示意图

第六章 乡村规划新内涵的解读

第一节 乡村规划的新内涵

一、乡村规划目的

（一）践行国家长远发展战略

当前乡村已经由单一的承载农业生产、农民生活转向承载多元复合功能，乡村规划应适应乡村发展的全面转型。新时期的中国乡村具有经济价值、生态价值、社会价值和文化价值等综合价值。上升到国家层面体现在乡村承担保障国家粮食安全、生态安全、文化安全和社会安全的责任，由此构建4个方面的作用．基于粮食安全的绿色农产品的生产与供应作用；基于国家生态安全的生态保护和建设作用；基于国家文化安全的文化传承和游憩发展作用；基于国家社会安全的农村居民健康居住与发展作用。党的十九大基于国家安全角度，提出乡村振兴战略，即是对乡村作用的全面认识。

（二）实现国家宏观发展目标

国家宏观发展目标是全面建设小康社会，从乡村角度涵盖两个方面的目标：一是城乡一体化。城乡一体化是中国特色的城镇化的终极目标。乡村兴则国家兴，乡村毁则城市亡，乡村衰败成为国家全面建设小康社会的现实挑战。农村、农业、农民等"三农"问题是关系国计民生的根本性问题，乡村规划一直是城乡规划中的短板，套用城市规划的模式，脱离乡村发展实际，带来诸多乡村建设问题。在城乡一体化发展时期，乡村规划应树立生态为本、以人为本的发展理念，创新规划理论、完善规划技术、健全管理功能，作为国家科学管理国土空间、社会有效参与乡村发展的基础依据。二是农村现代化。在中国城市化发展过程中，乡村在国民经济发展中的作用长期被定位在，为城市提供健康和丰富的农产品，农村发展的目标被定位为"农业现代化"，新时期农村现代化比农业现代化更加全面、更加重要。农村现代化不仅是农村自身发展的必然要求，而且也同时构成城市现代化发展的外部环境与必要条件。

二、乡村规划特征

（一）传统乡村规划特征

新中国成立以来，我国乡村规划具有以下几点特征：

一是蓝图式规划。乡村规划沿袭我国计划经济时期"城市规划工作是国家经济工作的继续和具体化"思想，较少考量乡村是否有准确计划和投资项目来源不确定性前提，乡村规划是建设项目在空间上的落实，是物质性规划。蓝图式规划的重要限制因素是土地指标的计划性和建设用地规模的限定性，存在如下悖论：与土地利用规划协调，则限制在土规范围之内，缺少腾挪的空间，规划科学性受到质疑；与土地利用规划不协调，则规划无法实施。

二是自上而下式规划。乡村规划建设的公共服务投入仅考虑国家层面的教育、医疗、文化、体育等方面，立足于国家投入的建设成本收益最大化。以经济效益作为衡量标准，以政府为核心的成本计算方式和部门项目的运作方式，使规划决策思维是自上而下的。因此，乡村规划的编制普遍采用自上而下的"标准规范决策＋专家理性分析"的决策方式，相关规划规范及文件主要从编制指导思想、原则、内容角度阐述。

三是精英式规划。乡村规划及实施过程中涉及村民、村集体、企业和政府多个参与主体，也包括参与治理过程的规划师，不同参与方在乡村治理决策中的话语权是有差异的。我国当前的乡村规划主要是精英式规划，主要取决于政府、企业和规划师在乡村治理过程中占据政策、资金、智力等权威优势，思维观念中农民是落后、愚昧的代名词，出于对农村、农业、农民的了解甚少等方面的原因而采取运动式、一次性、单方面决策的项目形式，进行自上而下的价值输出，并以显性的精英价值取向和技术权威价值强行植入等方式体现。村民的意愿并未得到体现，话语权被政府、企业、规划师所取代，政府、企业、规划师主导的、以为村民满意的乡村规划成为目前主流的规划模式。

县、镇（乡）、村是我国最基层的社会治理组织，也是当下国家由农业国家向新型工业化和城镇化国家转型，是城镇化进程加快发展的重要实现载体。然而，在我国快速城镇化进程中，乡村地区生态和环境恶化，县、镇（乡）、村域基础设施严重不足，城乡差距日趋扩大，严重制约了我国农村地区社会经济的发展，成为国家推进新型城镇化和统筹城乡发展的瓶颈。新时代背景下，传统的乡村规划类型也不能满足乡村振兴、农业发展、农民富裕的新需求。

（二）现代乡村规划特征

随着乡村功能、乡村主体的转变，现代乡村规划应具有以下几点特征。

一是综合性规划。乡村规划是特殊类型的规划，生产与生活结合。乡村现有规划为多部门项目规划，少地区全域综合规划，运行规则差异较大。例如，财政部门管一事一议，环保部门管环境集中整治，农业部门管农田水利，交通部门管公路建设，建设部门管居民点撤并等。因此，乡村规划应强调多学科协调、交叉，需要规划、建筑、景观、生态、产业、社会等各个多关学科的综合引入，实现多规合一。

二是制度性规划。2011年，我国城市人口历史性的超过农村人口，在完全城镇化背景下，乡村规划与实施管理的复杂性凸显：①产业收益的不确定性导致的村民收入的不稳定性；②乡村建设资金来源的多元性；③部门建设资金的项目管理转向综合管理。乡村规划与实施管理的表征是对农村地区土地开发和房屋建设的管制，实质是对土地开发权及其收益在政府、市场主体、村集体和村民的制度化分配与管理。与此相悖，我国的现代乡村规划是建立在制度影响为零的假设之上，制度的忽略使规划远离了现实。因此，乡村规划与实施管理

城乡制度变革背景下的乡村规划理论与实践

重心、管理方法和管理工具需要不断调整，使乡村规划制度的重要性凸显。

三是服务型规划。乡村规划是对乡村空间格局和景观环境方面的整体构思和安排，既包括乡村居民点生活的整体设计，体现乡土化特征，也涵盖乡村农牧业生产性基础设施和公共服务设施的有效配置。同时，乡村规划不是一般的商品和产品，实施的主体是广大的村民、村集体乃至政府、企业等多方利益群体。在现阶段基层技术管理人才不足的状况下，需要规划编制单位在较长时间内提供技术型咨询服务。

四是契约式规划。乡村规划的制定是政府、企业、村民和村集体对乡村未来发展和建设达成的共识，形成有关资源配置和利益分配的方案，缔结起政府、市场和社会共同遵守和执行的"公共契约"。《城乡规划法》规定乡村规划需经村民会议讨论同意、由县级人民政府批准和不得随意修改等原则要求，显示乡村规划具有私权民间属性，属于没有立法权的行政机关制定的行政规范性文件，具有不同于纯粹的抽象行政行为的公权行政属性和"公共契约"的本质特征。

第二节 乡村规划的新逻辑

一、乡村治理模式

乡村治理存在官本和民本两种模式。

（一）"官本"模式

乡村治理过程涉及多个层面：村民（村集体）、涉农企业、地方政府和国家，也包括参与治理过程的规划师，不同参与方在乡村治理决策中的话语权是有差异的。我国当前的乡村治理大部分采用"官本"的治理模式。为形象表达政策效果和简化模型，将政府或企业投入与村民之间的连线形成的半径代表乡村公共服务的实际水平。"官本"模式下单一政府投入情况下，政府内部部门分制的特征使政府总投入由于政策分散导致的政府实际投入下降，总体乡村公共服务水平降低，如图6-1所示。"官本"模式下多元投入情况下，虽然总投入增加，但由于缺少系统性政策设计，导致项目重复、设施整合不足或与居民需求不符等原因，并未起到促进乡村公共服务水平提高的政策效果，如图6-2所示。

（二）"民本"模式

现实整治过程中不乏居民、政府、企业、规划师多赢的案例，其中的决策过程一个关键的显性特征是居民决策话语权的提升，即"民本"的治理模式。是乡村治理采取常态化、长远性、协商式等系统性决策形式，并以"授之以鱼"的显性表达和"授之以渔"的隐形体现等两种方式并存。这一过程中村民的意愿得到最大体现，积极性得到极大调动，成为乡村建设和运营管理的主体，政府、企业、规划师在决策过程中以原则界定、政策约束、标准制定、意识引导、资金投入等形式参与乡村治理过程。

第六章 乡村规划新内涵的解读

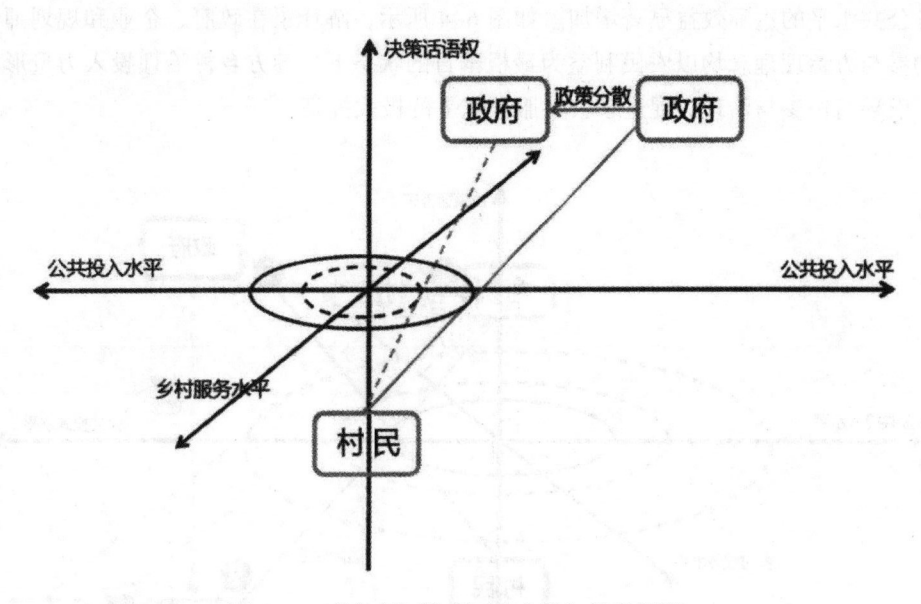

图 6-1 "官本"模式下政府投入效益解释

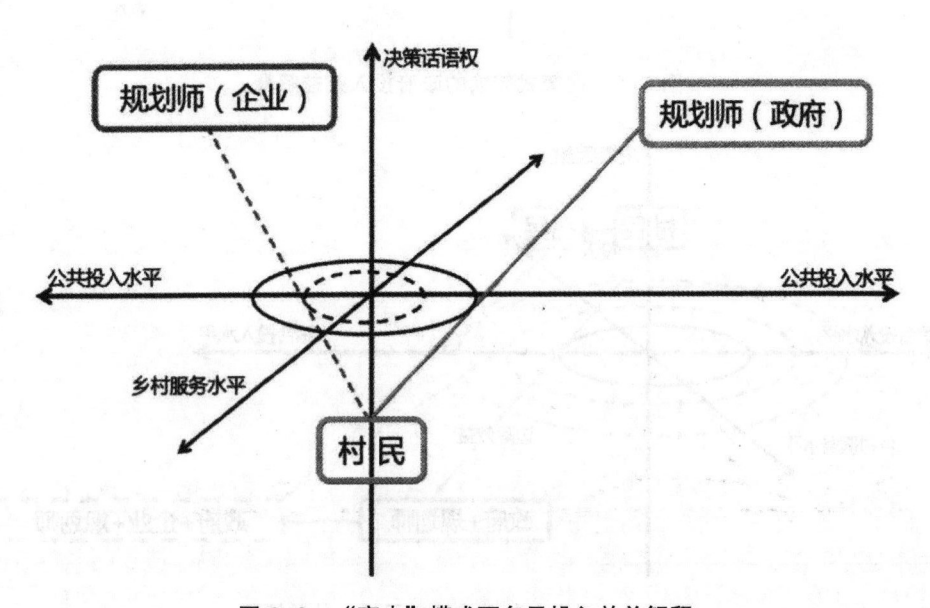

图 6-2 "官本"模式下多元投入效益解释

实现乡村治理模式由当前的"官本"向本原的"民本"模式的转换过程中将促进乡村公共服务水平的边际效益提高。如图 6-3 所示,由于政府治理理念发生的变化,政府在乡村治理决策过程中的话语权让位给村民,决策地位由①转变至②,所有政府部门由于全部以满足村民需求为目的而达到的系统性整合使政府公共投入达到了"1+1>2"的效果,形成政府合力,政府公共服务投入水平增加③,这一过程中由于农民的主体地位提升,使其从乡村治理的旁观者、被动受益者变为主动参与者、建设者和主动受益者,村民投入增加④,从而使乡

· 109 ·

城乡制度变革背景下的乡村规划理论与实践

村服务公共水平的边际效益显著增加。如图 6-4 所示，解释了在政府、企业和规划师等乡村治理的参与方治理理念均以农民利益为最根本目的状态下，各方乡村治理投入力量形成政策合力，引导村民参与治理，促进了公共服务水平的极大提高。

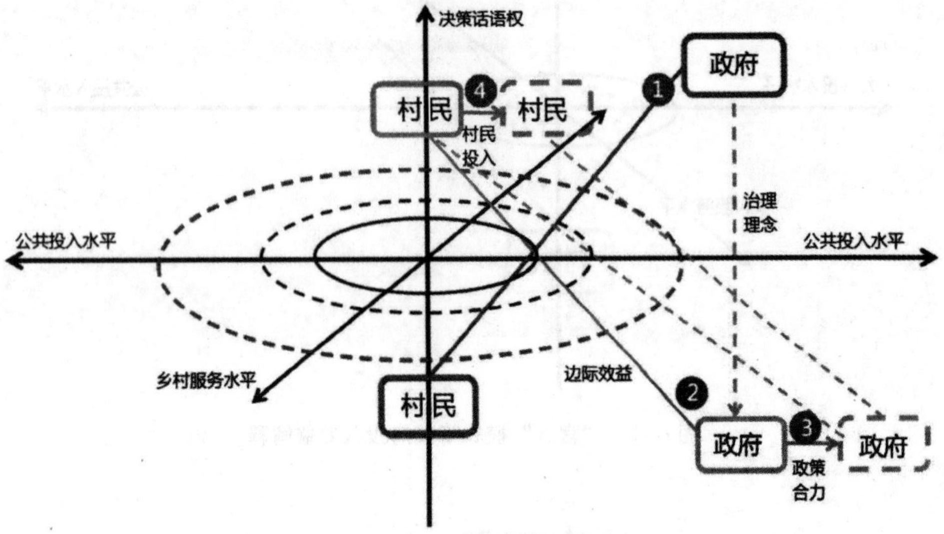

图 6-3　理模式转换的政府投入效益解释

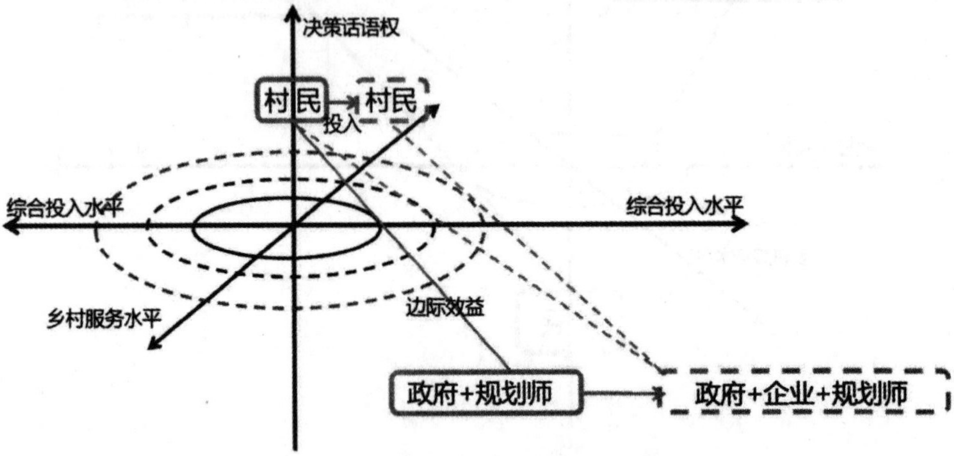

图 6-4　"民本"模式下多元投入效益解释

二、乡村治理路径

乡村问题错综复杂，归结根源是传统秩序崩溃，而新的乡村秩序尚未建立。新中国成立以后农村集体化运动打破了原有的乡村秩序，依靠国家政权深入阶层建立的政治秩序仍然以行政指令的形式实施乡村管制，无法有效回应乡村生活的全面需求。党委领导下的村民自治未能建立良好的乡村秩序，需要重新回归乡村治理的本源和常态，建立基于信任的文化和环境自信的乡村社会网络系统。倡导以人为本的治理逻辑，即通过人本的治理动力基础、还权赋能的治理动力方式和有序共赢的治理动力构架。在乡村治理各参与主体相应理念变化的基础上，通过制度机制创新实现切合乡村实际利益、实现村民自我管理、规范政府协同治理和提高企业运营效益的目标，最终实现重构乡村新秩序的目标，如图6-5所示。

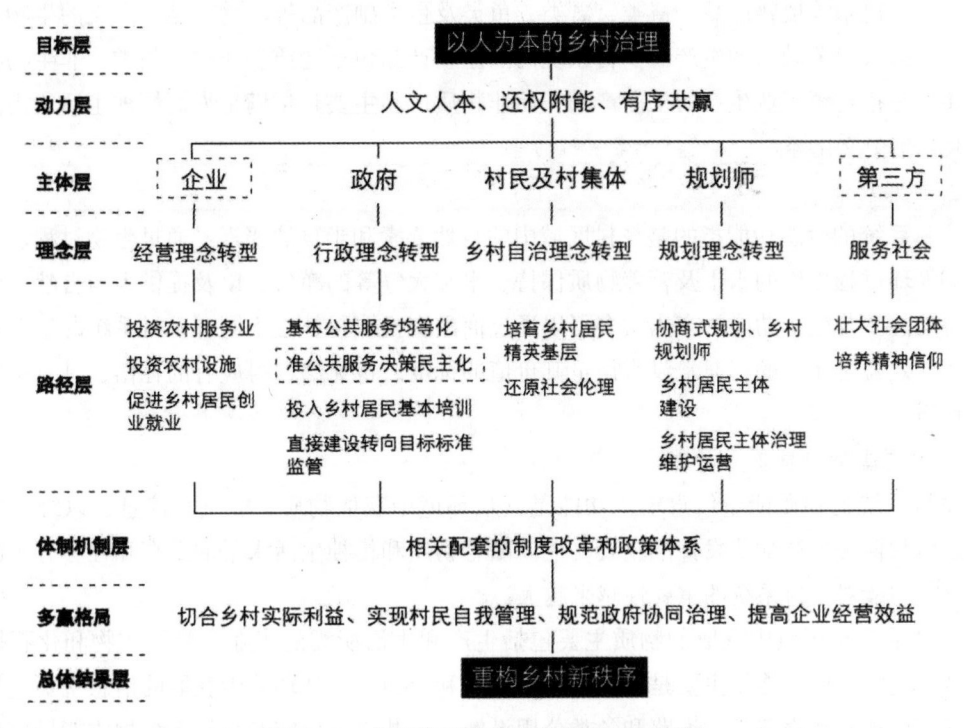

图 6-5 乡村治理模式的变革路径示意图

第三节 乡村规划的新焦点

一、乡村系统功能与结构特征

通常认为，系统是由若干要素以一定结构形式联结构成的具有某种功能的有机整体，这一定义指出了系统的3个重要方面，功能、要素和结构。因此，研究乡村的系统性需要把乡村区域视为一个系统，从系统功能、系统要素、系统结构等方面对其进行剖析。

（一）乡村系统功能

系统功能是系统在与其环境之间相互交换物质、能量和信息的过程中产生或发挥的作用，即离开系统与环境的交换，系统功能就无从谈起。乡村系统作为一个非特指的概念，与其相对的环境指的是以城市系统为主的外部系统，而其主要系统功能包括生产功能、生态功能和物质能量信息输入功能。

1. 生产功能

乡村系统的生产功能指的是乡村区域利用系统内和环境中的自然资源和其他资源，生产出各类产品的能力，这里的产品包括生物的和非生物的、物质的和非物质的。从城乡关系来说，生产生物产品是乡村系统生产功能的主要方面。乡村系统的生物产品包括粮食作物、蔬菜、水果、树木等植物产品，畜类、禽类、鱼类及蛋类副产品等动物产品，广义的生物产品还可以包括人口劳动力的生产。乡村系统的非生物产品包括物质和非物质两类，非生物物质产品主要是指村镇工业生产的工业产品，而非物质产品主要是指满足人们精神生活所需的乡村文化、历史文化等。

2. 生态功能

乡村系统的生态功能指的是乡村区域中的自然要素和半自然要素。通过生物过程、理化过程和循环过程提供的水土及营养物质保持、水和大气等的净化，以及提供人与自然交流的环境等功能。与生产功能的产出大多可以通过商品交换取得补偿不同，乡村系统的生态功能的产出或效益是无形的，通常没有衡量其价值的标准，也无法取得应有的补偿，具有正外部性的性质。

3. 物质能量信息输入功能

乡村系统的物质能量信息输入功能是其从环境中获取物质、能量和信息，以维持自身正常运转和保证生产功能发挥的重要功能。随着物质和精神生活水平的提高和社会分工的细化，这一功能对乡村系统的重要性越来越大。

乡村系统从环境中获取的物质主要包括生产和生活所需的工业产品、矿物和化石燃料等；从环境中获取的能量主要是指太阳能、风能和电力等；从环境中获取的信息主要包括文化、知识、技术和服务等。道路和各类公用设施、公共服务设施是乡村系统物质能量信息输入的主要途径和载体。

（二）乡村系统构成

乡村系统是一个复合系统，由若干子系统构成，各子系统又由不同的要素组成。构成乡村系统的要素中，有些要素可能在不同的子系统变现为不同的形式，但实际上是同一种事物。

1. 乡村系统的子系统划分

按照受人类活动影响的大小程度，乡村系统可划分为自然环境子系统、农业生产子系统和村镇居民点子系统。其中，自然环境子系统受人类活动影响较小，村镇居民点子系统基本上是人工环境，农业生产子系统则是一个半自然、半人工的系统。

自然环境子系统是乡村系统的基础，为其他两个子系统提供了存在和运行的基底条件，包括太阳辐射、大气流动、河湖水系和土地空间等。同时，它又存在一定的独立空间，即尚未被改造成农业生产子系统和村镇居民点子系统的部分。自然环境子系统的运行主要受自然规律的制约。

农业生产子系统是乡村系统的主要功能承载者，它是在自然环境的基础上经过人类劳动改造而形成的。与自然环境子系统相比，农业生产子系统是一个无法自动维持能量和养分平衡的系统，随着作物收割或畜禽出栏意味着能量和养分从该系统流出，需要人类活动的投入来重新启动系统的运行。农业生产子系统同时受到自然规律的制约和人类活动经济规律的支配。

村镇居民点子系统是乡村系统中的枢纽，除了是村镇居民居住和繁衍的场所之外，更是保护和利用自然环境子系统。是维持农业生产子系统运行的命令中枢，也是维系乡村系统的3个子系统使之协调运作的纽带。村镇居民点子系统的运行需要依靠外部物质和能量的输入，同时还承担着农业生产子系统要素输入的中转站的功能。村镇居民点子系统具有人工系统的典型特征，人类的社会经济活动是其演变和发展的主要影响因素。

2. 乡村系统的系统要素

乡村系统的3个子系统各由不同的要素组成，各子系统中的要素大致可分为生物要素和非生物要素两类。

自然环境子系统的要素主要包括：生物要素，如自然林、草原、野生动物等；非生物要素，如自然水体（河湖水系、沼泽、湿地等）和未利用土地（荒漠、戈壁、裸岩、滩涂、未开垦地）等。

农业生产子系统中的生物要素主要包括农田及种植作物、人工林、人工草场和蓄养动物等，非生物要素主要包括灌溉和养殖水体、田间道路等。

村镇居民点子系统的生物要素主要有家畜家禽、宅旁路旁植物、村镇居民和伴生动物等，非生物要素主要有住宅建筑、生产建筑、公共建筑及场所、公用设施和村镇道路等。

（三）乡村系统结构

乡村系统的系统结构除了最基本的"系统—子系统—要素"的层次结构，还包括功能结构和空间结构两个方面。如果说层次结构是通过对系统的分解来认识系统的构成的话，功能结构和空间结构则是从功能组织和空间组织的角度对系统进行综合，以认识系统的运行逻辑。

1. 功能结构

乡村系统的功能结构即其生产功能、生态功能和物质能量信息输入功能，各自通过哪些系统要素来实现，以及在各子系统中是如何分布和连接的，如图6-6所示。

生产功能是乡村系统中涉及要素和子系统最多的功能。在自然环境子系统中，带有原始色彩的采摘和狩猎等活动仍在进行，从自然界直接获取生物产品仍然是生产活动的重要组成部分；农业生产子系统是直接为生产功能而形成并运行的，其中所有要素及其组织的首要目标都是指向生产功能的；村镇居民点子系统对生产功能的作用也越来越重要，除了家畜家禽养殖等副业在村镇居民点进行外，村镇工业的发展主要在村镇居民点布局，各子系统生产产品也需要通过村镇居民点子系统向环境输出。

乡村系统的生态功能得以实现的主要载体是自然环境子系统和其中的各种要素，而农业生产子系统中的农作物、树木、草场和水体等要素也具有重要的生态功能。此外，村镇居民点子系统中的宅旁、路旁植物，对乡村系统生态功能的发挥也有一定贡献。乡村系统的生态功能除了与系统外的环境连接，在乡村区域内部则通过自然过程，在总体上表现为从自然环境子系统向农业生产子系统再向村镇居民点子系统的扩散和传递。

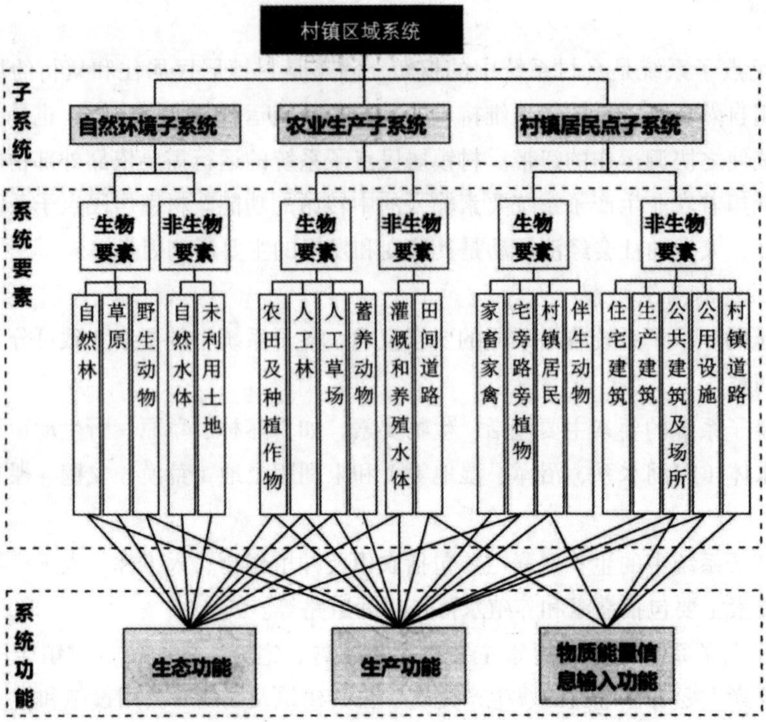

城乡制度变革背景下的乡村规划理论与实践

村镇区域系统

子系统：自然环境子系统　农业生产子系统　村镇居民点子系统

系统要素：
- 生物要素（自然环境）：自然林、草原、野生动物
- 非生物要素（自然环境）：自然水体、未利用土地
- 生物要素（农业生产）：农田及种植作物、人工林、人工草场
- 非生物要素（农业生产）：蓄养动物、灌溉和养殖水体、田间道路
- 生物要素（村镇居民点）：家畜家禽、宅旁路旁植物、村镇居民、伴生动物
- 非生物要素（村镇居民点）：住宅建筑、生产建筑、公共建筑及场所、公用设施、村镇道路

系统功能：生态功能　生产功能　物质能量信息输入功能

图 6-6　乡村系统功能结构示意图

物质能量信息输入功能主要涉及农业生产子系统和村镇居民点子系统，其中村镇居民点子系统是功能实现的主要载体。在功能组织子系统之间的连接方面，乡村系统从环境中获取的物质、能量和信息。首先，通过道路、公用设施和公共设施在村镇居民点汇集。其次，经过田间道路和设施管线，通过人们劳动的搬运进入农业生产子系统。

2. 空间结构

乡村系统的空间结构主要是指其自然环境子系统、农业生产子系统和村镇居民点子系统在空间布局上的组织形式。这种组织形式在总体上是有序的，表现出较为明确的圈层模式，但在细节上存在一定的交错和相互渗透。需要指出的是，这里讨论的空间结构是以功能为导向的，而实际的地理分布呈现出的结构千差万别，很可能会得出不同的结论。

乡村系统在空间结构上一般以村镇居民点子系统为中心，根据农业生产子系统和自然环境子系统不同的空间关系，表现出不同的空间结构模式。如图 6-7 所示，展示了乡村系统 3 种不同的空间结构模式。一般情况下，乡村系统表现为明确的圈层模式，从内圈到外圈依次为村镇居民点子系统、农业生产子系统、自然环境子系统如图 6-7（a）所示；村镇居民点较为分散或者存在特殊自然地理条件限制的情况下，自然环境子系统会作为"斑块"存在于农业生产子系统"基质"之中如图 6-7（b）所示；特殊的土地利用模式下，如草原游牧和贫瘠土地休耕等情况，自然环境子系统和农业生产子系统可能相互转化，在不同的时间节点表现出不同的性质如图 6-7（c）所示。

· 114 ·

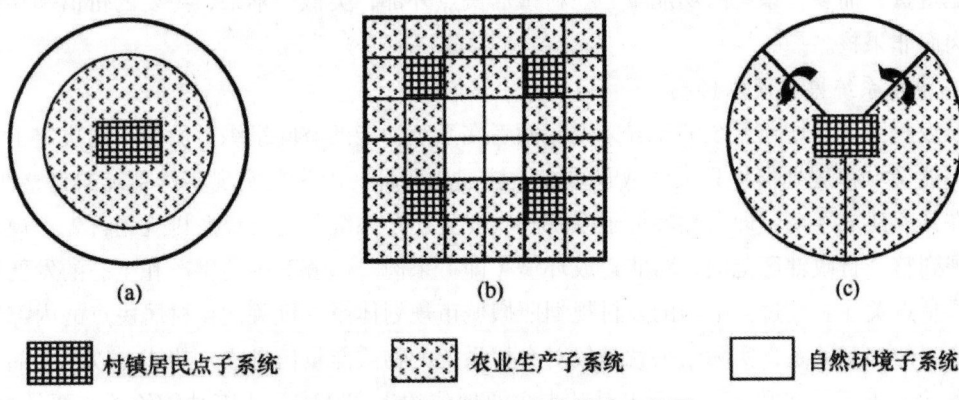

图 6-7　乡村系统空间结构模式示意图

二、乡村系统属性与规划影响

研究乡村区域的系统性目的是为制定乡村规划的技术框架奠定基础，在明确乡村系统的功能、要素和结构的基础上，需要通过将乡村系统与城市系统、大尺度区域的对比，进一步研究乡村系统的特殊性及其对乡村规划技术框架制定的影响。

（一）城乡系统差异

1. 城乡系统属性差异比较

从上述对乡村系统的分析可以看到，乡村系统中的村镇居民点子系统作为人工环境子系统与城市系统存在着较多的相似之处，而从其他两个子系统的角度看，乡村系统与城市系统则在系统功能和功能组织的空间结构方面存在着很大的差异。

在系统功能方面，乡村系统生产功能的主要任务是对生物资源（无论是自然生长的还是人工培育的）的采集和输出，而城市系统的生产功能则主要是各类工业产品的生产和加工；乡村系统的生态功能有着与生产功能同等的重要性，其不仅维持这自身的生态平衡，还向城市系统输出外部性，而城市系统在生态方面非但无法自治，还向系统外输出大量负外部性；物质能量信息输入功能对于乡村系统和城市系统都具有重要作用，都起到从外部获取资源维持系统运行的作用，不同的是两者输入物质能量信息的具体形式。

从系统功能的空间组织看，乡村系统的生产功能横跨其3个子系统，并以农业生产子系统作为主要载体，乡村系统的生态功能则以自然环境子系统和农业生产子系统为两个具有同等重要性的载体，物质能量信息输入功能以村镇居民点子系统为主要载体，并向农业生产子系统扩散。这样的系统功能组织映射到空间上，采用建成环境和非建成环境的两分法，乡村系统的建成环境（村镇居民点）承载的主要是物质能量信息输入功能和一小部分的生产功能，以及限于系统内部的生活服务功能，而乡村系统的非建成环境则承载了大部分的生产功能和生态功能。反观城市系统，其生产功能、物质能量信息输入功能，以及内部的生活服务功能集中于建成环境，而非建成环境只承担着生态功能。

打个形象的比喻，城市系统的功能重心在于城市内部，类似于鸡蛋，发挥核心价值和功能的是蛋黄；而乡村系统的功能重心在村镇居民点外部，类似于苹果，主要的价值和功能在于果肉而非果核。

2. 城乡系统差异规划影响

从乡村系统与城市系统的差异来说，两者在系统功能的空间组织方面的不同决定了乡村规划不能像城市规划那样只关注或只重点关注建成环境，因为要实现乡村系统的完整功能，重点在其非建成环境，即自然环境子系统和农业生产子系统，这就要乡村规划首先把规划范围扩展到整个行政辖区范围，对非建成环境（即"果肉"部分）中的生产和生态的发展和布局给予重点关注。而过去中国的乡村规划照搬城市规划体系，仅关注乡村居民点的内部结构及其之间的相互关系，实际效果就是仅对乡村系统的物质能量信息输入功能，以及内部的生活服务功能进行了空间安排，而未对其占主要地位的生产功能和生态功能给予必要的重视，当然也就无从实现城乡规划"促进城乡经济社会全面协调可持续发展"的目标了。

（二）区域尺度差别

1. 不同区域尺度特征比较

区域规划具有成熟的理论和实践体系，然而将乡村视为"区域"，建立乡村规划区域性的技术框架却不能直接套用区域规划的框架，原因就在于传统的区域研究和区域规划中，"村镇"只是作为一个"点"而出现，很可能还是一个看不见的"点"。而将乡村作为一个"区域"进行研究和规划，必须注意到这种尺度上的巨大差距以及由此带来的一系列差别。

乡村区域与大尺度区域在规模和尺度上的差距首先带来系统自治性方面的差别。总体而言，大尺度区域包含着城市、乡村和自然等多种环境和系统，有着从各级城市到小城镇、村庄的完备的居民点体系，具备一、二、三产业结构较为平衡的产业体系和相对多样化的资源环境。因此虽然有对外联系和交换，但基本上是能够维持自治的，即整个区域的生产能满足自身的各种需要。而乡村区域则不然，乡村区域由于规模和资源条件限制，不可能具备完整的现代产业体系，因而其所需的生产资料、生活资料很多需要靠外部输入解决，而另一方面，其生产的农产品中为满足乡村区域内部需要的产品只是很少一部分，大部分产品要输出以进行商品交换。因此，乡村区域不是一个自治的系统，要依靠与外部环境的交换才能维持其平衡和发展。

乡村区域与大尺度区域在自治性方面的差别进一步导致了两者自主性的差别。大尺度区域由于能在内部完成基本的供需平衡，外部因素很难通过市场手段影响其整体发展走向。而在行政权力方面大尺度区域本身的层级较高，面临的上级指令也较少，因此大尺度具有较强的自主性。乡村区域由于不能实现自身的供需平衡，在市场竞争中与外部环境存在着巨大的体量差别，在行政权力方面又处于底层，因此在对自身发展方向、方式的选择和把握方面受到了诸多限制和影响，自主性较弱。

乡村区域与大尺度区域在自治性方面的差别还会导致两者在稳定性方面的差别。大尺度区域由于规模大又是自治的，因而其受到外部环境变化的影响较小，或者说外部环境对其作用的深度较小、周期较长。例如，大尺度区域的优势产业是对外输出的部门，其一般都建立在区域特有的优势资源条件之上，外部环境很难改变这种资源优势，因而大尺度区域的优势产业也是比较稳固的。而乡村区域由于在产品市场和消费需求两方面都高度依赖外部环境，因此外部环境的变化给乡村区域带来直接的影响。而且这种影响由于乡村区域的规模和体量小，其作用的相对效果就大得多，从而使乡村区域总体发展变得不稳定。

乡村区域与大尺度区域还存在着多样性方面的差别，这同样是来源于两者规模和自治性的不同。大尺度区域由于在资源环境、城镇体系、产业体系等各方面拥有较为完整的体系和结构。在一定客观规律的作用下，从宏观尺度观察，相互之间存在较大的相似性，多样性表现不明显。而乡村区域由于在上述资源环境、城镇体系、产业体系等方面往往只占据了一个或几个环节，加之本身数量众多、观察尺度又趋于微观，因而表现千差万别，呈现出丰富的多样性。

2. 不同区域尺度规划影响

乡村系统作为系统与城市系统的差异、作为区域与大尺度区域的差别对乡村规划的技术框架提出了客观要求，需要在制定技术框架时充分考虑乡村系统的特殊性，即这些差异和差别带来的影响。

从乡村区域与大尺度区域的差别来说，乡村区域相对于大尺度区域的非自主性和不稳定性，使乡村区域的发展存在较大的不确定性，这对乡村规划的技术框架的影响集中表现在规划目标的制定方面，即乡村区域的发展目标容易受外部环境的影响而变化，具有阶段性的特征。而乡村区域的多样性也为乡村规划技术框架的制定带来了难度，即技术框架如何适应各种乡村区域的不同特点，而同时又不能过分降低技术框架的规范性。要想解决上述问题，应该在具体的规划内容体系保持稳定的前提下，重视乡村规划中确定规划目标并根据目标制定规划策略、组织规划内容的环节，以增强乡村规划对规划目标变化和乡村区域多样性的适应能力。

（三）乡村系统关联

乡村的发展显然不是一个孤立的封闭系统，而是受到其所处的中观和宏观环境的影响，被环境的大趋势所左右。同时乡村与其周边乡村之间也存在着竞争、合作、带动等相互影响，这两种影响共同构成了乡村发展的关联性。乡村发展的关联性在地理空间上涵盖的范围可以为乡村规划重点层次的确定提供支撑和依据，而这也是乡村规划研究的重点问题之一。

1. 乡村发展关联性

乡村发展的关联性包括两个方面，即乡村与异质地区的关联性和乡村与同质地区的关联性。

异质关联性。乡村发展的异质关联性是指乡村发展和与自身具有较大差别的社会经济规模、结构的地区（居民点）之间的关联性。异质关联性更多地表现为层级的、互补的关联，最普遍的是乡村与其上级居民点之间的关联，如村与乡镇、乡镇与城市的关联等。而最典型的、最广泛的这种关联则可以概括为"城—乡"之间的关系。值得注意的是，随着交通工具的进步和信息化的发展，乡村发展的异质关联性绝不仅是依赖层级关系逐级向上追溯的，"跳级"关联的可能性和现实都大量存在。除了国家、省、市等大区域的发展战略和趋势，乡村的发展甚至直接受到全球化的影响，这主要表现在农业结构调整的非本地导向性，农业生产流通过程的国家干预力减弱（包括生产、加工、贸易等环节），价值观影响下乡村感知的区域差异减弱等方面。

同质关联性。乡村发展的同质关联性是指乡村发展和与自身具有相似的社会经济规模，结构的地区（居民点）之间的关联性。同质关联性表现为同级的，既有相互同化又有相互竞争的关联，在现实中常表现为相邻或者相近的乡村之间具有发展趋同性的特征。例如，拥有类似的产业结构，或某一乡村形成具有相对竞争优势的产业或产品后对周边乡村的带动并由此形成竞争等。

2. 乡村规划层次性

乡村规划的层次问题在于应该主要在哪一个或者哪几个层次上研究乡村规划的才是最合理的。从前文的论述可以看到，作为政府职能的乡村规划在层次上一般与行政事权相对应，广义上可分为村、乡镇、县（市）三个等级。而我国乡村规划的实践在问题导向的思路指导下，也经历了从单个村庄、集镇规划到乡镇域村镇群体布局规划，再到县域镇村体系布局的发展过程。然而，虽然"乡镇是乡村规划的重点层次，而县域是乡村规划编制和实施的最佳空间单元"是一种很普遍的看法，乡村规划的层次问题仍然值得认真讨论，原因有两点：一是规划空间层次的划分本身是一个重要的理论和实践问题，过多则浪费技术资源且容易引起矛盾，过少则难以承上启下指导具体建设；二是对县域层次的重视似乎本身就存在着"地域歧视"，提出这一观点或者说存在这一实践需求的地区主要集中在沿海发达地区，由于研究力量和被关注程度方面的差距，这一论断能否推广到广大内陆地区则还应存疑。因此，需要从全国角度对乡村规划的层次问题进行深入分析。

乡村发展的关联性在地理空间上的投射决定了乡村规划区域性的层次。这从我国乡村规划实践层次从单个村到乡镇域再到县域不断扩大的过程也可以得到印证，这一过程实际上是随着农村社会经济发展要素的交流范围不断扩大而产生的。也就是说，村镇发展的关联范围越广，从越大范围研究乡村规划的需求就越大，相应的乡村规划的主要研究层次就越高。

既然乡村发展的关联性决定了乡村规划的层次，那么随之而来的一个问题就是到底是异质关联性还是同质关联性对这一问题起主导作用，或者说哪种关联性是适宜空间投射的，是可测度的。由于村镇发展的异质关联性主要表现为城乡关系，并且大量存在"跳级"关联的现象，从乡村规划作为一种政府职能的角度来说，异质关联性不宜作为乡村规划层次的主导因素。这是因为"跳级"关联现象的存在使异质关联性对应的空间范围似乎可以无限扩大，理论上甚至可以扩大到全球层面，这在基层政府规划事权范围限定的条件下无疑是不现实的，而城乡之间的关系则应该由另一种规划形式来进行协调解决（如近年来兴起的城乡统筹规划、城乡一体化规划等）。因此，乡村发展的异质关联性更适宜作为乡村规划的背景条件纳入分析，而不适合作为直接决定规划范围大小的规划层次的主导因素。

而乡村发展的同质关联性由于通常表现为在层级上的同级和空间上的邻近，适宜作为乡村规划的层次的主导因素。这里借用城市吸引区边界界定的研究来说明，乡村发展的同质关联性为何可以作为乡村规划的层次的主导因素。格林（H.L.Green）曾用 5 项数据探讨了纽约与波士顿在新英格兰南部的相互影响，认为在纽约和波士顿之间存在这样一条模式边界，在这条边界上纽约与波士顿的影响相同，在这条边界的靠纽约一侧，纽约的影响大于波士顿；反之在靠波士顿一侧，则波士顿的影响大于纽约。但实际情况更复杂一些，除了分别完全从属于纽约和波士顿的区域外,还存在一条中间分界带,在这条中间分界带内,纽约与波士顿的影响相当,或者说各在某些功能上的影响占据优势。这一模式的实质就是存在交集的两个影响区域如图6-8(a)所示。如果这两个影响区域的交集足够大,大到将两个区域的核心都包含进来如图6-8(b)所示,那么就可以认为这两个区域组成了一个新的系统,并且是一个不宜被拆分的系统,而两个区域间则存在明显的同质关联性。将两个区域组成新的系统的情形推广到两个以上区域,则会出现由若干个(n)具有同质关联性的区域共同组成的大区域如图6-8(c)所示。如果将图中的小区域当作某一地区的乡村区域,那么当n足够大,大到使大区域的范围相当于上一层级的行政区域覆盖的范围,就可以认为大区域所代表的层级应作为乡村规划的重点层次,而非小区域所代表的层级。

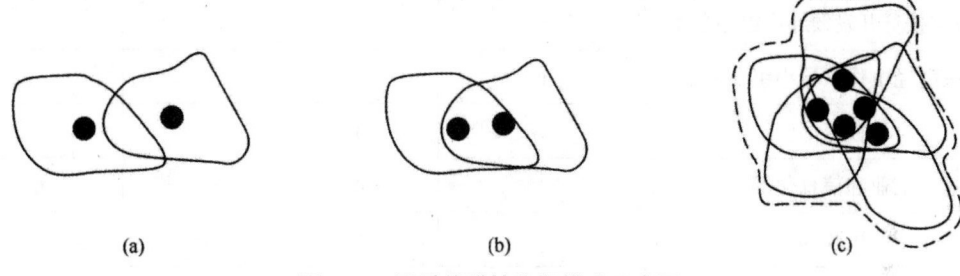

图6-8 同质关联性空间模式示意图

上述分析实际上展现了这样的研究路径,即将乡村发展的同质关联性,在空间上覆盖范围的大小与各级行政单位的辖区范围相比较,最相近的就可以作为乡村规划的主要研究层次。需要指出的是,在讨论乡村发展的同质关联性时,我们将乡村区域默认为一个结节区域(由节点连同其吸引区组成的区域,区别于均质区)的。也就是说,在乡村区域中有一个质心,它承载着乡村大部分的社会经济活动和统计特征,而这也是克里斯塔勒(W.Christäller)和廖什(A.Lösch)提出中心地理论这一地理学经典理论的基本假设之一。只有在结节区的基础上,讨论乡村发展的关联性在地理空间上的格局才是有意义的,因为如果每个乡村区域都是均质区或者近似均质区,那么所有乡村区域在地理空间上,将形成一个连续变化的表面,就无法讨论乡村发展在多大范围内具有关联性,也更无从讨论乡村规划的层次问题了。

三、乡村规划横向与纵向环境

乡村规划体系环境是指现有的涉及乡村区域的各类规划组成的规划体系及其对乡村规划的影响,分析规划体系环境,有助于实现乡村规划与各类规划的协调和对接。乡村规划的规划体系环境可分为横向环境和纵向环境两大类。

(一)*横向环境*

乡村规划的规划体系横向环境考察的是涉及乡村区域的,除城乡规划之外的各部门规划。按照中国国务院的机构设置,对其中的涉农机构按照,是否以中央农村工作领导小组成员为单位,是否以县或乡镇为单位编制规划,是否以空间规划或设施规划3项标准进行了梳理(见表6-1)。

表6-1 涉农机构的规划组织形式和规划属性分析

	中央农村工作领导小组成员单位	以县为单位编制规划	以乡镇为单位编制规划	空间规划或设施规划
国家发展和改革委员会	ü	ü		ü
农业部	ü	ü		ü
水利部	ü	ü	þ	
国家林业局	ü	ü		ü
全国供销合作总社	ü			
国务院扶贫开发领导小组办公室	ü			
中央财经工作领导小组办公室	ü			
教育部		ü		ü
工业和信息化部		ü		ü
民政部		ü	þ	
财政部		ü		
人力资源和社会保障部				
国土资源部		ü	ü	ü
环境保护部		ü		ü
交通运输部		ü	þ	ü
文化部		ü		ü
卫生部		ü		ü
国家人口和计划生育委员会		ü		
国家广播电影电视总局		ü	þ	ü
国家邮政局				
住房和城乡建设部		ü	ü	ü
*国家电网		ü	þ	

注：þ为"村村通"工程负责部门；*为已市场化的单位，非政府机构。

从表6-1中可以看出：①以乡镇为单位编制规划的部门除了水利部、工业和信息化部、交通运输部、国家广播电影电视总局和国家电网等"村村通"工程负责部门外，只有国土资源部、住房和城乡建设部两个部门；②很多部门的规划以县为最小规划单元，但规划内容直接涉及乡镇的设施和空间，其中设施规划部门占绝大多数；③中央农村工作领导小组成员单位中没有以乡镇为单位直接编制规划的部门（水利部只负责农村饮用水"村村通"工程），特别是没有以乡镇为单位编制空间规划的部门。

结合各部门具体规划内容来看：①目前乡镇空间规划形成了住房和城乡建设部门以村镇居民点为主、国土资源部门以居民点外围用地为主的分工格局，但存在规划功能上的缺陷，即国土部门规划以指标控制和耕地保护为主，缺少与产业经济规划的衔接，使乡村系统功能的实现缺少空间规划的引导；②各类设施规划缺少对乡村区域中农业生产子系统的关注，各"村村通"工程只通到村镇居民点，对农业生产有重要作用的农田水利设施和交通设施缺少乡镇层面的具体规划；③各类设施规划缺乏乡镇层面的空间统筹，有的设施只有县级层面的规划，对设施在乡村的具体布局不作理会，而各"村村通"工程普遍缺乏作为一种规划对乡村发展实际的统筹考虑，即不管设施建设的社会经济背景，只管"通"。

考虑上述规划体系横向环境的特点，乡村规划的技术框架应关注以下几个方面：①已有的涉农规划种类繁多，但缺乏空间统筹特别是乡镇层面的空间统筹，需要对其进行统筹考虑和安排；②各部门规划很多只有县级层面的，在规划层级上高于乡村规划，因此不能完全按照乡村区域的系统功能或子系统划分来组织规划内容，而要做到既有清晰的逻辑思路，也能实现与其他部门规划的对接；③要加强对农业生产子系统和自然环境子系统的关注，对现有规划体现的功能缺陷进行补充。主要包括对乡村系统的生产功能和生态功能的规划空间引导及农业生产子系统的重要设施规划等。

（二）纵向环境

乡村规划体系纵向环境指的是现有的城乡规划体系。

根据《城乡规划法》，城乡规划包括城镇体系规划、城市规划、镇规划、乡规划和村庄规划，乡村规划（包括镇规划、乡规划和村庄规划）处于最低的层次。《城乡规划法》又规定"规划区的具体范围由有关人民政府在组织编制的城市总体规划、镇总体规划、乡规划和村庄规划中，根据城乡经济社会发展水平和统筹城乡发展的需要划定"，而在规划实践中，很多城市的规划区都将整个市域范围包括进来，造成城市规划区与乡村规划区"大圈套小圈"的情况。因此，乡村规划不仅规划等级受到上位规划的限制，空间安排更有可能受到上层次规划的直接控制，即乡村规划的规划体系纵向环境是城市主导的。

在地方发展"重城轻乡"的总体态势和全球化带来自上而下的强势外部力量的背景下，规划体系纵向环境表现出的城市主导性质要求乡村规划的技术框架更重视规划过程的重要性，在规划的编制和实施过程中通过对各种形式的公众参与的引导将乡村组织起来，保护乡村系统中的关键要素，或通过充分开发利用使其市场价值提高，使之免于被无偿或低价侵占。即需要强化乡村规划作为地方规划和乡村自组织的重要形式的属性。

第七章　乡村规划理论框架的革新

第一节　乡村规划新组织架构

一、城乡空间关系

我国乡村地区，由于特定的城乡关系反映在地域空间中呈现出特定的城乡发展空间模式，从区域规划和长远规划的视角进行农村与村镇的空间组织，划分永久农村地区和城镇化地区，建立城乡空间关系和组织模型，为探索符合新型城镇化的县域城镇化战略和空间格局奠定理论基础，如图7-1所示。

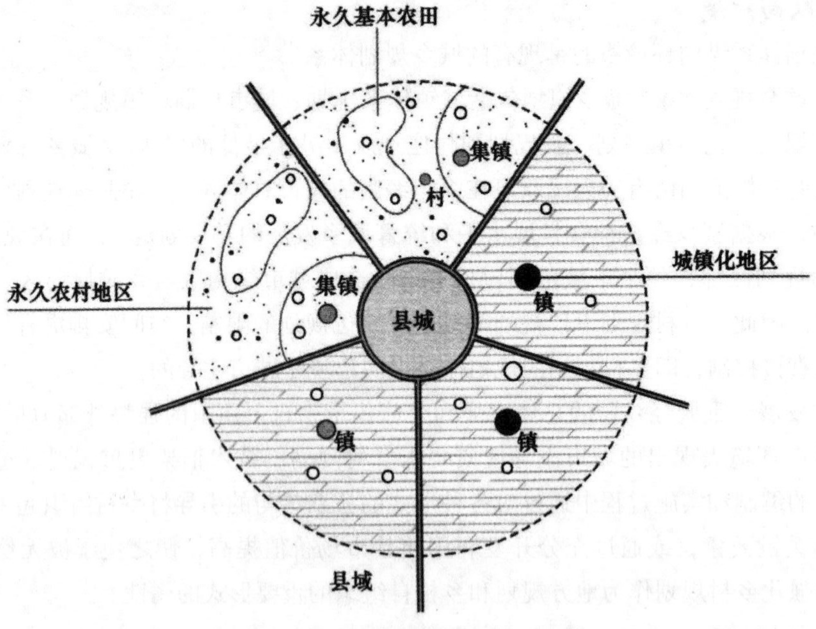

图7-1　县域空间组织构想示意图

通过城乡空间关系组织，为不同地区的农村发展指明方向，有利于差别化的动力机制培育。在城镇化地区（镇域），强调规模化、集群化、产业化发展路径，全力培育小城镇作为

·122·

人口转移主要载体的集聚效应,加强快速交通建设,密切村庄与镇区、镇区与周边环境的关系,高标准配套基础设施和公共服务设施,打造"花园小城镇",增强镇的吸引力,实现其作为人口转移主要载体的功能要求,引导镇走产业化、集群化发展的城镇化路径;在永久现代农村地区(乡域),以满足农业生产的基础设施为重点,在尊重农民意愿基础上,适度推进规模化经营,实现公共服务现代化,同时保持村庄形态结构和景观的乡村风貌,尊重农村农业生产要求,构建农村市场体系,多元化、特色化发展乡村经济。

二、乡村规划体系

按照国家主体功能区宏观要求,县域、镇(乡)域和村域三层次规划均以"生产、生活、生态"三生空间为基础,包括生态保护、产业发展、土地利用、居民点体系/布局、支撑体系建设,以及管理实施等作为规划主体内容,形成我国乡村地区新型空间规划体系,如图7-2所示。

三、乡村规划层级

中国乡村地区发展,需要有步骤地实现农业现代化、减少农民数量和建设美丽乡村,尤其需要加强县、镇(乡)、村的地区规划,完善乡村地区规划体制,通盘考虑城乡发展规划的编制。中国乡村地区面广量大,规划基础薄弱,不能盲目铺摊子做全覆盖的乡村地区区域规划。中国乡村地区县乡镇村等基层政权组织完备,可以按照乡村发展的需求编制必要的可以实施的规划。从区域规划的角度,以"域"的规划代替"村镇体系规划",从而避免过分强调村庄之间的空间关系而忽视区域的重要性,构建乡村地区规划新框架。为了提高乡村地区规划编制和实施效率,将其划分为三个层次。

(一)县域村镇体系规划

县域村镇体系规划以促进县域经济社会发展为目标,积极推进多规融合和或多规合一,明确划定水源涵养区、生态保护区、城镇化地区和永久现代农村地区,规划建设与城市联系紧密的快速交通体系和现代化通信系统,构建城乡融合发展的县城-镇(乡)-村体系结构,按城镇/农村发展要求配置相应水平的水、电、路、燃料等基础设施和商贸、医疗、教育、文化、社会保障的社会服务设施,按照县情财力编制规划实施计划和对策措施,如图7-3所示。

条件成熟的县,鼓励推进"多规合一"的县域规划,将以发展县域经济为核心,充分发挥县域的自然、人口、经济和土地资源优势,对农村地区"山、水、林、田、路、房"进行全要素统筹规划,可以为广大农村地区的发展和推进新型城镇化进程提供规划支撑。"多规合一"的县域规划,不仅以多规融合或多规合一的思想进行上层次统筹规划的内容编制,而且要协调区域中的经济区、生活圈、产业区等,并衔接区域快速交通,延伸区域基础设施建设,促进区域公共服务设施均等化。

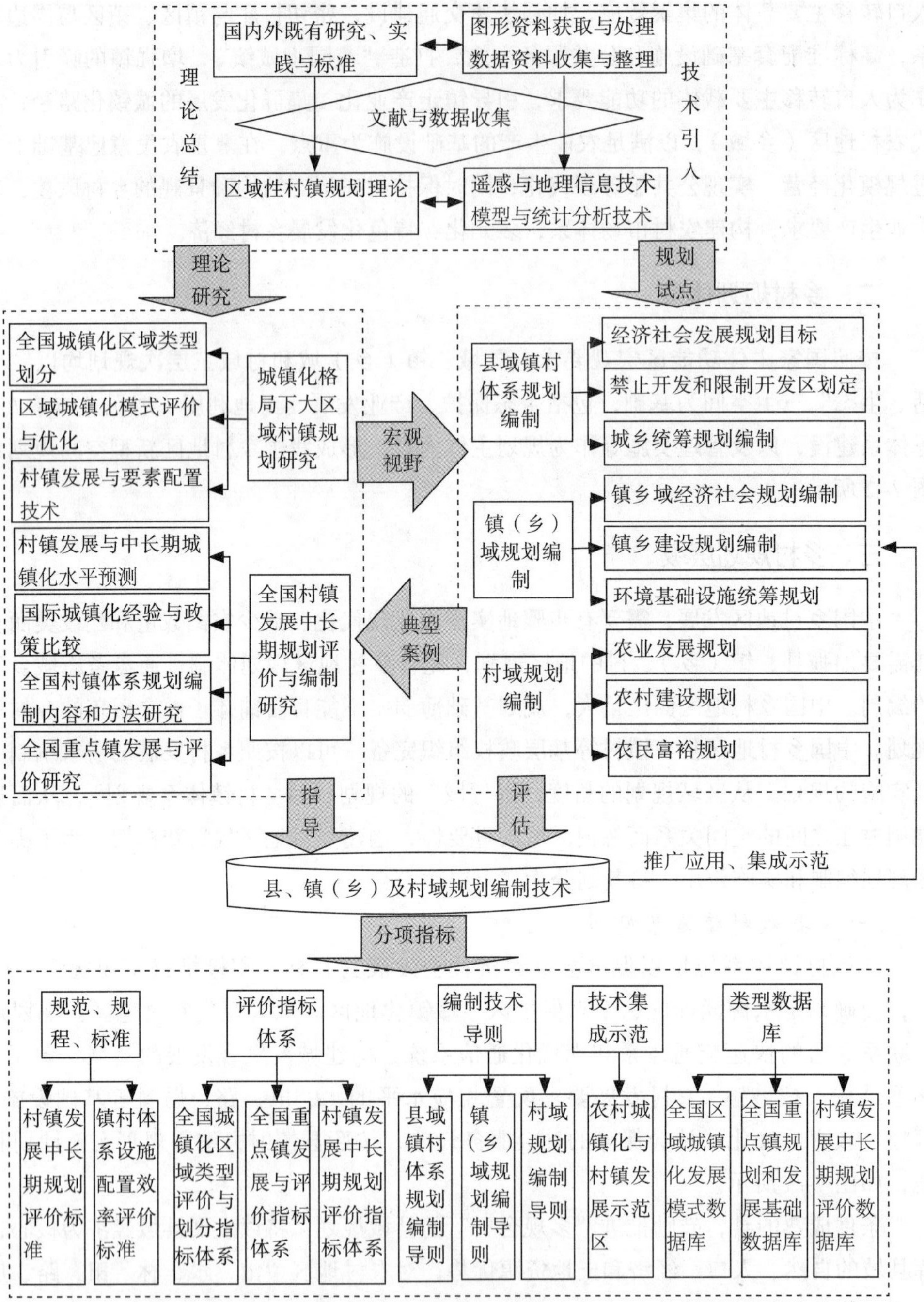

理论总结
国内外既有研究、实践与标准
图形资料获取与处理 数据资料收集与整理
技术引入
文献与数据收集
区域性村镇规划理论
遥感与地理信息技术 模型与统计分析技术

理论研究　　规划试点

全国城镇化区域类型划分
区域城镇化模式评价与优化
村镇发展与要素配置技术
村镇发展与中长期城镇化水平预测
国际城镇化经验与政策比较
全国村镇体系规划编制内容和方法研究
全国重点镇发展与评价研究

城镇化格局下大区域村镇规划研究
宏观视野
全国村镇发展中长期规划评价与编制研究
典型案例

县域镇村体系规划编制
　经济社会发展规划目标
　禁止开发和限制开发区划定
　城乡统筹规划编制
镇（乡）域规划编制
　镇乡域经济社会规划编制
　镇乡建设规划编制
　环境基础设施统筹规划
村域规划编制
　农业发展规划
　农村建设规划
　农民富裕规划

指导　评估　推广应用、集成示范

县、镇（乡）及村域规划编制技术

分项指标

规范、规程、标准
　村镇发展中长期规划评价标准
　镇村体系设施配置效率评价标准
评价指标体系
　全国城镇化区域类型评价与划分指标体系
　全国重点镇发展与评价指标体系
　村镇发展中长期规划评价指标体系
编制技术导则
　县域镇村体系规划编制导则
　镇（乡）域规划编制导则
　村域规划编制导则
技术集成示范
　农村城镇化与村镇发展示范区
类型数据库
　全国区域城镇化发展模式数据库
　全国重点镇规划和发展基础数据库
　村镇发展中长期规划评价数据库

图7-2　县、镇（乡）及村域规划编制关键技术研究与示范技术路线图

第七章 乡村规划理论框架的革新

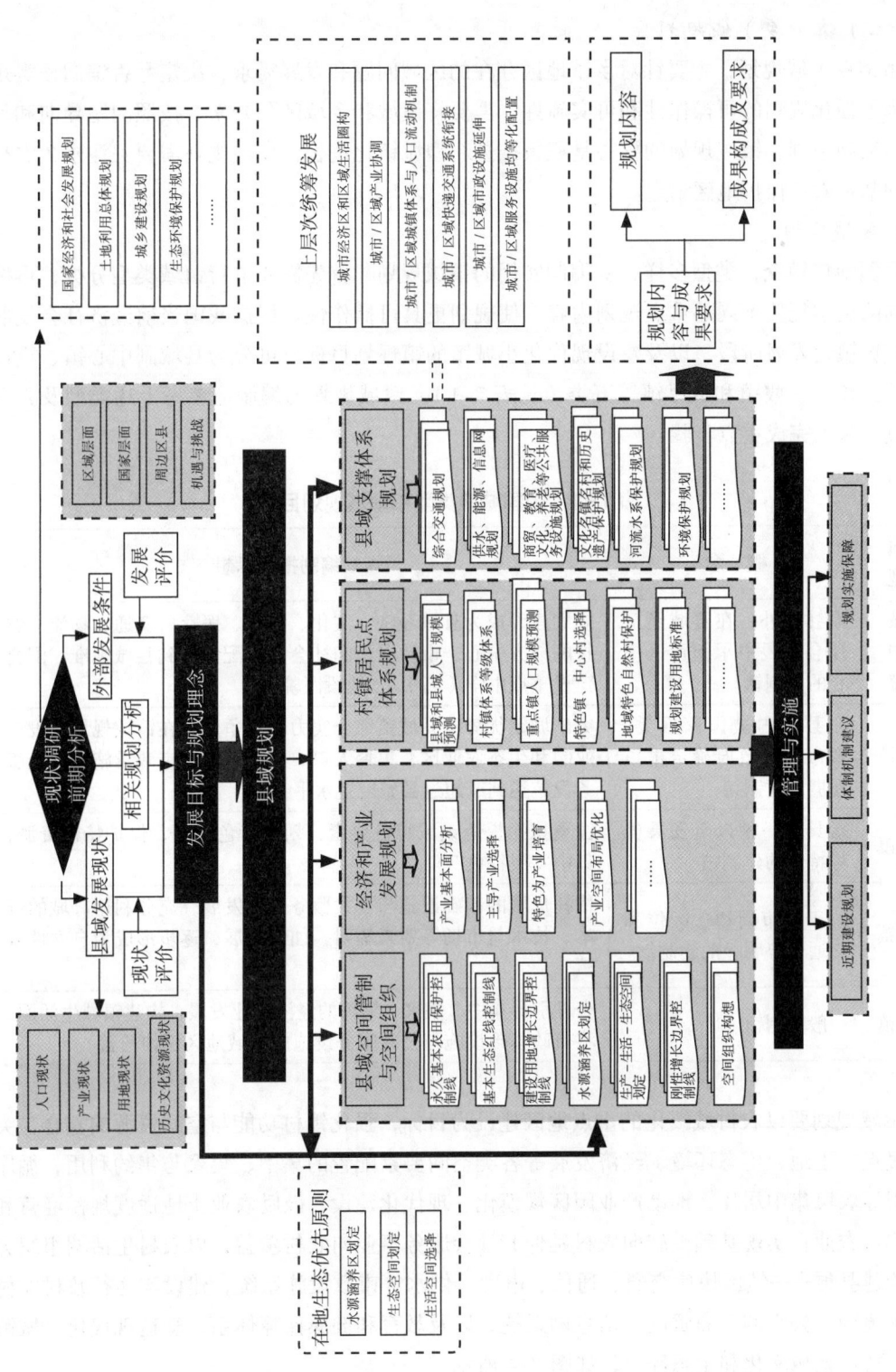

图7-3 多规融合的县域村镇体系规划内容和过程

城乡制度变革背景下的乡村规划理论与实践

（二）镇（乡）域规划

镇（乡）域规划，主要针对乡镇地区存在的区域问题和发展需求，决定是否编制该类规划。为了强化规划的可操作性和可实施性，需要将镇域和乡域区分开来，按照问题导向和目标导向编制规划，镇域规划的核心是积极推进新型城镇化进程，乡域规划需要关注永久农村地区和基本农田保护地区划定。

1. 镇域规划

我国地广镇众，类型多样，要编制实用的镇域规划，首先需要进行镇域类型分类，再按照不同的类型配置不同的重点规划内容，使规划更具可操作性。根据我国当前经济社会发展水平和城镇化发展阶段，以及建设现代化小城镇的镇规划目标，可分为县域副中心镇、重点镇、特色镇、一般镇和卫星镇等五类（见表7-1）。镇域规划的编制应参考上述类型及其发展要点，深入完成重点步骤。

表7-1　中国城镇类型和镇域规划目标

城镇类型	概　念	规划编制指导思想
县域副中心镇	除县城外，在县域经济社会发展中承担片区中心的建制镇	规划建设成为县域经济、文化、教育、医疗、交通、物流、农技的地方中心，市政设施和社会设施配置达到县城标准，配套建设重点中学（高中）、地段医院
重点镇	在县域内被国家部委、省市人民政府确定重点发展的建制镇	突出城镇优势提升城镇综合实力和竞争力，在镇域规划建设产业园和生态农业区，集聚人口、集聚产业，市政设施和社会服务设施达到或超过县城配置水平
特色镇	指具备一种以上发展优势特色的建制镇	注重挖掘提炼镇域特色要素，划定特色空间，保护特色资源，集中发展特色产业
卫星镇	位于城市周边、区位和交通优势明显的建制镇	依托母城的基础设施与公共服务设施发展，充分利用母城的资本、技术与市场等要素辐射，加快发展，逐步形成为自立性城镇
一般镇	一般建制镇	合理引导集中、集聚、集约的经济产业发展，构建镇域生活圈，将市政基础设施与公共服务设施向镇域地区延伸覆盖

镇域规划要以农村城镇化的重点地区建设为目标，强化镇村功能与空间资源的整合，突出居民点、土地、生态环境、经济发展等各类空间要素配置的集中、集聚与集约利用，循序渐进引导农民集中居住，推动产业园区规模化、现代化建设，鼓励农业土地适度规模经营和发展都市农业；实现基础设施向农村延伸和社会服务事业向农村覆盖，以农村生活圈组织为基础构建县城——镇区快速交通、通信、电力、供水等市政设施系统，建设沟通行政村农村地区干道网、公交网、商贸网、信息网系统，以及教育和健康保障体系；塑造现代化小城镇景观、特色地域文化和生态环境，如图7-4所示。

镇域是县域的主要城镇化地区，以先进、优美的现代化城镇建设标准进行全域建设，建成具有吸引力的区域性花园小城镇，主要承载人口、产业、土地的集聚与集约发展，村镇功能

· 126 ·

的强化与空间资源的整合，地方性生活圈，以及地方文化、区域景观和美丽城镇特色的塑造。

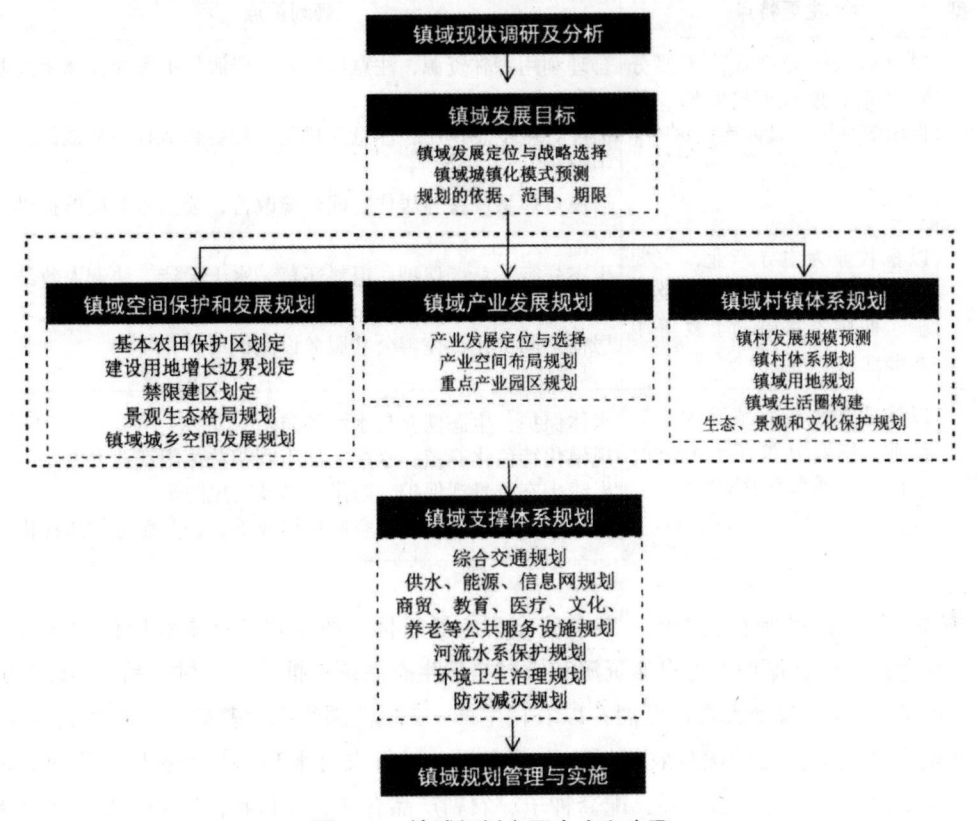

```
┌─────────────────────┐
│   镇域现状调研及分析   │
└─────────────────────┘
           ↓
┌─────────────────────┐
│     镇域发展目标      │
│ 镇域发展定位与战略选择 │
│   镇域城镇化模式预测   │
│   规划的依据、范围、期限 │
└─────────────────────┘
           ↓
┌───────────────┬───────────────┬───────────────┐
│镇域空间保护和发展规划│ 镇域产业发展规划 │ 镇域村镇体系规划 │
│  基本农田保护区划定 │产业发展定位与选择│ 镇村发展规模预测 │
│ 建设用地增长边界划定 │  产业空间布局规划 │  镇村体系规划   │
│   禁限建区划定    │  重点产业园区规划 │  镇域用地规划   │
│  景观生态格局规划  │               │ 镇域生活圈构建  │
│ 镇域城乡空间发展规划 │               │生态、景观和文化保护规划│
└───────────────┴───────────────┴───────────────┘
           ↓
┌─────────────────────┐
│    镇域支撑体系规划    │
│     综合交通规划      │
│  供水、能源、信息网规划  │
│  商贸、教育、医疗、文化、│
│ 养老等公共服务设施规划  │
│    河流水系保护规划    │
│    环境卫生治理规划    │
│     防灾减灾规划      │
└─────────────────────┘
           ↓
┌─────────────────────┐
│   镇域规划管理与实施   │
└─────────────────────┘
```

图 7-4 镇域规划主要内容和步骤

2. 乡域规划

我国作为历史悠久的农业大国，幅员辽阔、乡村众多，且不同地区乡村各具特色，差异极大，保护乡村将是未来一段时间内规划师必须重视的问题。乡域规划不是消灭乡村，而是要繁荣乡村、保护乡村，将现代化、城市化要素注入乡村地区。因此，乡域规划完全不同于镇域规划，规划目标主要在于：推进农业现代化，积极改善农村地区落后面貌，实现城乡居民同步分享改革开放成果，逐步提高供水供电、信息化智慧化、环境保护和生态保育水平，为美丽乡村建设提供大平台。依据上述乡域规划目标和我国传统农业大国的特点，乡域类型主要从产业发展划分，分为农业、林业、牧业、渔业等类型（见表 7-2）。

表 7-2 我国的乡域类型和规划重点

类 型	主要特点	规划重点
农业	以农业种植业为主导产业，大多分布在平原及丘陵地区；北方以旱田和水浇地为主，南方以水田为主	以基本农田保护为核心的耕地保护，优化土地经营模式 农业生产基础设施的提升，土地重划与农地整治 农业景观和乡土文化的传承和延续，未来永久农村地区的划定

城乡制度变革背景下的乡村规划理论与实践

（续　表）

类　型	主要特点	规划重点
林业	以林业为主导产业，主要分布在东北地区（兴安岭、长白山等地区）及西南山区	合理利用森林资源，注意风景名胜资源保护和相关休闲产业的培育 关注林区生态作用，注意退耕还林和更新造林，林地保育和水土保持 居民点体系调整与居住空间环境改善，公共服务设施提供
牧业	以畜牧业为主导产业，主要分布在内蒙古地区，以及新疆、西藏、甘肃、宁夏等中西部地区	生态先行，草场保护，退耕还草，水土保持，协调农牧结构 科学利用，以草定畜，布局养殖基地，构建畜产品加工体系 居住空间优化，完善公共服务设施供
渔业	以渔业和水产养殖等为主导产业，主要分布在东南沿海地区、河湖水系沿岸地区	水体保护，生态恢复与水污染防治 规模化特色化养殖，水产品加工和相关休闲产业发展 岸线生态及景观保护，防洪排涝及防风防汛 居民点体系调整与居住空间环境改善，公共服务设施提供

乡域规划，以确保农业生产、粮食安全为主要目标，明确划定基本农田保护区和永久现代农村地区，严格保护水土自然资源和农村自然生态系统；推进"一村一品""接二（产）连三（产）"的农林牧渔大农业发展；以农村生产——生活圈组织为基础、以自然村为单元、以方便生产和生活为目的优化农村村庄空间布局；进行农村水利、基本农田、机耕路网系统、现代精准农业设施规划布局，配套种子、农副产品仓储、农村物流和农产品市场体系建设，以乡驻地和中心（行政）村为基点建设农技、农机、农产品市场营销、物联网培训和运营体系，有条件的地区发展乡村旅游、"农家乐"和居家休闲度假旅游；发挥中心村的作用，合理配置基础设施和社会公共服务设施。乡域规划应以农业现代化为基础、展现美丽永久农村地区景观特色为依归，如图7-5所示。

乡域是县域的非城镇化地区，明确为培养新的农村、农民和农业而长久存在的现代化农村地区。建设社会主义"新农村地区"，主要包括永久现代农村地区、水土自然资源和农村自然生态系统保护区、居民点与农地协调的农村生产生活圈，其中"永久现代农村地区"需综合考虑以下因素予以划定：是否是历史文化名村或传统村落、是否拥有基本农田保护区、是否为乡和村的行政建制、区域人口密度是否较低、主导产业是否为农业等。

（三）村域规划

我国农村数量大，类型多，发展不平衡，村域规划需要尊重发展水平、尊重地域特色、尊重农民自身意愿，这样才能得到事半功倍的效果（见表7-3）。因此，村域规划主要在于：充分考虑村集体和村民自治的重要特征，重点解决农村生态资源保护、实现农业现代化，以及公共服务设施与基础设施均等化等问题。

· 128 ·

第七章 乡村规划理论框架的革新

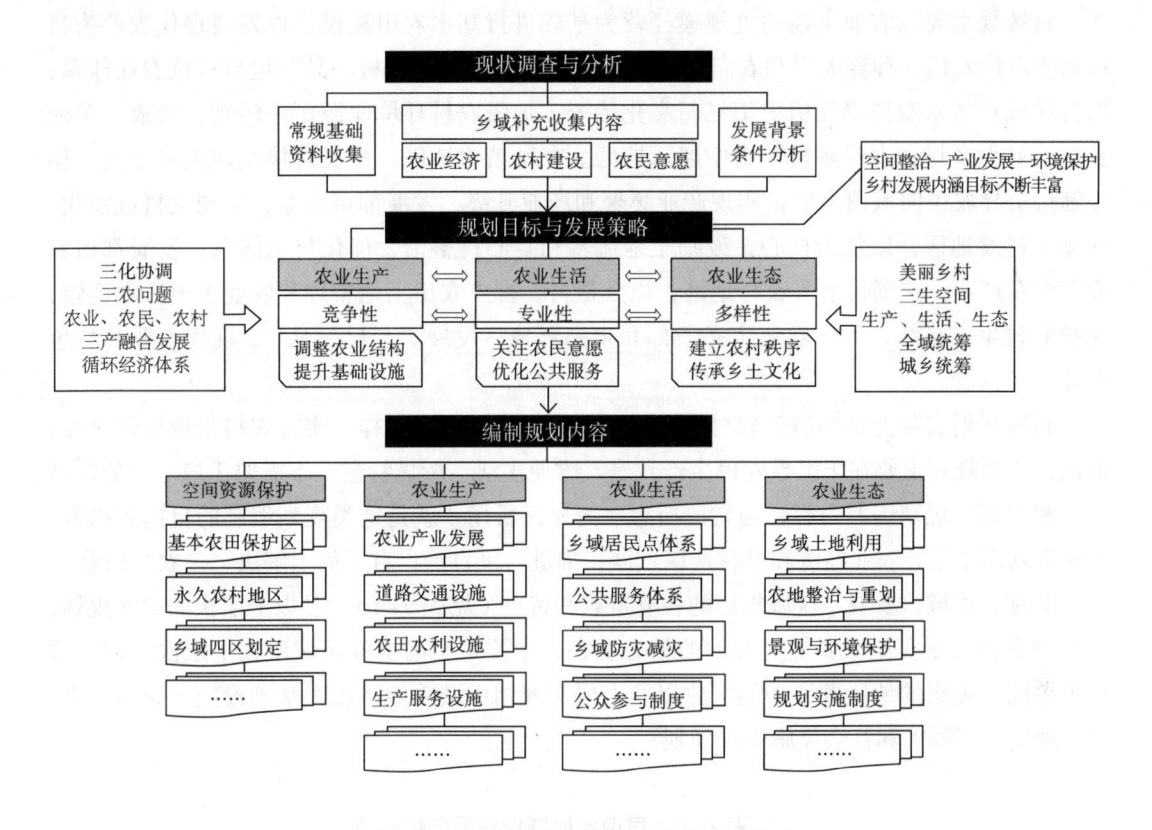

图 7-5 乡域规划主要内容及其相关关系

表 7-3 我国的村庄类型和阶段规划目标

规划目的	村庄类型	阶段规划目标					
		产业发展	文化传承	环境保护	空间布局	服务设施	综合防灾
美丽乡村	城镇化地区	▲	▲	●	●	●	●
	城乡过渡地区	▲	▲	●	▲	▲	●
	永久农村地区	□	▲	●	▲	▲	●
魅力乡村 （传统村落、特色历史文化村寨）	城镇化地区	▲	●	▲	▲	▲	▲
	城乡过渡地区	▲	●	●	▲	▲	▲
	永久农村地区	□	●	●	▲	▲	▲
富裕乡村 （一村一品、农村土地适度规模经营、乡村旅游）	城镇化地区	▲	▲	▲	▲	▲	▲
	城乡过渡地区	●	▲	●	●	●	▲
	永久农村地区	□	●	●	▲	●	●

注：▲确定的规划目标；●可选择的规划目标；□特定的规划目标。

城乡制度变革背景下的乡村规划理论与实践

村域规划要以农业土地适度规模经营为基础进行基本农田建设，以发展现代农业为目标培养现代农民、种养大户和农副产品职业经理人，形成"一村一品"地域特色农业体系；保育村域自然景观格局和历史记忆与文化传统；加强农村环境面源污染治理，形成"美丽乡村、魅力乡村、富裕乡村"集中展示地区。在城镇化地区，积极对接城镇发展空间，循序渐进引导农民向城镇集中，实现产业集聚和产业升级，发展都市农业，实现农村城镇化。在城乡过渡地区，以镇为核心，鼓励土地流转和空心村整治，优化村镇体系，发展都市农业和配套产业。在现代永久农村地区，以乡带村，推广农田土地整理和农业土地适度经营，保护农村生态系统，改善农业生态条件和生态环境，发展"一村一品"、现代农业和特色农业。

村域规划实际上是典型的农村地区规划，我国农村类型多样，实行农村土地承包制度，因此，这类规划主要在于引导农民生产致富、方便生活、彰显特色，不需要千篇一律的规划模式和刻板的规划编制内容，为村民所想、为村民所用，就是这类规划编制的目标和内容。村域规划用于指导农业经济和乡村地区发展，推进村民自治，自下而上解决"三农"问题。

县域、镇域、乡域、村域规划的各有重点和特点（见表7-4）。县以上层次的空间规划，为我国乡村规划实施城乡统筹发展的核心所在，主要是明确本县区域所在上层次区域（或更大范围）确定的地区发展功能定位以及上层次规划中城乡地区重大基础设施（交通、水、电、通信、能源）和社会设施布局规划。

表7-4　县镇乡村域规划重点和特点

类　型	重点和特点
县　域	推动县域经济社会发展、实现城乡一体化的主要空间
镇　域	农村城镇化的重点地区，承载农村转移人口的主要空间
乡　域	永久现代农村地区，农业现代化地区
村　域	村民生产生活的直接载体，"美丽乡村、魅力乡村"的集中展示地

第二节　乡村规划新类型

一、平台式规划

我国不同区域城镇化发展模式、村镇发展模式存在着巨大的差异。如何基于城镇化进程、经济社会、资源环境等发展背景差异，划分我国城镇化类型区，提出针对不同类型区域的城镇化发展模式，进而提出不同城镇化模式下的村镇发展及其要素配置技术要求，是一个自宏观至微观层层细化深入的技术体系问题，也是村镇规划分类指导的基础问题（见图7-6）。

· 130 ·

（一）城镇化区域类型识别与划分技术研究

以区域城镇化水平、发展速度、规模结构、动力机制等城镇化进程识别要素为核心，以城镇化发展的资源环境和社会经济发展水平的区域分异为基础，研究构建我国城镇化区域类型划分指标体系；研究基于多指标区域分异与耦合的区域城镇化类型划分标准，提出我国城镇化的区域类型体系；研究基于遥感和 GIS 空间分析技术的区域类型识别方法，研制基于多指标的类型区划分叠加集成技术，建立各种城镇化类型划分技术体系；提出我国城镇化区域类型划分方案。

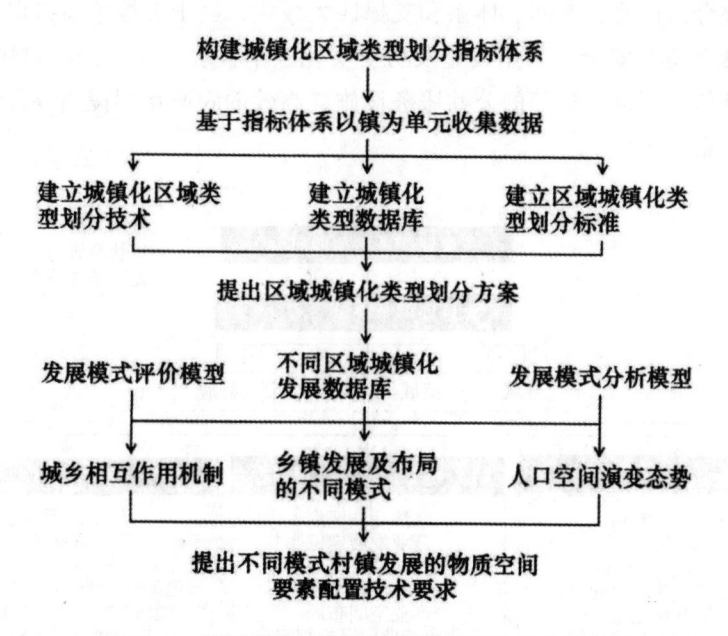

图 7-6　城镇化格局下的乡村规划研究技术路线图

（二）区域城镇化发展模式评价及优化技术研究

根据城镇化区域类型划分结果，研究不同区域基于城乡交通网络系统建设、产业空间重组、城乡设施建设、资源条件变动、区域生态敏感性变化、人文环境等影响因素体系的城乡空间相互作用机制；综合运用细胞元自组织模型、网络节点优化模型、城乡要素作用耦合等系统分析模型，研究不同类型城镇化区域的乡镇人口空间演变态势；建立全国层面的区域城镇化发展数据平台及发展模式分析平台，研究不同区域城镇化模式的评价体系和优化技术。

（三）不同城镇化模式下的村镇发展及其要素配置研究

以城镇化成熟发展地区、城镇化快速发展地区、生态脆弱地区等为重点，研究分析不同地区、不同资源禀赋条件、不同发展阶段和不同空间区位的乡镇发展路径和动力机制，识别和划分乡镇发展和空间布局的不同模式，提出不同村镇发展模式下的物质空间要素配置技术要求，如城乡一体化发展前提下村镇基础设施、公共设施与生活空间、生产空间的配置需求、标准和实用技术，快速城镇化地区村镇产业空间集约利用技术，适应大规模人口流动性

城乡制度变革背景下的乡村规划理论与实践

的村镇空间配置弹性技术，节水节能的村镇基础设施配置技术，应对气候变化的村镇发展要素组织技术等。

二、抽屉式规划

构建以需求为导向的县镇乡村域规划编制框架，采用抽屉式规划模式，县镇乡村域根据各自的需求进行相应内容的规划编制，乡、村域规划尤其应分析实际需求进行针对性规划，避免照搬框架内容，做"大百科"式的规划编制，如图7-7所示。框架将传统规划体系中的产业发展规划、人口规模预测、村镇体系规划、空间管制、公共服务设施规划和公用工程规划等整合为产业、空间、体系和支撑四大板块，其中支撑体系指保证空间战略规划的措施，包括环境与安全、公用设施及历史文化三个板块，尤其是构建快速交通体系、现代化的物流及信息网络、均等的公共服务设施，高效的农业水利设施等方面，是落实村镇规划的基本保障。

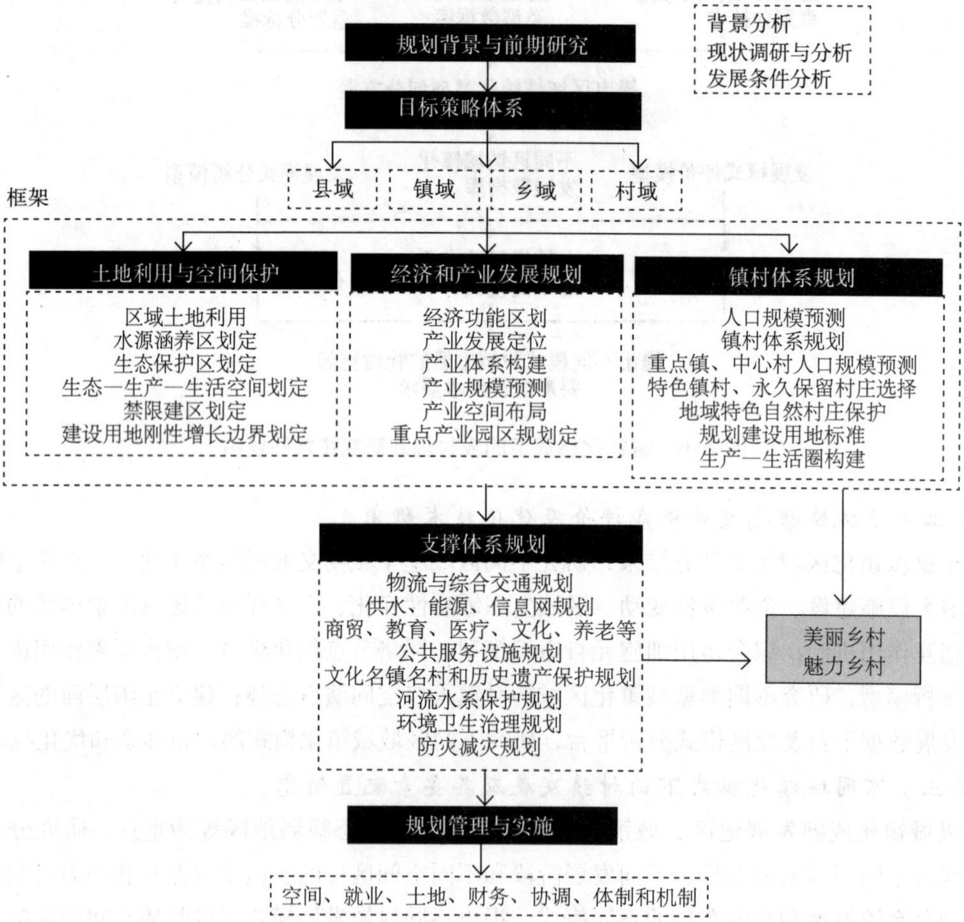

图 7-7 县镇乡村域规划编制框架

三、协同式规划

（一）思路一致

乡村规划新框架从县镇乡村域发展的实际需求出发，以问题为导向，结合目标要求，提出各层次的规划应对的措施及理论思想，为各层次规划提供理论基础（见表7-5）。

表7-5 县镇乡村域规划编制思路一览表

	发展需求	规划应对	实现目标	理论思想
县域规划	"三生"空间划定；水源涵养区、生态保护区、城镇化地区和永久农村地区划定；建设与城市联系紧密的快速交通体系和现代化通信系统；构建城乡融合发展的生产—生活圈	确定县域经济发展目标和发展战略；县域空间分区管制与空间组织；县域产业发展与空间布局；县城—镇（乡）—村体系结构；按城镇/农村发展要求配置相应水平的水、电、路、燃料等基础设施和商贸、医疗、教育、文化、社会保障的社会服务设施	促进县域经济社会发展；促进空间整合及城乡融合发展；推进"多规融合"或"多规合一"	城乡统筹发展；区域综合发展规划
镇域规划	强化镇村功能与空间资源的整合；人口、产业和土地的集中、集聚与集约发展；构建地方生活圈；地方文化、区域景观和美丽城镇特色塑造	生态、生活和空间划定与空间组织；构建县城–镇区快速交通、洁净水、清洁能源、现代信息网等系统；建设干道网、公交网、商贸网、信息网系统，以及教育和健康保障体系	现代化小城镇发展基础和环境；农村城镇化重点和示范区	花园城市
乡域规划	永久农业地区划定；水土自然资源和农村自然生态系统保护；农村生产生活圈组织；协调居民点与农地关系	划定基本农田保护区和永久农村地区；推进"一村一品""接二连三"的"六次产业"发展；优化农村村庄空间布局；农村基础设施、市场体系和培训体系	确保农业生产、粮食安全，农业现代化的永久农村地区	农业和农村经济
村域规划	农业土地适度规模经营；现代农民培育条件建设；农业经济和乡村发展	满足农业土地适度规模经营的基本农田建设；培养现代农民、种养大户、农副产品职业经理人条件建设；"一村一品"地域特色农业体系；保育村域自然景观格局和历史记忆与文化传统；加强农村环境面源污染治理	自下而上解决"三农问题"	美丽乡村、魅力乡村

（二）内容协调

对一个地域而言，乡村地区规划具有三个层次四种类型，需要规划内容协调和空间衔接，这样的协调和衔接离不开各类规划内容重点的差异性。据此，需要进行县镇乡村域规划内容的协调和衔接，构成一个互锁的乡村规划内容回路或闭环。

第三节　乡村规划新技术框架

在对乡村系统的系统功能、系统结构和特殊性，以及乡村规划体系环境进行分析的基础上，构建乡村规划新技术框架，使其对乡村区域的系统性拥有良好的呼应。

一、规划技术框架基础

从村镇规划的现有问题和乡村区域的系统性两方面对构建乡村规划技术框架的理念进行梳理和总结，为技术框架的具体构建明确总体方向。其中，对村镇规划现有问题的分析主要集中于其缺乏区域性方面。

（一）基于村镇规划现有问题的分析

中国村镇规划在其发展历程中受历史条件的制约逐渐形成了照搬城市规划体系的现实。中国较为系统的村镇规划工作开始于1979年第一次全国农村房屋建设工作会议（青岛会议），会议针对改革开放后因农民收入大幅提高而出现的"建房热"，提出了"全面规划、正确引导、依靠群众、自力更生、因地制宜、逐步建设"的方针，并提出"在国家基本建设委员会中设立农村房屋建设办公室"。此后30余年的发展历程中，一方面，村镇规划相比城市规划在理论上更加缺乏可以引入的国外现成理论，在发展之初可供借鉴的主要来源就是中国"城市规划实践中的乡村经验"；另一方面，由于技术力量、人才队伍和基础资料等方面存在的历史条件限制，村镇规划在实践方面工作重心始终围绕农村居民点建设（后期扩展至农村居民点体系）。因此，在这样的发展历程中，村镇规划依赖城市规划的理论和实践经验也就成为历史必然。此外，原有规划体制在建制镇这一层面的重叠也是造成村镇规划照搬城市规划体系的一大因素。1989年版《中华人民共和国城市规划法》将居民点按城乡二元划分，其所指的城市"是指国家按行政建制设立的直辖市、市、镇"，相应的城市规划就包括设市城市的规划和建制镇的规划。而村镇规划按照一般理解则包括建制镇的规划、乡（集镇）的规划和村庄规划。因此，村镇规划和城市规划在建制镇这个层面是重叠的，建制镇的规划按照《城市规划编制办法》照搬城市规划体系似乎是天经地义的。客观上居民点的规模大小分布是连续的，并不像行政建制那样有严格的等级之分，因此城市规划的理论和方法通过建制镇传递到乡（集镇）和村庄也就顺理成章了。

中国村镇规划照搬城市规划的体系、方法和技术造成其在区域性方面的欠缺。从上述对乡村系统的功能、结构及其与城市系统的差异分析可以看到，村镇规划沿用城市规划体系，实际上只重点关注了"果核"部分（村镇居民点），而对乡村区域中承担主要生产、生态功能的"果肉"部分（乡村区域中村镇居民点以外部分）的规划则严重缺乏。即使涉及区域层面的规划，也承袭了城市规划中城镇体系规划的技术思路，主要从居民点体系的角度对一定地域范围内村镇居民点之间的组合关系进行安排，即"果核"之间的组合，这不能取代对"果肉"的规划。

综上所述，中国现有村镇规划在规划内容设置上忽略了村镇规划与城市规划的规划对象在系统功能和结构方面的显著差异，形成了其在区域性方面的欠缺。因此，在构建乡村规划的技术框架时，需要在理念上实现以下转变：①不同于城市规划以人居环境、产业经济为本的规划理念，村镇规划的区域性应该实现向以生态本底、自然要素为本的规划理念的转变，这是因为从系统功能的空间分布角度看，乡村区域的主要功能分布在居民点之外的自然和半自然生态环境之中；②村镇规划的区域性应加强对乡村系统生产功能和生态功能的主要承载空间的规划，即加强"果肉"部分的规划和引导；③上述理念映射到空间上，村镇规划的区域性应在规划范围方面实现对村镇行政地域范围的全覆盖。

（二）基于乡村系统性的分析

总结前文对乡村系统性的分析，乡村规划技术框架的构建还应实现系统性和弹性的理念。

系统性理念是指乡村规划技术框架的制定要体现乡村区域作为一个系统的完整性，规划方法和内容应尊重乡村系统的运行机制。首先技术框架应对乡村系统的生产功能、生态功能和物质能量信息输入功能有全面平衡的考虑；其次技术框架对乡村系统的三个子系统在系统功能上的重叠性应有所体现，如农业生产子系统兼具生产功能和生态功能等；最后技术框架应对乡村区域三个子系统之间协作运行机制给予重点考虑，特别是对在子系统之间起到联系通道作用的要素给予关注，如联系自然环境子系统与农业生产子系统的农田水利设施、联系村镇居民点子系统与农业生产子系统的田间道路等。

弹性理念是指乡村规划的技术框架要能对高速城市化时期乡村系统发展的不确定性、目标的阶段性和个体的多样性具有良好的适应能力。增强乡村规划技术框架弹性的办法是重视确定规划目标并根据目标制定规划策略、组织规划内容的过程，并将其中具体问题具体分析的规划策略制定过程作为一个环节固化到技术框架中。

二、乡村规划技术框架核心

在明确乡村规划技术框架的构建中需要具备的理念的基础上，进一步提出技术框架的主要环节设置构想，并明确各环节需要解决的问题和要点。通过上述分析，本书认为乡村规划新技术框架应该设置目标界定、策略制定、具体规划和规划实施四个主要技术环节，各有不同的分工，需要对各个环节解决的主要问题和注意的要点进行分析。

目标界定环节的主要任务是在坚持促进城乡公平、控制乡村衰退、保持乡村活力、保障粮食和生态安全等总体目标的前提下，通过分析乡村区域的发展现状、发展背景、发展趋势，明确一段时期内乡村区域发展在生态、经济、社会等方面中的侧重方向或突破口，为规划制定指明重点方向。

策略制定环节是指在明确规划目标的前提下，对各项具体规划内容的优先顺序、逻辑顺序进行有针对性的安排，确保规划内容的组织能实现既定的乡村区域发展目标。这一环节是承上启下、具体问题具体分析、体现乡村规划技术框架弹性的重要环节。

具体规划环节的重点问题是确定乡村规划由哪些具体内容组成，并且这些内容的设置既有与乡村区域的系统性相应的清晰逻辑思路，又能实现与其他部门规划的有效对接。

城乡制度变革背景下的乡村规划理论与实践

规划实施环节的重点问题在于规划实施机制、公众参与机制等的设定和落实，使乡村规划具有规划的规范性，并能真正发挥促进乡村自组织的作用。

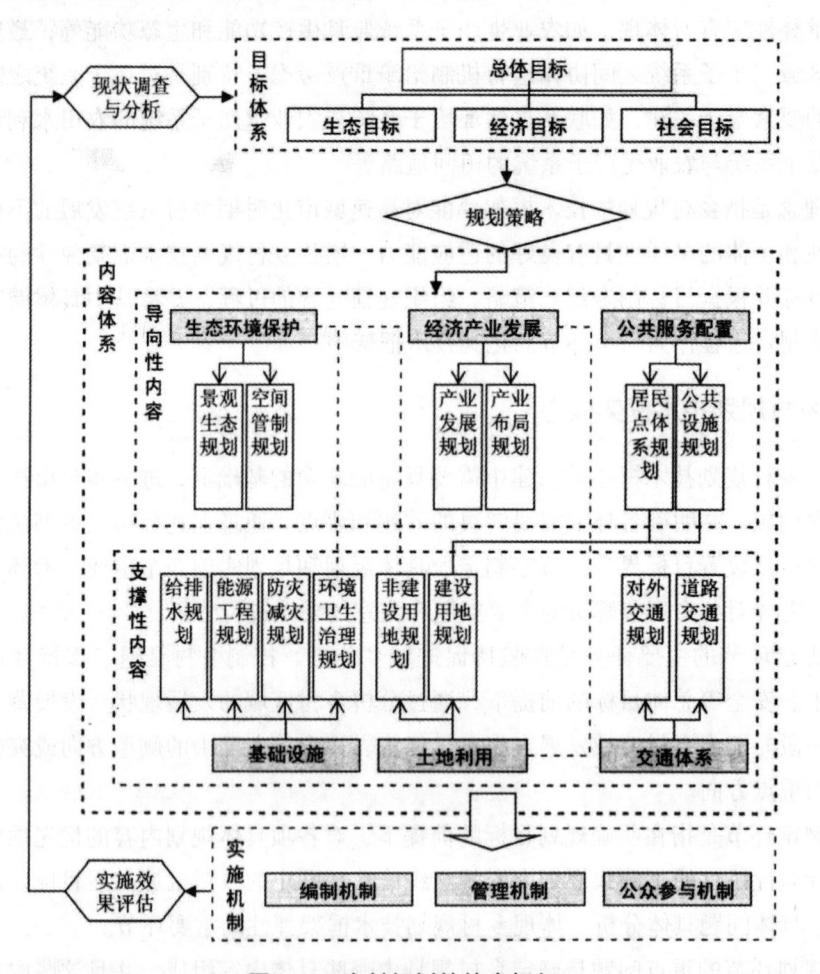

三、乡村规划框架

在目标界定、策略制定、具体规划和规划实施这四个主要环节的基础上进行细化，最终得到乡村规划的技术框架。技术框架相应地由四个部分组成，即目标体系、规划策略、内容体系和实施机制，并通过现状调查与分析、实施效果评估等基础性环节形成循环体系（见图7-8）。其中，目标体系分为生态目标、经济目标和社会目标三个方面，具体的目标内涵需要进一步明确；规划策略是一个"黑匣子"，具体内容需要根据规划目标的侧重点来确定；内容体系分为导向性内容和支撑性内容两大部分，导向性内容包括生态环境保护、经济产业发展和公共服务配置等，支撑性内容包括交通体系、土地利用和基础设施等，各包含若干专项规划，而专项规划之间又存在相互联系和交叉，使内容体系成为一个有机的整体；实施机制包括编制机制、管理机制和公众参与机制三个方面。

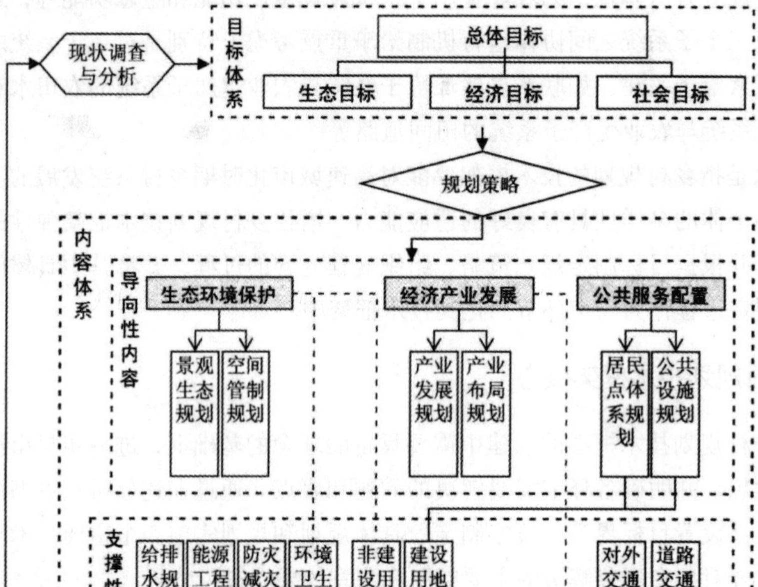

图7-8 乡村规划的技术框架

· 136 ·

第四节 乡村规划的新方法

乡村规划新框架需要通过新的技术方法支撑，通过研究不同规划层级、不同空间尺度的乡村规划的技术接口和内容接口设计原则，提出具体规划衔接内容和衔接逻辑，通过组织城乡整体空间序列的空间关系、引导城乡发展并行、重塑城乡整体区域风貌，从目标策略体系、土地利用与空间保护、经济和产业发展、社会与空间发展、支撑体系，以及规划管理实施等方面，全面支撑乡村规划体系新框架。

一、乡村规划技术接口

（一）规划层级接口设计

县镇乡村域规划中的纵横向空间层次分别对应县域规划、镇域规划、乡域规划和村域规划的规划内容，其空间层次是规划内容衔接的重要依据。为了更好解决各空间尺度对应的规划落脚问题，便于在纵向乡村空间层次上的规划相互衔接、逐层推进实施，县镇乡村域规划新框架进行了各层次规划接口设计。鉴于规划体系的复杂性，各层次规划接口设计以简化（即去除不必要的复杂性）、重叠不重复（即各层次规划内容有侧重）、弹性（即非僵化规划方法及规划内容的适应性）、刚性（即生态保护、建设用地增长控制线等刚性控制衔接）等思路进行纵横向乡村空间规划接口设计。

1. 目标路径指引

各层次规划内容以目标路径为指向，以城镇化与非城镇化发展为主要的划分方式，选择不同的规划方法与内容侧重。例如，县域城乡村镇体系从"城""乡"两个体系共同融合发展，镇域村镇体系强调迁并集聚，而乡域居民点需要结合农业生产圈和生活圈综合考虑居民点布局。在空间保护与组织、居民点体系、产业发展等模块中，县域以城乡空间融合为关键，镇域以促进城镇化为关键，乡域以三农发展为关键，村域以节约集约为关键。

2. 各模块规划内容纵向共同作用

上层次规划中的各模块规划内容包含下层次规划对应模块的主干内容。例如，各村域的现状产业基础是乡域或镇域产业空间布局的重要构成内容，也包含于县域产业发展规划。

对各专项的规划内容上下关联，空间系统中某个层面专项内容的规划或实施的变化将引起纵向单线上各内容的对应反馈。例如，县域生态空间保护规划需要通过镇域、乡域的对应保护规划内容逐步落实，并通过村域规划中的生态保育规划与实际村庄建设联结，实践过程中村域生态空间规划的更改需要逐层向上反馈于县域统筹之中。

县域、镇域、乡域、村域规划编制需改变自上而下的规划思路，强调多规融合，强调"公众参与"的技术路线，强调对农村发展的指导。规划内容以指导性为主，指令性为辅，有利于实现易于乡村地区实用、农民知识青年理解、县乡镇村基层干部实施规划管理的目标。对县镇乡村域规划编制的要求，概括起来主要有四个方面：一是自上而下与自下而上相结合，技术主体向村民主体转变的规划编制思路；二是指导性建议为主，指令性内容为辅，目标导向规划向需求导向规划转变；三是以多规融合、生态优先为基础，加强空间管制与产业、居民点、设施建设四大板块的协调；四是乡、村规划以需求为导向，针对性规划为主。

（二）规划内容接口设计

1. 支线拓展／替换接口

在各层次规划的主体框架中，内容模块是可以扩展的。将各层次规划的通用部分（主干）和实际现实规划细节（支线）清晰梳理，应对各类型乡村规划的繁复变化，即在主干内容不被反复修改的情况下，规划内容可以被扩展。例如，镇域规划的产业规划在产业选择、产业空间布局、产业园区规划、循环经济与产业政策的规划主线上，可以根据城镇本身发展的特色，如旅游型、农贸型、工农型等，选择对应的产业发展模式拓展规划内容，接入产业模块的规划主线内容，或者替换对应支线的普适性产业规划内容。

2. 支撑体系逐层具象接口

主要适用于支撑体系规划模块的相关内容，上层次相关规划内容的体系末端层作为下层次规划的起始层。例如，县域规划的城乡社会公共服务体系的末端节点分别作为镇域、乡域规划中农村社会公共服务体系的中心节点，逐层网络拓展，直至完成村域公共设施布点。

3. 立体实施管理接口

纵向空间上以我国地方政府层级与农村行政管理层级衔接县镇乡村域规划各层次。横向功能模块中将各规划模块内容分别对应规划实施管理，面对不同建设管理需求。具体问题具体分析，以乡镇乡村域规划新框架立体实施管理接口有效索引规划内容，并通过规划尽可能提前解决实际建设问题。

二、乡村规划内容衔接

（一）衔接逻辑

县镇乡村域规划通过组织城乡整体空间序列的空间关系、引导城乡发展并行、重塑城乡整体区域风貌，从目标策略体系、土地利用与空间保护、经济和产业发展、社会与空间发展、支撑体系，以及规划管理实施等方面，全面支撑乡村规划体系新框架：从上层次区域规划到基层村庄规划，规划内容在县—镇／乡—村的三层次空间上衔接递进，针对不同层次、不同类型的城乡空间，其规划各有重点和侧重。

（二）衔接内容

1. 目标策略体系

县镇乡村域规划的目标体系由规划目标、路径和目标效果构成，在空间层次上具体衔接如表7-6所示。

表7-6 县镇乡村域规划目标体系

	规划目标	路径	目标效果
县域规划	促进县域经济社会发展	促进空间整合及城乡融合发展，推进"多规融合"或"多规合一"，在上层次统筹发展的思路下对全域经济、社会、生态环境的发展进行综合规划，强调全域内的水源涵养区、生态保护区、城镇化地区和永久现代农村地区等重要空间的划定	形成针对全域城镇、农村构建科学的发展体系，包括县城—镇（乡）—村城乡融合体系、城乡社会公共服务体系、城乡基础设施建设体系等，并编制规划实施计划和对策措施
镇域规划	现代化小城镇，农村城镇化重点和示范区	强调人口、产业、资源等的集约与集聚，在城镇化地区与农村地区之间建设快速连接/流通的干道网、公交网、信息网、能源网、商贸网及物流网等，配置高于一般中小城镇水平的基础设施并使其向农村地区延伸	非农产业更发达、人口集聚程度更高、非农经济活动更频繁，塑造现代化、具有文化景观特色的魅力小城镇
乡域规划	确保农业生产和粮食安全，农业现代化的永久农村地区	突出强调现代化的农业、生态化的农村，以及职业化的农民，乡域内不强调"集聚"而强调"特色"，寻找乡村"绿色"发展的路径	严格保护生态资源和环境，围绕农产业发展，优化村庄布局，构建乡域一村一品特色农产业体系，构建农村社会服务体系、农产品市场及物流体系、农村设施体系等，建设永久现代农村地区和美丽乡村
村域规划	建设美丽乡村、魅力乡村	以自治为主，自下而上解决"三农问题"	农田整治、农村设施、环境治理

2.土地利用与空间保护

在各层次规划的生态环境保护与整治、空间管制及空间组织的规划内容中，以下层次空间的具体保护与发展对接上层次空间管控与组织。

（1）县域规划。空间管制强调对区域空间的整体控制，包括对永久基本农田控制、基本生态控制、弹性生态控制、建设用地刚性增长边界控制、建设用地规模控制等"线"的划定，以及对禁止/限制/适宜建设区、水源涵养区、生态空间、生态—生活—生产空间、城市刚性增长边界等"区"的控制；空间组织主要是构建县域空间结构框架，划定城镇化地区、城乡过渡地区和永久现代农村地区；县域规划必须在宏观尺度上划定永久现代农村地区；镇村居民点体系的"空间"内容必须强调城镇/农村的双向居民点体系共同发展及"城—乡"空间融合，并选择特色镇村和永久村庄、保护地域特色自然村。土地利用规划需明确区域内各级居民点对应的规划建设用地标准。

（2）镇域规划。空间保护侧重镇域空间的具体控制及划定，包含对基本农田保护区、建设用地增长边界、禁止/限制/适宜建设区的控制，以及景观生态格局构建；城乡空间发展主要是划分镇域功能区并构建区域城乡空间发展结构；镇村体系在空间上侧重规模发展与控制，结合生产生活圈优化集中居民点布局，并强调新型农村社区及镇村景观、文化建设内容；镇域土地利用规划偏重居民点建设用地、村庄经营性建设用地等区域建设用地的发展。

（3）乡域规划。空间资源保护需严格划定基本农田保护区与永久现代农村地区，并对乡域生态环境进行严格控制；村镇居民点体系规划强调居民点布局与农业生产的空间关系，分类引导居民点布局优化，不强制居民点集中布局；用地规划与农地整理侧重区域内"非建设用地"的规划利用，合理布局建设用地，科学推进农地重划，并强调农田水利的同步建设。

（4）村域规划。空间布局规划主要结合当地资源现状提出保护与利用的目标与措施，在征求村民意愿的基础上进行居民点布局优化，结合土地整理节约集约利用土地。

3.经济与产业发展

经济产业发展的规划编制中，县域构建城乡产业体系，镇域主要发展村镇非农产业集聚集约，乡域以农业发展为中心，村域以产业落位与空间协调为主要内容。

（1）县域规划。侧重区域产业体系的构建，加快发展主导产业、培育发展新兴产业、力推特色优势服务业，并科学合理布局各产业；着重构建城乡流通体系，将城市流通向农村地区延伸。

（2）镇域规划。基于区域产业发展路径（产业主导类型）制定产业发展策略，并合理科学布局镇域产业园区，推进循环经济发展；衔接城市与农村流通体系，规划各类流通"接口"。

（3）乡域规划。主要涉及保证国家粮食安全、以大农业观推进农业产业化，基于一村一品构建地方特色农业体系；构建农村大流通体系及农产品市场体系，保证现代农业及涉农产业的发展。

（4）村域规划。注重对村域现状产业的分析，结合农业产业化实现三产结合，注重产业链的纵向发展，并对各产业的空间关系进行规划协调，建设农村流通的集货起点与供给末端等农村供应网点。

4.社会与空间发展

社会人文发展的规划内容中，县域主要构建城镇／农村社会公共服务体系，进行历史文化名镇名村及历史文化遗产保护规划，选择地域特色自然村；镇域主要作为城镇化人口转移主要承载区，提升公共服务水平，进行生态景观文化保护；乡域主要完善农村公共服务体系，促进农民专业化，保护村落文化生态；村域主要完善公共服务设施配置，培养专业化农民，尊重地方文化发展（见表7-7）。

表7-7 社会服务设施规划内容衔接示意

	社会人文发展规划侧重	商业设施规划侧重	教育设施规划侧重	生产性服务设施网点规划侧重
县域规划	主要构建城镇／农村社会公共服务体系	综合商贸体系及节点布局，如综合中心、大型商贸网点、各类商贸中心等	高中、初中／小学及各类职业学校选点布局	设施网络体系与节点布局

(续表)

	社会人文发展规划侧重	商业设施规划侧重	教育设施规划侧重	生产性服务设施网点规划侧重
镇域规划	镇域主要作为城镇化人口转移主要承载区，提升公共服务水平	惠民便民商贸网点布局，如零售网点、餐饮娱乐网点、农资服务网点、商品交易与集贸市场、旅游服务、公用设施营业网点等	初中/小学和职业中学选点布局	非农生产性服务节点布局
乡域规划	主要完善农村公共服务体系，促进农民专业化	惠民便民商贸网点布局	初中/小学和职业中学选点布局	农业专业服务、市场服务等相关设施节点
村域规划	主要完善公共服务设施配置，培养专业化农民	生活服务布点	现代农民培训、村民素质培养，引导为农业现代化和永久现代农村地区的发展培养专业化农民	合作社建设指引

5. 支撑体系

相关的农村地区基础设施规划编制内容中，各规划层次也各有侧重，乡域规划层次及以下的村镇规划中，需与农业生产结合，利用对应专门的规划技术进行农业生产所需基础设施建设的配置和布局（见表7-8）。

表7-8　基础设施规划内容衔接示意

	道路交通	区域供水、能源、信息网、排水、防灾等
县域规划	综合交通规划：综合交通运输网、区域快速交通、乡镇快速连接线、区域公共交通系统等	规划城乡并行标准体系：构建体系网络、预测用量、确定分配方案、合理统筹安排水源及相关重要设施、主干管线网布置等
镇域规划	承上（城市）接下（农村）的交通网建设：乡镇快速连接线、及对外交通、镇域道路网、镇域公共交通系统等	以城镇高标准进行规划：预测用量、确定配置标准、确定水源及卫生防护区、重要设施设置、干管网线布置、洁净水工程、清洁交通系统等能源发展
乡域规划	衔接农业生产道路系统：重要交通设施布局、乡村道路系统（含生产路与机耕路）、乡村客运公交等	对应建设农村物流、信息网和农产品市场体系，针对农业生产规划农业建筑及配套设施、农田水利、能源系统、污染防治和环境卫生系统、生产防灾设施等，增加农业生产所需基础设施建设的配置及建设指引
村域规划	对外交通连接方式、村庄内道路、道路交通设施、道路工程、道路景观、公交及停车等	承接镇域、乡域基础设施网配置各类设施，配置农机站、设施园艺、打谷场、种养场、农产业加工设施等农业生产设施，增加农业生产所需基础设施建设的配置及建设指引

城乡制度变革背景下的乡村规划理论与实践

6. 规划实施

在规划管理与实施的内容中，县域与镇域规划管理与实施侧重近期总体发展目标战略、空间格局及近期重点项目，以及规划实施目标安排与机制保障，确定近期和重大项目的行动计划作为规划实施的计划指导，提议政策机制保障规划实施有效推进。乡域规划更需关注农用地建设的相关政策与对策，并推进自下而上的乡村治理与农民意愿征集，保障乡域规划的操作与实施。村域还需列出近期建设的主要项目、规模、投资估算，对建设时间、资金来源、实施主体等提出规划意见，并从村民组织制度建设、经营制度建设、职业培养及素质培养四个方面对村域规划实施提供保障。

第三篇 城乡制度变革影响下的乡村规划实践

第八章　乡村产业发展规划与建设

第一节　现代中国农业农村发展的阶段特征

当前，中国正处于工业化、城镇化快速推进阶段，这个阶段既是经济社会发展的重要战略机遇期，也是各类社会矛盾的凸显期，农业和农村发展面临着一些突出矛盾和问题，如资源矛盾、结构性矛盾等。因此，在这个阶段，就要按照科学发展观要求全面创新农村发展思路，深化改革，推进现代农业建设，全面提高农业综合生产能力。

以 1998 年中央提出农业和农村发展进入新阶段为界，前 20 年属于中国"三农"发展的酝酿和起步阶段，后十多年则进入发展的加速阶段，更具有重大突破和"再上新台阶"的性质。尤其是近年来，随着工业化、信息化、城镇化、市场化和国际化的深入推进，以及这些部分质变性质的突破迅速叠加，导致中国农业农村发展呈现出一些新的特征，主要表现为以下几个方面。

一、农业的资源环境影响与多功能性日益凸显

农业发展的资源环境对拓展农业功能、实现农业可持续发展具有很大的影响，因此必须予以重视。随着农业的发展，工业化、城镇化的进程加快，环境的约束越来越明显，出现很多由于农业面源污染引起的严重事件，农业发展的资源环境影响日渐为人们所关注。与此同时，农业发展的社会影响日益引起重视。农业是安天下、稳民心的战略性产业。在中国，农用土地对农民还具有收入保障、失业保障和社会稳定的功能。因此，当前我国反复强调要"坚持农村基本经营制度，稳定土地承包关系"。农业发展不仅是个效率问题，还是一个生活方式和社会影响问题。追求农业效率必须具备相应的社会经济条件，否则不但会带来严重的社会问题，还会导致环境问题增加、环境恶化。这一切都迫切需要我们从战略上重视农业功能的拓展、农业发展的资源环境和社会影响之间的关系，尤其是不要错失拓展农业功能的良机。

二、加快农业组织创新的要求显著增强

20 世纪 80 年代初，我国开始在全国农村实行家庭联产承包责任制，这极大地提高了农民生产的积极性，有效促进了农村经济的发展，为实现中国农业的长期发展奠定了良好的基础，更为农村乃至全国的一系列农业改革积累了经验。然而，到今天，家庭联产承包责任制

· 144 ·

的缺陷也日益凸显，即"小而全""小而散"。家庭式的小生产经营方式，客观上提高了农产品的生产成本，而且农业经营效益不成规模，导致其效益低、竞争力弱；动植物疫病的防控难度增加；农业的优质化、标准化和品牌化经营等不利于实现。因此，在经济全球化的背景下，必须要加快我国农业产业组织创新。农业产业组织是农业产业活动中企业组织分工协作的一定形式和相互关系，它可以明确农户之间的分工协作，增强农业产业活动的整体性，推动农业产业化经营的发展，有利于克服农村留守劳动力素质结构退化和农户农业经营副业化对农业发展的负面影响。此外，加快农业和农村发展方式的转型，拓展农业功能，都需要创新农业经营形式和组织方式予以支持。

三、农业农村发展方式转型的步伐进一步加快

近几年来，农业结构调整和农业产业化经营的进程进一步加快，我国越来越多的农村地区在农业农村发展方式方面加快了转型。这种转型主要表现在以下三个方面：第一，农业经营方式的转型已经有了实质性的进展。例如，很多养殖场已经出现了企业化，还出现了很多养殖基地，以前一直走在养殖发展前列的专业化、重点户仍表现出较强的生命力。因此，农产品供给一直在增加，产出能力明显提高。粮食、生猪等传统的大宗农产品生产领域也出现类似的趋势。在过去，我国生猪养殖以分散饲养、小规模饲养为主，如今也正转向集中饲养、规模化饲养。第二，服务农业生产的服务行业即农业生产性服务业发展迅速，并日渐深化。也就是说，农业的产前、产中、产后环节都有相关行业支持，提供完善的服务。在一些较为发达的农村地区，农业产业化程度很高，农户只需打一个电话，就可以享受到专人上门提供农机服务、收割服务，甚至撒肥施药等服务。第三，农业发展的集群化和连片化现象发展迅速。近年来，由于区域优势、特色产业迅速成长，相关产业不断聚集，生产、加工、运输、仓储、销售等诸多环节逐步配套，使得农业发展的集群化和连片化现象加快发展。

四、主要农产品价格大幅波动的风险系数提升

近年来，关系民生大计的主要农产品价格持续上涨，如粮食、生猪、油料等。这使得政府和社会不得不再度重视粮食安全和主要农产品供给问题。主要农产品价格大幅波动，其主要原因是农产品的供求趋势发生阶段性变化。这主要表现在以下两大方面：第一，农产品供求平衡中结构性矛盾日益凸显。近年来，居民收入水平提升，消费结构日益多元化，而对农产品的消费也不断升级，农产品供求结构失衡的概率因此增加了。第二，主要农产品的供求平衡偏紧的格局将要中长期维持。从目前的情况来看，我国农产品需求仍将持续不断地扩张，这将不断加大稳定和增加主要农产品供给的难度。另外，随着工业化、城镇化的加快推进，粮食等传统农产品增加供给的难度要更大。对此，我们应该采取相应的有效措施确保主要农产品的基本供给，并要警惕主要农产品价格大涨大落，做好预防工作和应对方案。

五、农民收入的来源结构发生明显的阶段性变化

自20世纪90年代末开始，我国经济发展迅速，农业也得到了很好的发展，农民收入持

城乡制度变革背景下的乡村规划理论与实践

续增长，但农民收入的来源结构发生了比较明显的趋势性变化。例如，尽管农民农业收入稳定增长，但这方面的收入已经不是农民增收的主要来源了。相反，非农产业成为农民增收的主要来源，这种地位还在不断巩固。另外，城镇化进程加快也带动了农民的就业，增加了农民的收入，这种作用还在继续增强。近年来，农民增收的新亮点就是财产性和转移性收入。不过，需要注意的是，今后农民农业收入增长不会持续稳定，而且还会有波动风险增加的可能。同时，农民非农收入的增长幅度也许会扩大，但随之也增加了风险系数。总之，今后农民收入稳定增长的难度与不确定性也会加大，因此，应该继续高度重视农民增收问题，尽力防止农民收入的增速减缓或剧烈波动。

六、农村企业分化重组的进程要求日益显著

从现实和战略上看，农村企业不但可以促进农民增收就业，而且可以发展县域经济、增加县乡财政收入，还是推进农村工业化和城镇化、实行工业反哺农业和城市支持农村的重要载体。但是，农村企业实现转型发展的现实紧迫性也在不断增强，突出表现在其产业结构调整和升级滞后，已经日益妨碍其可持续发展及其竞争能力的增强。同时，农村企业从战略上实现转型发展的要求也在显著增强。例如，"地荒""油荒""电荒""资金荒"和"民工荒"等问题突出，产业升级的创新力量发育不足等，都与支持农村企业发展的政策转型滞后密切相关。政策转型滞后不仅加剧了农村企业服务体系建设的滞后，还导致国家或区域中小企业服务体系的运转难以有效地惠及农村企业。因此，在加快转变经济发展方式的大背景下，必须要加强对农村企业发展面临亟待解决的现实困难和长期问题、农村企业发展政策的重新定位和政策导向的阶段性转变等问题的研究，以此推进农村企业分化重组的进程。

七、农民、农户分化加快，农村社会结构正全面转型

近年来，农户和农民分化现象非常明显，而且这种进程还在加快，由此客观上推动了农村乃至整个社会结构的加快转型。例如，农户分化可分为好几类，包括以农为主的兼业农户、以农为辅的兼业农户、纯农户和纯非农户。其中，以农为辅的兼业农户的数量迅速增加，农业经济副业化趋势增强。在纯非农户中，一小部分主要从事非农经营，或者进城就业，或者全家脱离土地从事非农业。农民分化也呈类似趋势，主要分化为农场主、企业家或产业工人等。由此可见，农村再也不是单一的同构性社会，农民的价值取向也在日益多元化。随着农村劳动力转移的持续推进，越来越多的农村人口转变为城市人口或进城人口，农村留守劳动力老弱化、妇幼化的现象迅速凸显。农村人口和经济布局日益走向集中化，村庄空心化和农村经济农业化的现象日益突出。对应人群对农产品的消费水平不断提高，消费结构也在不断升级，农民的消费结构日趋多元化和商品化。

八、农民进城、融入城市的需求更加强烈

越来越多的农村劳动力转移到城市，出于自我保护和追求发展的需要，进城农民对融入城市社会网络的需求迅速增长。但是，他们融入城市社会网络的过程，也是融合与反融合不

· 146 ·

断反复、波浪式推进的过程,是对城市既有社会网络不断渗透和改造的过程。

具体地说,城市化的本质是农民的市民化,大批农民进城,"嵌入"城市生活,争取到了城市户口,或者常年在城市生活工作,成为城市社会不可分割的组成部分。农民进城,一方面导致农村社会结构发生变革,另一方面又直接推动了城市社会结构的变革。很多进城农民成为城市新的产业工人,最终成为准市民乃至新市民,城市的教育、医疗、社会保障、住房等领域的制度改革都对进城农民的工作生活产生了很大的影响。如果城市的制度创新反应滞后,忽视日益庞大的进城农民群体,必然要遭到进城农民群体的相应抵抗和抵触,甚至有可能引发严重的社会问题。因此,必须要加快统筹城乡的制度创新,创造良好的制度环境,促进农民工及其家庭更好地融入城市。

第二节 农业发展规划的制定与循环农业发展策略

20世纪中叶以来,现代农业的发展和变化深刻反映了现代科学技术革命对农业的影响和改造。现代农业是发达的科学农业,包含高水平的综合性生产能力,具备应用现代科技和装备、集约化、可持续等特征。从传统农业到现代农业的转变过程,是一个技术变革、经济变革、深化变革交织在一起的过程。要顺利实现这个转变,离不开现代农业发展规划的制定,以及采取的循环农业发展的对策。

一、现代农业发展规划的制定

(一)现代农业规划的依据和内容

现代农业发展规划通常是指当前大农业中种植业、林业、畜牧业、水产业等综合规划。种植业的规划依据是农产品的社会需求量,它包括生活需要量、生产需要量和国家(含出口)需要量。生活需要量就是吃、穿、用等生活消费量。生产需要量一般包括农业生产、轻工业生产、加工业生产原料的需要量。国家需要量包括储备需要量和出口需要量。

林业规划的主要依据就是满足生态环境建设和社会经济发展的需要。合理安排防护林、用材林、经济林、特用林和四旁树的比例,从而应对市场需求。合理安排林中比例,是林业发展规划的一项重要任务。要根据当地自然生态环境特点和社会经济发展的需要,合理调整规划各林种面积。

畜牧业涉及两个密切相关的生产过程,即牲畜、家禽本身的生长、繁殖过程和饲草、饲料的生产过程。从事畜牧生产必须将这两种生产过程密切结合。畜牧业的规划依据是畜禽产品需要量和畜禽产品生产量。畜禽产品需要量的确定,除要按人体科学营养标准确定外,还要考虑市场需求,农业部门对役畜、肥料的需要,工业生产对皮、毛、骨、油、乳、肉等原料的需要,以及畜牧业本身扩大再生产的需要。此外,还应考虑国家和外贸的需要。畜禽产品生产量根据规划期内的需求量和当地的自然、经济资源量确定生产量,具体内容包括畜(禽)群规划、养畜定额、畜产品的产量规划、饲料需要量。

城乡制度变革背景下的乡村规划理论与实践

水产业规划包括海水养殖及捕捞业和淡水养殖业。规划的依据是水产品需要量、养殖面积、单位养殖面积产量。水产品需要量要考虑当地人民生活对水产品的需要量，当地食品、医药、化工、饲料等工业的发展对水产品原料的需要量和国家调出量。养殖面积是规划期末人工养殖水生动物的水域面积，包括淡水养殖面积和海水养殖面积，但不包括稻田养鱼面积。确定规划期末养殖面积首先应看当地可供养面积的大小。规划期末养殖面积的公式为：

规划期末养殖面积＝淡水养殖面积＋海水养殖面积＝基期已养殖面积＋规划期内新增养殖面积

现代农业规划的思路就是要调整优化农业生产结构，促进种养业全面发展；全面提高农产品质量，增强市场竞争力；不断优化农业区域布局，充分发挥地区比较优势。

现代农业规划的重点在于：第一，建设稳定的、优质的农产品基地，发展优质专用粮食基地、优质棉花基地、油料基地、大豆基地，同时继续实施节水农业示范、"三元结构"种植试点示范、天然橡胶等基地建设项目。要按照国际动物卫生质量标准要求和国际市场需求建设畜产品基地。第二，建设农业良种工程，持续供应良种。这是提高农业科技含量、促进农业发展的基础性和公益性工程，包括农作物良种工程、畜禽良种工程、水产良种工程。第三，加强农业基础设施建设，提高农业的物质和技术装备水平。

（二）现代农业规划的指标和方法

1. 现代农业规划的指标

与种植业生产量有关的规划指标主要有种植面积、复种指数、单位面积产量、总产量等。

林业规划的主要指标有林地面积、森林覆盖率、林产品产量、木材产量、林业产值等。要综合考虑相关因素的影响，从需要和可能两个方面进行多方案比较，反复计算。

畜牧业规划指标主要有适宜载畜量、畜产品产量。由于不同畜种消耗饲料量不同，载畜量常用"家畜单位"作为计量标准。一般以一头成年母牛作为一家畜单位，其他年龄牛和其他畜种，用它们所消耗的饲料量与一头成年母牛所消耗饲料量的比值作为它们的家畜单位。畜产品的产品量指标一般以肉、蛋、奶的产量数、畜皮的张数等表示。

水产业规划的指标主要有捕捞生产量、养殖生产量、放养密度、混合放养与搭配比例、渔业产值等。

2. 现代农业的线性规划方法

线性规划可以解决农业生产经营管理中两大方面的问题：如何以最少的投入换取最多的产出、如何在一定的资源条件下寻求创造最多产值的途径。应用线性规划解决上述问题应该满足下列条件：第一，决策者必须有一个想达到的目标（如利润最大或成本最小），并能用线性函数描述目标。第二，为达到这个目标存在多个方案。第三，要达到的目标是在一定约束条件下实现的，这些约束条件可用线性等式或不等式描述（其中包括非负约束）。线性规划的建模技术，首先要确定决策变量。在农业系统中，常用到多层次组合决策变量。例如，土地的自然条件有肥田、一般田、瘠田，种植品种有水稻、玉米、棉花，应由两个层次的二元组合产生决策变量。其次要建立约束方程。最后要确定效益系数。

· 148 ·

二、循环农业发展对策

由于常规农业对生态环境、社会可持续发展的负面影响，从20世纪60年代末到90年代初，人们就开始在世界范围内探讨农业可持续发展模式。可持续农业发展需要从景观、生态系统、群落、种群和个体层次开展农田景观生态规划、循环系统建设和生物关系重建，大力推进生态农业、循环农业发展。各国针对传统农业、集约化农业的缺点，开展大量的长期定位研究，提出了不同类型的可持续农业发展模式。对此，我国提出了生态/循环农业。循环农业的本质特征是产业链的延伸。循环农业产业链条是由种植业、林业、渔业、畜牧业及其延伸的农产品生产加工业、农产品贸易与服务业、农产品消费领域之间，通过废弃物交换、循环利用、要素耦合和产业连接等方式形成网状的相互依存、密切联系、协同作用的农业产业化网络体系，其资源得到最佳配置，废弃物得到有效利用，环境影响减少到最低水平。

农村是以从事农业生产为主的劳动者聚居的地方，涉及生产用地、生活用地和生态用地，必须从不同层次上构建农村生产、生活和生态系统，优化农村土地利用空间格局。限于篇幅，以下只从发展循环农业、治理农业环境源头、提升畜牧养殖环境质量、实施节电/能工程几个方面入手，探讨循环农业发展对策。

（一）发展循环农业

发展循环农业，主要在于发展低碳、有机、无公害、生态、绿色农业。

1. 发展低碳农业

低碳农业就是生物多样性农业，核心要点是减少排放、降低污染，提高农业节能减排技术，打造循环、可持续发展产业链，发展无公害、绿色农产品，提高农产品质量。发展生物多样性农业，尽量避免使用农药、化肥等，这并不意味着降低人们的生产、生活质量。例如，四川广元的龙潭乡就是一个低碳农业示范乡。该村民居是园林式的，风格统一；生火做饭夏有沼气、冬有植物气化炉；果树、蔬菜防虫害使用频振灯和黄板；零排放和微排放技术已解决牲畜粪便污染问题。另外，人均林地面积达7.3亩，大面积的林地成为一个碳吸收的天然大工厂。总的来说，龙潭乡的低碳农业提高了生态效益、经济效益和社会效益，也有效地提高了人们的生活质量。

低碳农业是农业的唯一出路，我们要大力发展低碳农业技术并加以推广。

2. 发展有机农业

有机农业就是指"在生产中不采用基因工程获得的生物及其产物，不使用化学合成的农药、化肥、饲料添加剂、生长调节剂等，遵循自然规律和生态学原理，协调种植业和养殖业的生态平衡，采用一系列可持续发展的农业技术，以维持持续稳定的农业生产体系"。有机农业有益于人体健康，同时能减少环境污染、保持生态平衡，因而是一种可持续发展农业。

20世纪80年代，我国开始进行有机农业生产。1984年，中国农业大学开始研究和开发生态农业、有机农业及有关产品。1990年浙江省茶叶进出口公司开发的有机茶第一次出口到荷兰。1994年10月，国家环保局正式成立有机食品发展中心。同年，辽宁省开发的有机大豆出口到日本。此后，我国各地陆续发展了众多的有机食品基地。有机农业有很大的发展前景，"至2004年年底，我国有机农产品种植面积达到了146.5万公顷，并逐年在增加"。有机农产品逐渐成为消费市场的时尚和主流。

3. 发展无公害农业

无公害农业要求充分利用自然资源，不能对生态环境造成破坏，不能对人体健康有负面影响，既要取得良好的经济效益，还要做到生态效益、社会效益的统一。无公害农业具有安全性、系统性、生态性、无公害、依赖高新技术的特点。无公害农业生产限制或禁止使用有毒有害生产资料，严密监测和控制生产过程的各个环节，因此无公害农业的生产方式对生态环境和农产品没有伤害。无公害农业生产不仅关注最终的农产品，也强调生产过程的管理，实行"从农田到餐桌"的全程质量控制。无公害农业以生态农业为出发点，充分利用可行的生态农业技术、自然界的资源和条件，以土壤自身肥力为基础，不用或少用化学肥料和农药，多施有机肥，优先采用物理和生物的技术防治病虫草害。常规农业生产为了获取经济效益往往牺牲生态效益，而无公害农业是生态效益、社会效益和经济效益相统一的产业。无公害农业生产对产品质量和生态环境有更高的要求。比如，病虫害防治不用常规农药和常规的用药方式，而研制开发新农药、探索新的用药方式，既要保证高产优质又不能污染环境，还要保护好害虫的天敌。无公害农业还有很多标准和具体措施，但以上几点是最核心的。

4. 发展生态农业

生态农业将农业生态系统同农业经济系统相统一，也是农、林、牧、副、渔各业综合的现代农业。生态农业主要是就生态环境来说的，因而不是说生态农业产出的农产品就是绿色食品。生态农业包含传统农业精华，又利用了现代科技，以协调发展与环境、资源利用与保护之间的矛盾，使得生态与经济形成良性循环，因而具有综合性、多样性、高效性、持续性等特点。

5. 发展绿色农业

绿色农业源于20世纪初的英国，是现代农业发展的一种模式。它要求保持生物的多样性，保持人、环境、自然与经济的和谐统一，生产出来的应是无污染、无公害的绿色食品。因此，从本质上讲，绿色农业也就是生态农业。"绿色农业"中的"绿色"指的是资源的节约、再使用和再循环；绿色食品是指无污染的安全、优质、营养的食品。绿色农业要求农业发展要遵循生态规律、合理利用农业资源、使农业经济系统和谐地纳入自然生态系统的循环过程中去。

1981年，我国提出"绿色农业"概念，而后逐渐发展。1998年又发布了《全国生态环境建设规划》，部分商品及食品开始实施绿色标志及环境标签制度。目前，我国的绿色农业有三个发展目标，即确保农产品安全，确保生态安全，确保资源安全。

（二）加强治理农业环境源头

从源头上加强对农业环境的治理，如充分利用农作物秸秆；减少农用车对生态环境的危害；减少占用耕地建房，避免土地流失。

1. 充分利用农作物秸秆

农作物秸秆的利用途径有很多，如肥料化、饲料化、能源化、生物转化、碳化、原料化等。这些应用既有较高的经济价值，也有益于生态环保。将秸秆做肥料的处理办法，如机械粉碎，将秸秆覆盖留茬还田、就地覆盖或异地覆盖还田，或者利用微生物菌剂对农作物秸秆进行发酵腐熟后直接还田，或者堆沤还田，或者利用秸秆生物反应堆法，将农作物秸秆发酵分解产生二氧化碳。秸秆饲料化，即通过利用青贮、微贮、揉搓丝化、压块等处理方式，把秸秆转化为优质饲料。秸秆能源化主要包括秸秆沼气（生物气化）、秸秆固化成型燃料、秸秆热解气化、直燃发电和秸秆干馏等方式。秸秆生物转化，即利用秸秆中的碳、氮、矿物质及激素等营养成分做食用菌的培养料。秸秆碳化则是利用秸秆为原料生产活性炭。秸秆原料化即利用秸秆纤维的生物降解性能做工业原料，如包装材料、保温材料、纸浆原料、各类轻质板材的原料。

2. 减少农用车对生态环境的危害

农用车在农业中广泛使用，在提高生产力的同时，废气排放、噪音等对环境也造成了很大的破坏，该报废的农用车继续使用不仅污染环境，还会带来其他安全隐患。因此，农用车的使用需要遵守国家标准，正确使用。

3. 减少占用耕地建房，避免土地流失

全国各地占用耕地粮田建房现象十分严重，导致土地大量流失，必须要加以制止。对此，国家已经颁布了《关于制止农村建房侵占耕地的紧急通知》。该通知规定，农村建房用地，必须统一规划，合理布局，节约用地。农村社队要因地制宜，搞好建房规划，充分利用山坡、荒地和闲置宅基地，尽量不占用耕地。

（三）提升畜牧养殖环境质量

提升畜牧养殖环境质量，大力发展生态健康养殖，如生态环保养猪、鸡，养殖无公害蛋鸭等。

生态环保养猪利用发酵床原理，在经过特殊设计的猪舍里，按一定比例混合的锯末、秸秆、稻糠以及一定量的辅助材料和活性剂发酵形成的有机垫料，通过有益微生物迅速降解、消化猪的排泄物，实现零排放。

生态养鸡重点考虑场地选择、品种选择、育雏方式、通风换气、疾病预防，日常管理要严格，处理好鸡粪。其中，鸡场的位置必须远离主干公路、居民区、其他畜牧场特别是鸡场。场地必须水源充足且无水患，水经过处理后符合饮用水卫生标准。地形地势总的要求是地势较高，平坦干燥，排水排污良好，通风向阳。鸡场还应考虑通信、通电、通水、通路。生态养鸡处理鸡粪是重中之重，应将其堆积发酵后还田处理。鸡粪中含有很高的营养成分，做饲料的好处显而易见，环保又经济。

无公害蛋鸭的生产，要掌握一定的养殖技巧和注意事项，推动蛋鸭规模化、集约化生产。例如，要选择体形小、成熟早、耗料少、产蛋多、适应性强的品种。蛋鸭进入产蛋期后，在饲养上要求高饲料营养水平，管理上要创造稳定的饲养条件，这样才能保证蛋鸭产蛋高产、稳产。蛋鸭在一年中有两个产蛋高峰期，一是在3至5月，二是在8至10月，其中，以春季产蛋高峰更为突出。因此，一定要搞好这两个时期的饲养管理。

（四）实施节电、节能工程

实施节电、节能工程，如开发清洁新能源。如今所说的新能源通常指核能、太阳能、风能、地热能、氢气等。核能的潜力非常大，并且污染非常小。其他如太阳能、风能、地热能、氢气等也比较环保，不过目前的利用要少一些。现在一些农村开始利用动植物生长过程中衍生的物质做能源，如牲畜的粪便、农作物的残渣、薪柴、制糖作物、垃圾等。这些物质的开发前景也非常大，同时利用技术也亟待提高。

第三节 新形势下农村二、三产业的规划与建设

近几年来，随着城镇化进程的加快，农村招商引资的力度也大大增强，农村工业也因此发展壮大，促进了农业产业化的发展，成为吸纳农村剩余劳动力和促进农民增收的重要渠道。另外，农村第三产业的发展逐步实现了总量迅速增长、结构不断优化，在农村经济乃至整个国民经济中的相对地位不断提高。但是与新形势发展的要求相比，农村二、三产业发展还有很大差距，需要加强规划与建设。

一、农村工业发展规划与建设

按照三次产业划分的理论，工业包括制造业、加工业、采矿业等。农村工业可做两种解释：一是农村地域上的工业，二是农村社区自我发动型工业，又称乡镇工业，是农村地域上除县级工业及国有企业工业之外的所有工业，包括乡镇办、村办、个体和其他私营形式工业等。后一种解释与《中华人民共和国乡镇企业法》（1996年）中乡镇企业的概念是基本一致的。这种解释融农村地域、农民身份和企业所有制于一体，有助于深入考察农村工业与"三农"发展的过程，有助于解释社区管理者和农民行为与农村经济的内在联系。

我国农村工业的发展有几个重要特点：第一，农村工业发展迅速。1978年，只有9.5%的农村劳动力从事工业活动，非农收入占整体农村收入的比例低至7.6%。2006年，有40.51%的农村劳动力参与到当地的工业部门之中，34.2%的农村收入来自非农收入。农村工业在农村社会总产出中的地位也显著提高。第二，农村工业主要集中于劳动和资源密集型的产业。农村工业依托其自身丰富的资源、大量剩余劳动力发展相关的产业。第三，农村工业和城市工业多个方面存在联系。例如，城市企业的技术、设备、人员以及市场渠道，都可以为农村工业企业所借用、借鉴。第四，农村工业发展在地区间的分布不平衡。例如，江浙等东部沿海一带，农村工业在社会总产出中占的份额很大，而西部内陆地区，农村工业在社会总产出中所占份额很低。由于东中西部农村工业发展水平不同，因而在吸纳劳动力就业上也存在较大的差异。"东部地区农村工业吸纳劳动力就业数量是中部地区的2倍，是西部地区的9倍"。从结构上看，2004年，"全国75.6%的规模企业集中在东部地区，且大多数的规模重工业和轻工业也在东部地区"。

另外，受其他一些因素的影响，近些年，我国农村工业发展出现了一些新形势，首先是发展的速度明显减缓，其次是农村工业的生产经营结构正在由资源密集型、劳动力密集型向着资本密集型的方向发展，且投资主体呈现出多元化趋势等。在新形势下促进农村工业发展是一个崭新的时代使命，同时也是一个复杂艰巨的任务。对此，无论是在思想观念上，还是在政策制定上，政府都应该走在发展的前面，应该紧密结合农村工业发展的实际，实事求是地制定出相应的发展规划、政策措施，尤其是要做好农村工业发展规划，让农村工业发展建设有依据可循。

（一）农村工业发展规划编制的原则

农村工业发展规划编制应遵循面向市场、因地制宜，适当集中、发挥优势、加强横向联合、统筹兼顾、资源综合利用与环境保护相结合的原则。

（1）面向市场。农村工业是商品生产，必然要活跃于市场。因此，确定农村工业规划要审时度势，要科学、及时、正确地了解市场的容量和供给状况，预测市场变动的趋势，使农村工业的发展方向与市场需求的变动相一致。

（2）因地制宜，适当集中。农村工业要因行业因产品制宜，与小城镇建设相结合。农村工业适当集中于乡镇，有条件的要集中于工业园区，以充分利用乡镇已有的基础设施，合理有效利用资源，促进环境的保护与生产。

（3）发挥优势。确定农村工业发展方向，前提是要正确分析自己的优势和劣势，充分利用现实优势，发展生产，并逐渐发展自己的竞争优势。例如，可以以传统的名牌产品为核心，形成与之配套的工业体系来发展生产。

（4）加强横向联合。为逐步形成集群式发展模式，农村工业应在不同类型之间发展协作联系，合理布局。另外，由于工业生产需要结合资源、劳力、资金、技术等生产要素，因此，农村工业还要大力发展不同地区之间、不同生产环节和不同生产要素之间的多形式、多渠道、多层次的横向经济联系和技术合作。

（5）统筹兼顾。农村工业是农村经济的重要组成部分，与农业、林业、渔业、畜牧业，以及农村交通、商业服务等形成一个有机整体，必须要统筹兼顾、协调发展。另外，农村工业本身在速度和效益、时间和空间、生产和销售等各个环节上，也要协调发展。

（6）资源综合利用与环境保护相结合。资源的综合利用不仅可以生产更多的产品，把一次利用变为多次利用，提高资源的经济价值，同时也促进环保。因此，在规划中要从全局出发，综合开发利用资源。并且，要把保护生态环境作为重要原则，新项目建设前对自然条件进行周密的调查研究，做好环境影响评价，最大限度地减少污染。

（二）农村工业发展规划的内容

编制好工业规划布局方案，将对整个区域规划布局起到主导的推动作用。区域工业的布局不仅关系到规划地区内工业建设的投资和经济效果、地区资源的综合利用，还关系到工业的部门布局和工业本身的发展，并深刻影响规划地区农业的发展、交通运输和基础设施的建设等。农村工业规划布局是生产力地域组合的骨架，在农村经济发展中起着重要作用。因此，必须做好以下几项工作：第一，系统调查研究本地现有工业的部门结构、生产发展的特

城乡制度变革背景下的乡村规划理论与实践

点以及分布的状况，综合评价区域工业发展的自然资源条件、经济地理条件和现有工业基础。第二，对规划期内新建的工厂、骨干企业进行科学选址和配套。第三，合理安排工业布局，为综合开发利用地区资源、共同使用基础设施和本地工业综合发展创造条件。下面主要就农村工业发展规划模式、农村工业主要行业和项目规划进行分述。

1. 农村工业发展规划模式的选择

影响农村工业模式选择的因素，涉及农村工业的现状与生产基础、资源条件、建设条件资源、国家有关发展农村工业的方针政策等。在农村工业的现状与生产基础方面，要调查农村工业发展水平，包括企业规模、主要经济技术指标、设厂依据、扩建与改建的可能条件等。在资源条件方面，要调查农业资源和矿产资源、能源等的质量、数量、储量、分布和开发利用条件等。在建设条件资源方面，要调查土地、水源、电源、交通条件等。在搜集生产、技术、经济活动历史资料的基础上，进一步分析本地区的工业开发布局，从中得出经验与开发潜力所在。在国家有关发展农村工业的方针政策方面，要掌握当前国家对于农村工业发展有关的方针、政策和国家产业政策中规定的应予发展和限制发展的产业部门，以及有关的环保政策、法规。同时，开展有关市场情况的调查工作。

农村工业发展模式主要有农副产品加工和综合利用、林产品加工、矿产资源加工系列、能源系列开发模式。

农副产品加工和综合利用又分粮食加工系列、蔬菜加工系列、水果加工系列、畜禽产品加工系列、水产品加工系列、烟草及茶叶加工系列、药材加工。其中，粮食加工系列是一种常规性工业开发模式，主要是粮食加工制品工业、面粉工业、碾米工业、榨油工业和蔗糖工业。蔬菜加工系列主要包括盐类、糖类腌制蔬菜、蔬菜罐头、蔬菜加工保鲜。水果加工系列包括果干、果脯、水果罐头加工业，以及水果保鲜工业和水果制汁加工业。畜禽产品加工系列包括畜禽产品的初加工和成品加工。初加工包括乳品、蛋品、洗毛、熟皮、肠衣、冷冻、腌制、骨粉、骨胶等。成品加工包括各种以肉、奶为原料的食品工业、罐头工业、制药工业、毛纺织工业、皮革制品工业、裘皮精制工业、羽绒制品工业等。水产品加工系列主要是将水产品加工成食品腌制品、熟料制品和罐头制品，其下脚料可加工成鱼粉等饲料，另外，还有烧烤制品。烟草及茶叶加工系列，烟草主要加工为卷烟、烤烟、晒烟；茶叶主要分初加工和精加工。药材加工主要是将植物药材、有药用价值的野生动物加工成为治病的、保健的药品。

林产品加工主要有三大类：木材加工业、林产化学工业、林间种养产品加工业。其中，木材加工系列主要由方木、板材、人造板三大类组成。林产化工加工系列包括栲胶、松香、樟脑、木材干馏，还有利用锯末生产酒精、糠醛、紫胶、五倍子、单宁酸、活性炭、纸板、胶合板和软木制品等。林间种养业产品加工系列，包括经济林木、菌类植物的加工。

矿产资源加工系列以采掘业为主，另外，还有粗加工或为粗加工的选矿和粗冶业，具体包括金属矿产品加工系列、非金属矿产品加工系列、其他非金属加工系列。其中，金属矿产品加工系列包括黑色金属加工、有色金属加工，以及稀土、稀土金属加工。非金属矿产品加工系列以建材工业为主，化学工业为辅。其他非金属加工系列有宝石、玉石类的加工。

· 154 ·

能源系列开发模式主要是对煤炭、水能、风能、太阳能和沼气能等的开发。

2. 农村工业主要行业和项目规划

农村工业主要行业和项目规划包括产业结构规划、产品结构规划、农产品加工的重点领域。

(1) 产业结构规划时，应注意两个问题：第一，要注意避免与城市工业的趋同。乡镇企业的发展初期由于市场供给严重不足，社会对产品的需求急剧膨胀，便通过引入和模仿国有企业的产品和技术，以低成本、低水平进入市场，迅速发展起与城市工业相似的产业和产品。这就导致了乡镇企业与城市工业结构趋同，加剧了城乡间、地区间的原材料、产品的过度竞争，加大了各自的交易成本。第二，要注意提升水平。目前的农村工业大多以技术含量较低的农产品初加工、轻纺、服装、小型化工、传统机械制造等产业为主，高新技术产业少。所以，在农村工业结构调整中，应发展高科技产业，以逐步实现产业结构的高度化为战略目标。在发展高新技术产业时，应从实际出发；拿不下整个产业时，要把重点放到投资少、见效快的高新技术产品上；对现有产业，凡将要淘汰产品，生产过剩产品，耗能过多、破坏资源严重、污染严重且近期无法治理的，适当调整或者放弃生产；对技术、设备、工艺落后的产业，市场需求量大的产业，进行高新技术改造，变夕阳产业为朝阳产业；传统产业暂停发展新企业，把着眼点转向农副产品加工、储藏、保鲜、运输、生物综合利用上来。

(2) 农村工业产品结构重点应放在提高产品的加工深度上，以增加其附加值，提高产品质量、增加技术含量；要以满足不同收入水平、不同消费者需求和市场变化为前提，在保证产品质量的基础上，不断更换式样，调换花色品种，增加功能。

(3) 农产品加工的重点领域。2002年8月，农业部制定了《农产品加工业发展行动计划》，提出了农产品加工发展的重点领域，可作为制定农产品加工业规划的重要参考。该文件提出的农产品加工发展重点领域包括粮食加工；肉、蛋、奶制品及饲料加工；果品加工；水产品加工；蔬菜加工；茶叶冷藏加工；皮毛（绒）加工。其中，粮食加工以小麦、玉米、薯类、大豆、稻米深加工为重点，配套进行粮食烘干等产后处理。

(三) 农村工业园区的建立

建立农村工业园区是农村工业发展规划与建设的重要内容。工业企业设点相对集中，既有益于企业之间的分工协作，也有益于企业的优化组合和规模经营，降低成本，增加效益。工业园区是农村工业集中的一种重要形式。工业园区的开发主要是在现有的城乡界限尚未完全拆除，乡镇企业主体大量采用兼业行为的现实背景下，把孤立分散于自然村落的乡镇企业相对集中。工业园区的建设有的以集镇为中心，有的以骨干企业为龙头，还有的是同行业或同产品的企业相对集中，有利于统一规划，合理布局，既节省了大量基建投资，也减少了对耕地的占用。

工厂选址一般考虑以下要求：用地的面积、地形、工程地质、水文地质条件，用水的数量、质量，"三废"的排放与处理，供电、供热、运输、协作等方面的要求，国防、安全、卫生、抗震、防火等规范的要求。重要工厂的厂址选择应尽可能远离重要的风景区和历史文物保护区。工厂不应布置在水库的下游地带或决堤时可能淹没的地区；生产易燃、易爆等危

城乡制度变革背景下的乡村规划理论与实践

险品的工业和仓库区应配置在城市的外围和风向的下风侧；同时必须考虑工业对周围环境、农牧业、渔业可能产生的不利影响。配置在同一工业区内或相邻的工业区，其相互间不应有妨碍卫生及对产品质量不良的影响。

乡镇工业的发展必须与资源、环境相协调，必须与城市化进程相协调，因此必须有科学的规划，区划的正确引导。每个县、市的乡村工业区的数量不宜过多，根据自身的特点及合理布局，以 3 ~ 5 个为宜。工业区过多，会造成工业区规模过小，发挥不了集聚效益；工业区过少，会脱离农村这个根；工业区过度膨胀，也会使建区投资大为增加，建区难度加大。

二、农村第三产业发展规划与建设

第三产业是提供各种服务的产业，也称广义服务业。2007 年，根据"十一五"规划纲要确定的服务业发展总体方向和基本思路，国务院做出《关于加快发展服务业的若干意见》，就农村生产服务体系、生活服务基础设施建设提出了相关的要求。

1985 年 4 月 5 日，国务院同意并转发了国家统计局《关于建立第三产业统计的报告》。该报告对三次产业做如下划分。第一产业：农业（包括林业、牧业、渔业等）；第二产业：工业（包括采掘业、制造业，自来水、电力、蒸气、热水、煤气相关产业）和建筑业；第三产业：除上述第一、第二产业以外的其他各业。2003 年，国家统计局颁布了《三次产业划分规定》，对三次产业做了重新划分，其中将农、林、牧、渔服务业由原先所在的第三产业划归第一产业。由此农村第三产业主要包括三个方面：一是农村第一产业中的农、林、牧、渔服务业；二是乡镇企业口径下除农林牧渔业、采矿业、制造业和建筑业以外的所有产业，如交通运输仓储业、批发零售业、住宿及餐饮业、社会服务业等；三是农村公共服务业。以下就农业第三产业中的流通行业、服务行业的规划问题进行阐述。

（一）流通行业规划与建设

农村流通行业涉及农村交通运输业、农村物流业、农村商品零售业，其系统、结构各有不同，因此要进行不同的规划。

1. 农村交通运输业

（1）交通运输系统及其结构。交通运输大系统中的运输方式结构，包括铁路、公路、水运、航空和管道、磁悬浮等现代运输子系统，这些子系统又各有其优势和特色，在一定的地理环境、技术条件和经济条件下有各自的合理使用范围。"十五"以来，我国公路建设快速推进，农村公路的建设也得到加强，公路"村村通工程"在我国的大部分农村地区正逐步成为现实。由于道路运输具有机动灵活、投资少、见效快、易于经营、通达性好等特点，可以实现门到门运输，因此，在服务农村经济发展、方便农村居民生活方面具有其他运输方式无可比拟的优越性，在今后相当长的时间内将一直是我国农村运输市场运力的主要构成。

（2）交通运输市场及其结构。农村道路运输市场是道路运输市场的子系统，是农村经济发展过程中资源有效配置的重要手段，包含农村运输劳务交换的场所以及交换主体之间产生的各种关系的总和。我国农村道路运输市场主体结构划分可以分为运输需求方、运输供给方、运输监管方三方。运输需求方包括各种目的出行的农村居民和需要运输的各类货物；运输供

· 156 ·

给方包括专业从事农村道路运输的客运和货运企业、个体户等；运输监管方是指农村地区的各级道路运输主管部门。

农村道路运输市场需求结构是制约供给结构发展的主要因素。我国幅员辽阔，各地区农村发展与自然资源的分布存在显著差异，致使我国地区间农村道路运输的需求结构存在许多不同。参与农村道路运输的各类客运和货运车辆的构成状况，即农村道路运输市场的运力结构，反映了我国道路运输市场的发育程度和经济发展水平。客运运力结构以客运车辆的车座数作为划分依据，合理的客运运力结构应该符合当地农村发展实际，参营客车的数量与质量要满足当地居民的出行要求，提供群众有支付能力的运能。结合我国农村经济发展水平和各地区农村产品之间的差异，农村道路运输市场货运运力结构不宜只有单一的衡量标准，还要看其能否适应和满足当地产品类型的运输，促进农村地区经济社会的发展，切实起到道路运输的基础和先导作用。

（3）交通运输系统规划。交通运输系统规划旨在改进交通运输系统和建立规划交通运输资源的合理分配，同时要确定交通运输系统近期和远景发展的蓝图。进行运输规划应满足社会、经济、人口、国防、环境等方面的运输需求与条件；充分考虑交通运输大系统及其各子系统的各种技术特点与环境要求，发挥最大的综合运输效能，提高交通运输系统综合运输能力；要根据国家政策，通过对环境的调查研究，采取定性与定量相结合的方法进行规划、设计，最后提出综合运输发展方案；特别要注意综合交通运输规划的整体协调，网络和枢纽系统的衔接与优化。

完善的综合运输规划，其内容主要包括以下几点：对相关建设资料及数据进行建档；进行环境现状的调查与分析诊断，以及运输需求分析；明确综合交通运输系统发展的有关政策、目标和规划准则；运输体制和财政的现状分析与未来预测等。

（4）可持续性交通运输系统规划。可持续交通运输系统规划的目标就是既要满足当代人的需要，又要限制对未来的负面影响。可持续交通运输系统应该符合下面目标：发展调控的机制能够促进交通运输系统的发展并协调经济发展；可持续性交通运输系统的发展不能超越资源与环境的承载能力；交通运输系统发展的结果是提高人们的生活质量。

交通运输规划的过程一般可以分为背景分析、方法选择、需求预测、方案生成与评价。结合当前社会的经济发展，我国城市交通规划存在的问题和可持续目标的交通运输规划的一系列研究问题主要包括：可持续城市交通系统模式研究、高度信息化社会条件下的交通需求技术研究、能源消耗分析与预测技术、环境影响分析与预测、保障体系研究。可持续交通运输系统规划理论的总体框架（见图8-1）。在图8-1中，可达性目标的实现是交通运输对人出行和社会生产、消费流通需求的满足，而其前提是要分析研究人们交通出行行为，分析研究交通与物流。对这两方面需求满足的目的在于实现对可持续发展需求的满足。机动性目标的实现则从交通供需平衡的分析出发，分析交通运输内部不同方面的问题，合理有效地配置、利用交通运输资源，协调交通各方面的行为。环境可持续性目标则通过交通环境容量和环境承载力指标分析交通对环境的外部影响。

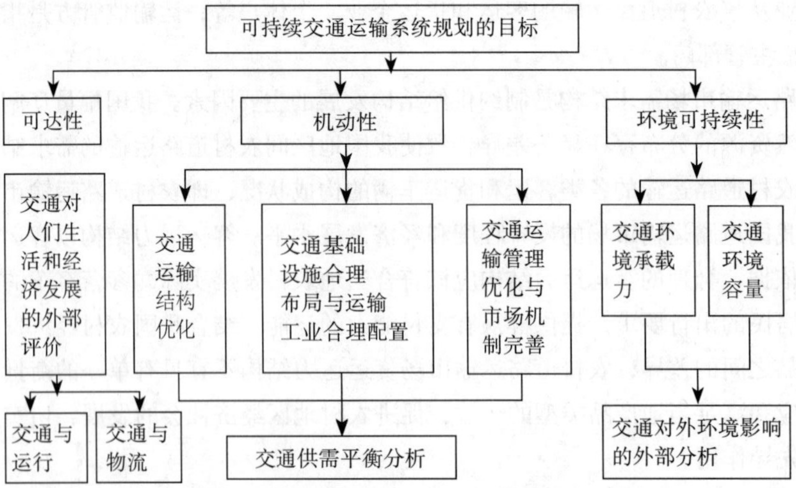

城乡制度变革背景下的乡村规划理论与实践

```
                    ┌──────────────────────────┐
                    │  可持续交通运输系统规划的目标  │
                    └──────────────────────────┘
         ┌──────────────────┼────────────────────────┐
    ┌─────────┐        ┌─────────┐              ┌───────────┐
    │  可达性  │        │  机动性  │              │ 环境可持续性 │
    └─────────┘        └─────────┘              └───────────┘
         │          ┌──────┼──────────┐          ┌──────┴──────┐
   ┌──────────┐ ┌───────┐┌────────┐┌────────┐ ┌───────┐┌───────┐
   │ 交通对人  │ │交通   ││交通基础 ││交通运输 │ │交通环境││交通   │
   │ 们生活和  │ │运输   ││设施合理 ││管理    │ │承载力 ││环境   │
   │ 经济发展  │ │结构   ││布局与运输││优化与   │ │       ││容量   │
   │ 的外部   │ │优化   ││工业合理 ││市场机   │ │       ││       │
   │ 评价    │ │       ││配置    ││制完善   │ │       ││       │
   └──────────┘ └───────┘└────────┘└────────┘ └───────┘└───────┘
       │   ┌─────┘                              │        │
   ┌──────┐┌──────┐    ┌──────────────┐   ┌──────────────────┐
   │交通与 ││交通与 │    │ 交通供需平衡分析 │   │ 交通对外环境影响   │
   │运行  ││物流  │    └──────────────┘   │ 的外部分析        │
   └──────┘└──────┘                       └──────────────────┘
```

图 8-1　可持续交通运输系统规划理论框架图

2. 农村物流业

农村物流的范围不仅包括农业物流和农产品物流，更多地表现为一个地域性物流概念。农村物流应该被理解为发生在农村的物流活动。这些物流活动服务于农业，也服务于位于农村的工商企业。

与城市物流、工商业物流相比，农业物流具有显著的特征。第一，农村居民分散居住，村落广布，从而导致农村物流的分散性，具有分布面广而规模小的特征。第二，农村的生产者和消费者基本融为一体，生产行为和消费行为有时有一定程度的重合，许多物流是在其内部完成的。第三，农业生产有着非常强的季节性，这就决定了农村物流也具有较强的季节性。第四，农村物流的客体大多是有生命的植物、动物或其他生命体微生物，因而农村物流对加工、储存、保管、运输等都有特殊要求，如保鲜储存、保鲜运输、保鲜加工等。第五，农业生产方式的多样性决定了农村物流方式的多样性。不同的农业生产方式对物流服务的需求不同，同时相同的服务内容也会导致不同的成本水平。

与需求特征相对应，农村物流的供给也表现出明显的特征。第一，农村物流受到政府的高度重视，国家相继出台了一系列关于农村物流的文件，如《关于加快农产品流通设施建设的若干意见》《粮食流通基础设施建设"十一五"规划》《关于保障蔬菜水果等主要农产品道路运输安全畅通有关工作的通知》等。第二，标准化相对滞后，适应农业物流发展的基础类、技术类、服务类、信息类和管理类标准体系仍未建立起来。第三，在农产品的流通市场中，农民很难真正承担起市场主体的角色，分散、细小的生产经营方式限制了农民的交易方式。第四，农业物流主体呈现出多元化发展的特征，除了国有商业企业、农业供销社之外，农业物流中的集体、个体、私营、股份制以及外资企业发展十分迅速。但是，我国农业物流主体规模小，网络不健全，市场覆盖面较窄，专业化的第三方农业物流的规模和实力都较小。第五，农村物流信息化程度低，农民对信息识别的分析能力较弱，生产决策的盲目性也比较大。第六，农村物流基础设施滞后，信息管理系统不健全，网络营销少，农产品信息服

· 158 ·

务不周到、不及时。第七，宏观环境有待改进。农村地区的物流政策不到位，物流作业难以规范，不公开交易、不规范操作等比比皆是。

农村物流规划的基本目标可归纳为：根据国家物流体系的总体发展战略和布局，结合区域资源特点及市场需求，加强本区域物流基础设施建设，尤其是农村物流配套设施和市场体系建设。具体措施：第一，建设农村区域物流中心点，这些中心点包括农产品采购中心、加工包装中心、分拣运输中心、储存保管中心、农用品供应服务中心、城市的农产品销售配送中心等。通过物流中心点的建设，使之成为区域物流活动或物流组织管理的枢纽。第二，建设区域物流网。农产品的区域物流网建设应该是一个采集—集中—配送的过程，应形成以批发配送、仓储中转、水运直达运输、公路快速运输、航空高速运输、铁路大宗运输和信息即时服务为主体的物流体系，构建满足区域内生产、生活需要的农产品区域快捷配送网络。第三，构建区域物流网的层次结构，如1小时左右高效配送物流圈，24小时内分拨及终端配送物流圈，48小时内与国外物流网络接轨的国际物流圈，完成国内外物流的一体化。

3.农村商品零售业

从一般意义上讲，农村零售商业是指面向农村市场提供生产资料与生活资料的零售商业，其服务的对象是"三农"，因而它与城市零售商业相比，存在商业总量较大与个体规模不经济并存的现象。农村零售商业年销售额的绝对量比较大，但单个个体经营户都不足以支撑日趋激烈的零售商业竞争；农村居民点分散，人均购买力较低。

面对农村零售商业发展面临的现实市场环境，发展农村零售业要做好战略上的选择。第一，实施连锁经营，规避农村零售商业存在的总量较大与个体规模不经济并存、居民点分散和人均购买力较低的现实方面的障碍，扩大农村商业企业的规模和抗拒风险的能力，提高农村零售商业经营效率。虽然连锁店所售商品价格可能会比一些个私商户高一点，但是因为它的可信度比较高，一般不出售假冒伪劣商品，所以会受到农民的欢迎。第二，以日用消费品经营为主导发展零售业。随着我国小城镇建设步伐的加快和大量农村剩余劳动力的就地转移，农村消费者的购买力日益增强。基于目前农村消费品，如家电、家具、服装、珠宝首饰等仍由城市零售商业提供这一现实，发展农村、乡镇零售商业应在商品经营定位上先选择以这些商品为主导的日用百货连锁店，等有了一定的基础和规模后再逐步演变成各类专业性连锁经营。第三，农村消费者需要商品和消费知识的"双重服务"。目前，农村商品市场存在不少安全问题，而农村消费者又普遍存在着商品知识与品牌鉴别意识的不足，使得农村消费者的权益常常受到损害。农村市场除需要零售商业提供各类商品销售服务外，还需要提供真假商品的识别、品牌的认知、商品使用功能及使用方法等知识。

农村零售商业发展的基本途径主要包括：第一，城市百货店向农村发展连锁店。正规连锁是在同一投资主体领导下共同进行经营活动，集中管理程度高，通过分散经营单位，将成功经验进行复制。对于资金雄厚的百货商可以直接在县城、集镇建立直营店，对于资金紧张的百货商，可采取国际零售巨头沃尔玛初期发展的经验选择租赁方式建店，在集镇、经济发达的村庄发展特许连锁。第二，充分利用供销社已有的系统和网络优势发展百货店。利用供销社系统发展农村百货连锁经营是最现实的方式，具有无法替代的优势，如供销社拥有遍布城乡、星罗棋布的经营网络；供销社系统，从全国总社、省社到县区级农村基层供销社梯度组织体系完备，另外，还拥有专业公司、专业合作社、村级综合服务站、批发市场等。这就为发展日用百货业的连锁经营提供了强有力的组织保证。此外，供销社系统还拥有一支熟悉"三农"的人员队伍，可以用较小的成本培训适应农村连锁经营的专门人才。第三，批、零一体化。通过资本联合、资本融通、销售协作为纽带，城市的百货零售商以批发的形式向农村零售企业延伸，完成多样化的配送，使商品的组合趋于合理，商品的流动更为有效。第四，协助培育一批农村商业人才。城市百货零售商在人力资源开发和人才培训等方面具有很大优势，并且拥有大批具有丰富商品知识与经营管理经验的员工，从而可以为农村百货连锁经营企业培训实用性强的商业人才，并在以后的发展中定期指导其经营。第五，加强商品知识的宣传。一般的日用消费品，以海报、宣传画、产品介绍与使用说明等多种形式进行宣传；对于家电、摩托车之类的耐用消费品，则应提供使用知识（驾驶技术）的培训与指导服务。

（二）服务行业规划与建设

农村服务行业主要包括农村旅游业、农村金融服务业、农村信息咨询服务业和各类技术服务业。

1. 农村旅游业

乡村旅游作为一种特殊的旅游形式，其在规划中特别是在空间组织规划方面与一般旅游区有许多不同。

乡村旅游发展要依托一定的空间组织，这一空间组织是一个由乡村旅游资源、乡村旅游服务机构、旅游交通系统等相互作用形成的区域。按旅游产业构成，可以将乡村旅游空间组织划分为乡村旅游资源空间子系统和客源市场空间子系统。前者包括乡村旅游资源、乡村旅游酒店资源、乡村旅游企业、交通设施及其空间布局等；后者包括本地市场、本国市场和国外市场三个部分。

关于乡村旅游区域空间组织演变阶段，加拿大学者 Bulter R.W. 提出了较为完善的旅游地生命周期模型，他把旅游地生命周期分为五个主要阶段：探查阶段、参与阶段、发展阶段、巩固阶段、停滞阶段。乡村旅游区域空间成长过程同样适用。

（1）在探查阶段，乡村旅游空间混杂无序，只有零星的"农家乐"形式旅游点，基础接待设施较少，而且规模和档次都达不到要求，服务设施基本没有，只有少量游客自发旅游，国外市场份额基本为零。因此，这一阶段的乡村旅游空间较小。这个时期如果要发展乡村旅游，必须投入基础硬件设施，逐步提升软件条件，引导乡村旅游业良性发展。我国大部分乡村处于这一发展阶段。

（2）在参与阶段，乡村旅游发展是一种极点中心空间模式。随着政府逐渐重视，一些农户在政府号召下开始重视乡村旅游发展，区内客源市场逐渐固定，国内客源市场开始缓慢增长，国际客源市场也开始启动。这一阶段主要通过增强节点的聚集能力和扩散效应，形成乡村旅游增长极。我国已有部分乡村处于这一发展阶段。

（3）在发展阶段，乡村旅游是一种点轴分区的空间发展模式。此时，乡村旅游区域知名度明显提升，旅游区开始实施整体宣传和营销，服务设施以及酒店数量和档次迅速提升，客源市场迅速增长并达到最大。这一阶段主要通过培育乡村旅游精品，形成乡村旅游开发的增长轴线。我国已有部分乡村处于这一发展阶段。

（4）在巩固阶段，乡村旅游发展是一种网络竞争空间模式。此时，乡村旅游区知名度和美誉度达到高峰，酒店以及服务设施拓展速度放慢，旅行社经营乡村旅游的业务达到饱和并增长缓慢，客源市场增长速度开始变慢。因此，这一阶段主要通过空间的合理分区来形成全方位、开放性乡村旅游结构。我国一些旅游业发展比较好的乡村处于这一发展阶段。

（5）在停滞阶段，乡村旅游发展是一种圈层集群空间模式。此时，出现酒店、服务设施和旅游服务企业过剩，客源市场开始萎缩，企业竞争加剧，各旅游区之间的空间竞争与合作进一步得到加强。中国还没有这一类型。

在乡村旅游空间组织规划方面，地理学认为，区域空间组织的基本要素包括点、线、网、面和流。其中，"流"包括人流、物流、信息流、资金流。乡村旅游空间组织也就是由以上五个从低级到高级的要素构成的完整区域。点，要因地制宜，打造特色旅游项目。乡村旅游区"点"规划内容是通过乡村旅游区内某一个或者几个景点或者项目来带动整个区域的发展。线，要科学合理。"线"的规划是指区域内景点与景点之间的重要通道、系统和组织，通过通道将单个景点进行合理的组合，形成动静结合、内容丰富的线路组合。网，要集中整合，合理功能分区。乡村旅游区"网"规划的主要任务，是将"点"和"线"构成的乡村旅游区进行合理功能分区，形成乡村旅游网。面，要综合协调，优化空间布局。乡村旅游区"面"规划主要是通过整体空间优化布局达到区域整体发展。旅游发展空间布局是要充分发挥区域内不同地域之间的功能导向，实现其功能定位的最优组合。确定旅游业总体布局与功能分区需综合考虑下列原则：地域性原则、全局性原则、综合性原则。流，要区域联动，搭建市场平台。在乡村旅游发展初始阶段，一般以近郊旅游为主。到乡村旅游发展壮大阶段时，乡村旅游客源构成则趋向多元。如今，全球化进程加快，乡村旅游国际化也随之加快，乡村旅游区"流"的规划也就开始由近及远，逐步从近郊扩展到国际化市场。

2. 农村金融服务业

农村经济发展遇到"瓶颈"的重要原因就是农村金融对"三农"的支持乏力。因此迫切需要重构农村金融体系，为"三农"发展提供更加有效的金融服务。具体主要从以下几方面入手：第一，在政策上加大对"三农"的金融支持力度。农业发展银行应当健全和完善政策性金融功能，加大对农村综合开发、开设农村基本建设和扶贫等贷款业务，把农村基础设施建设、农业产业化等纳入支持范围。第二，发挥商业银行的金融支持作用。商业银行应该自主地对农村有市场、有效益的项目进行支持，鼓励参与一些投资大、周期长的农业基础设施建设，加快农村金融产品的开发。第三，继续深化对农村信用社的改革，使农村信用社真正立足为"三农"服务的市场定位，加大对建设社会主义新农村的金融支持力度。第四，发展多种类型的农村金融机构，尤其是要规范和引导民间融资。同时要抓住国家放宽农村地区银行业金融机构准入政策的契机，积极创造条件，鼓励各类资本设立为当地农户提供金融服务的村镇银行。另外，还要依据《农村合作经济组织法》对遍布农村的

城乡制度变革背景下的乡村规划理论与实践

各类农村合作经济组织加以规范和完善。第五，建立完善的农村利率定价机制。第六，大力发展农业保险，提高农业抗风险能力。例如，建立县一级具有法人地位、以合作保险为主体的农业保险组织体系；组建政策性农业保险公司等。第七，加大财政对农村金融的扶持。例如，放宽农村地区银行业金融机构准入条件，降低或取消农村金融机构税收，建立农业贷款贴息制度，对农村金融机构吸收的储蓄存款免缴利息所得税，建立信贷担保基金等。第八，建立、健全的农村金融法律体系，为支持新农村建设提供法律保障，为农村金融体系的运行创造一个良好的法制环境。

3.农村信息咨询服务业和各类技术服务业

发展农村信息服务业是为了使农民更加贴近市场和围绕市场需求而调整生产结构。我国以"村村通电话工程"为中心，大力推进农业农村信息化，目前已取得阶段性成果。例如，"'十五'期间，有5.28万个行政村开通了电话，有11个省市实现了所有行政村通电话，全国通电话行政村比例达到97.1%"。广电总局也在全国范围内开展了"村村通广播电视"工程。许多省市政府主管部门动员社会力量，结合农民实际需求，组织建立了包括农业技术、政策法规、质量标准等内容的共享信息数据库，为广大农民提供信息服务。从目前来看，我国大部分农村地区设立了众多的农业信息采集渠道和信息采集点，但是仍存在诸多问题，如布点不够规范，标准不够统一等。对此，应该要注意整合农村市场信息资源，同时要建立农村市场信息分析预测系统和农村市场信息大型数据库。

技术服务业，如农机服务业发展迅速。如今，农机化已经成为农民增收的一个重要渠道。农机服务业发展趋势、目标和方向呈现出以下几个特点：第一，农机服务业向信息化发展，因此要加强信息基础设施建设工作，构建一个农机服务业的操作平台，让更多的农户掌握更多的农机技术信息。第二，围绕农业生产的需要，推动服务网点向镇村基层延伸。尤其是要建立农机服务和技术保障的平台，建立服务推广示范基地，并要在各示范基地设立专业、专门的区域性分中心，细化、深化服务组织。第三，密切配合农业产业结构调整，不断创新农机推广服务形式。农业产业结构的调整，必然要对农业机械化推广服务工作提出新的要求，因此农机服务组织也要因地制宜，采取多种形式开展推广服务工作，以新技术和先进装备支持特色农业的发展。第四，大力拓展服务范围，整合资源，充分发挥辐射作用。服务组织在做好本地农机服务的基础上，可以发挥协调有力、技术装备好等方面的优势，组织到外省、市开展跨区市场调研，不断拓展服务半径。

第九章 乡村建设规划

第一节 乡村居民点规划与设计

乡村居民点是乡村人口聚集的场所,是乡村剩余劳动力的"存储库",对其进行合理有效的规划与设计,有利于推动农业的"两个转化",有利于促进城乡协调发展。加强乡村居民点建设,有利于逐步缩小城乡差距,而合理规划乡村居民点是一项具有战略意义的工作。

一、居住区的规划与设计

居住区的功能是为居民提供居住生活环境,所以居住区的规划设计要将居民的基本生活需要当作出发点,为居民创造一个方便而又舒适的生活环境。

(一)居民区规划与设计的基本要求

居民区的规划与设计不仅要追求实用,还要追求美观。

(1)实用要求。规划设计的目的就是为居民服务,提供一个让其生活更为方便舒适的居住环境。应根据各个家庭不同的人口构成和每个地方的气候特点,选择最适宜的住宅类型。要特别注意由于年龄、地区、民族、职业、生活习惯等不同造成的生活和活动内容的不同。

除此之外,还应从日照、朝向、通风、噪声干扰以及各种污染等方面多加考虑和权衡,避开会对居民的人身和财产产生威胁及危害的地区。

(2)美观要求。一个理想的居住环境的形成关键在于不同建筑群体的组合,而不是单体建筑设计。居住环境应该被当作一个有机的整体来进行规划设计。居民区的规划设计除了要考虑营造比较浓厚的生活气息外,同时还要把打造欣欣向荣、朝气蓬勃的新时代面貌当成一个重要的部分。因此,在规划设计居住区时,应该将居住区和道路、绿化等因素结合起来,运用规划、建筑以及园林等,打造立体的、丰富的、多层次的建筑空间,为居民创造舒适、方便、美丽、生机勃勃的生活环境,充分展现充满魅力的乡村风貌。

(二)居民点住宅组团布置的主要形式

住宅组团是构成居民点的基本单位。一般情况下,居民点由若干个住宅组团和公共服务设施配合形成,然后几个居民点再配合公共服务设施构成住宅区。所以,住宅单体设计和住宅组团布置的关系既相互协调又相互制约。

住宅组团布置的主要形式有行列式、周边式、点群式、院落式和混合式。行列式是指

城乡制度变革背景下的乡村规划理论与实践

住宅建筑有规律性的成排成行的布置，简单整齐。周边式指的是住宅建筑形成近乎封闭的形式，空间领域性强。点群式是指低层庭院式住宅围绕某一公共建筑布置，从而形成相对独立的群体布置方式。院落式是一种比较有创意的布置形式，是低层住户将几户人家联排起来组织成方便管理的院落。混合式就是将以上四种布置方式科学地结合起来。

（三）居民点住宅群体的组合方式

住宅群体的组合方式主要有两种：第一种是成组成团的组合方式，这种组合方式是由成规模的住宅形成的组合，它既可以是同一类型同一层数的住宅配合而成，也可以是不同类型不同层数住宅的组成。第二种是成街成坊的组合方式，成街是指住宅沿街形成带状的空间，成坊是把住宅当成一个整体的布置方式，成街是成坊组合中的一部分，二者相辅相成。

二、公共建筑的规划与设计

居民点作为居民日常生活的场所，住宅区只是最基本的存在，要想让居民点的居民甚至是居民点周围的居民享受更加便捷的服务，公共建筑是必不可少的。

（一）公共建筑的类型

居民点公共建筑主要有两大类：社会公益型和社会民助型。社会公益型公共建筑包括行政管理机构、教育机构、文体科技机构、医疗保健机构、商业金融机构，还有集贸市场。其主要为居民点自身的居民服务，同时对周围的居民也有一定的服务价值。社会民助型是多种经济成分应市场需求而兴建的与居民点自身居民生活密切相关的服务行业，如日用百货、粮油店、综合商店等。这两种公共建筑的类型具有明显的区别，社会公益型公共建筑是要承担一定的社会责任，一般由政府部门管理，稳定性较强。而社会民助型公共建筑主要是由市场需求决定其存在与否，具有相对的不稳定性。

（二）公共建筑的配置

公共建筑的配置规模受到多种因素的影响。首先，与其服务的人口规模有关，服务的人口规模越大，其配置的规模也就越大。其次，与城市和镇区的距离也对公共建筑的配置规模有影响，一般距离城市镇区越远，配置规模就要越大。最后，在产业结构偏向第二、三产业经济发展水平较多的地区，公共建筑的配置规模相应地就越大。所以，居民点公共建筑的配置规模要结合不同乡村的具体情况来进行不同的配置。

公共建筑的几种配置形式为带状式步行街、环广场庭院式布局和点群自由式布局。带状式步行街适用于经济发达、对周围居民有购物吸引力的居民点；环广场庭院式布局适用于有大型空地且广场位于乡村的居民点中心；点群自由式布局难以形成具体的规模，所以除特定的环境条件外，一般情况下不多采用。

三、居民点绿地的规划与设计

绿化不仅能够调节气候、保护美化环境，而且可以结合生产，创造经济效益。居民点的绿地系统一般由公共绿地、专用绿地、家庭绿地和道路绿地等构成。

· 164 ·

（一）绿地规划设计的基本要求和基本方法

1. 绿地规划设计的基本要求

（1）从居民对绿地的切实使用要求出发，遵循集中与分散结合、点线面相结合的原则，力求使绿化系统完整且统一，同时也要考虑到和乡村整体的绿化系统的协调。

（2）从节省建设投资的角度出发，要依托有利的地形条件，尽可能地在自然条件相对较差的地方进行绿化，而对原有的合理的绿地予以保留，必要的时候可以加以改造。

（3）从绿化品种来看，在既能满足使用功能也能改善居民居住环境的条件下，应该选择便于管理、成本低但是存活率高的植物。

2. 绿地规划设计的基本方法

（1）要使绿地系统内的各个部分有机地结合起来，除了点线面相结合的原则之外，还要将平面绿化和立体绿化相结合。

（2）绿化不是一个单独的系统，在居民点内，应与原有水系相呼应，充分利用水源条件，布置适宜的景观。

（3）绿化也应与经济作物绿化相结合，在宅院和庭院的绿化就可以种植一些瓜果蔬菜，作为观赏性植物的点缀。

（二）绿地的树种和植物选择

绿化并非简单地将绿色植物布置在相应的位置，除了绿化地带的科学选择的系统配置，绿化植物的选择也非常重要。

（1）因为居民点的绿化属于覆盖面积大且较为普遍的绿化，所以应该选择容易打理、易存活生长、适宜当地气候的植物。

（2）要考虑不同的场所不同的功能需要，如在道路两旁应选择栽种树荫较大能有效遮阳的阔叶乔木，在儿童和青少年频繁活动的场所应该避免栽种有毒或者有危险性的植物等。

（3）在新建的居民点，要以能够快速生长的植物为主，以慢速生长的植物为辅，来快速地形成居民点的绿化面貌。

四、环境小品的规划与设计

环境小品是居民点整体环境的重要组成部分，对居民的生活体验和环境体验具有不可替代的作用。根据其不同的使用性质，环境小品可以划分为建筑小品、装饰小品、公共设施小品、铺地等，囊括了生活休闲的各个方面。环境小品的合理规划和设计有利于提高居民的生活质量。

（一）环境小品规划设计的基本要求

居民点环境小品的规划设计应该符合居民点整体环境的设计要求和构想，与其他各个部分相辅相成，综合考虑，既保持自己的独特性，又可以完美地融合于整体环境之中而不显突兀。另外，居民点环境小品还要考虑实用性、艺术性、趣味性和地方性。

（二）环境小品的规划设计

休闲的亭子长廊一般与公共绿地结合布置，主要用途是供居民休息和纳凉。关于具有商业性质的建筑小品，如售货亭和商店多布置在公共商业服务中心。

对居住环境发挥美化作用的装饰小品大多布置在人流量较为集中的活动中心地段，喷泉、雕塑和壁画等都有一定的美感和艺术表现力，一般可以成为居民点的主要标志。

垃圾箱和公共厕所这类以实用功能为主的公共设施小品，为了使其与整体环境的风格有所统一，就要在保证满足实用需求的基础上，对其外观进行精心设计，造型应力求美观大方。

第二节　乡村基础设施规划与建设

基础设施的主要内容包括供水、排水、道路、电力、电信、燃气等。乡村基础设施是建设新时期乡村最重要、最牢固的基础，是乡村得以继续存在、持续发展的坚实支撑，是衡量经济社会发展的一个重要指标。加强乡村基础设施的规划和建设，有利于促进新时期乡村的快速发展，有利于改善居民的生活条件。

一、乡村供水工程的规划与建设

（一）水源选择和用地要求

水源选择的首要条件是水质和水量。水源的水量必须充沛，河流的取水量不应大于河流枯水期的可取水量，地下水源的取水量不应大于可开采储量。

供给居民生活饮用水，最重要的是安全健康，所以一定要选择水质较好的水源，这样还有利于简化处理水的工序，降低成本。按照开采和卫生条件，选择地下水源时，一般顺序是泉水优于承压水，承压水优于潜水。

根据不同村庄的地形布局，按照实际情况合理地安排供水水源，要全面考虑，统筹安排，要最大限度、合理地综合利用各种水源。

（二）水厂的建设

水厂的平面布置应符合"流程合理、管理方便、因地制宜、布局紧凑"的原则。因为乡村水厂一般采用压力供水的方式，所以比较节约用地，但是在规划水厂用地面积的时候，应该参照水厂规模和生产工艺，用地指标应符合表9-1的规定。

表9-1　水厂用地控制指标

投资规模/万元	地表水水厂/[m²（m³·d）]	地下水水厂/[m²（m³·d）]
5~10	0.7~0.5	0.4~0.3
10~30	0.5~0.3	0.3~0.2
30~50	0.3~0.1	0.2~0.08

·166·

（三）水源的保护

随着经济的快速发展，用水量会逐渐增加，水污染也会有所加剧，接着会出现水源水量减少和水质恶化的情况。所以，对水源进行保护非常必要。第一，应该对水资源量进行正确的评估，对水资源进行合理的分配。在保障生活用水和工业用水足够的基础上，也要考虑到农业用水。第二，科学开采水源，要有可持续发展的长远打算，开采水量绝对不能超过允许开采量。第三，优化产业结构，创新生产技术，减少废水和污水的排放。第四，从乡村规划全局出发，做好水土保持工作。

1. 地表水源的卫生防护

水源的水质直接关系到居民的身体健康，尤其是饮用水水源的保护更要予以重视。水源的卫生防护有以下三点要求。

（1）取水点周围，半径100m的水域内，不允许捕捞、游泳和进行其他一切可能对水源产生污染的活动，并且应该设立显眼的提醒标志。

（2）取水点上游100m至下游100m的水域，禁止排放一切污染物，不得从事有可能对该段水域水质产生污染的活动。

（3）在水源地区，应该保持良好的卫生状况，并充分绿化。

2. 地下水源的卫生防护

对地下水源的卫生防护主要应该从该区域的具体环境卫生出发，建立合理有效的水源防护区。

（四）供水工程管网布置

选择好合适的水源并且建立好水厂之后，就要进行输配水工程的管网布置，保证能够将充足优质的水输送到各个用水点。

1. 供水管网布置的基本要求

（1）作为乡村规划的一部分，供水管网的布置一定要符合整体规划的要求，并且考虑到供水的长期性，应该留有足够的余地。

（2）管网的布置应该能够保证所有的用户都能够有充足的水量和水压，而且除了保证日常的供给之外，也要对意外发生的故障有及时有效的应对措施，不能中断供水。

（3）布置供水管网的时候应选择最优的线路，既保证供水便捷，又可以减少施工过程中遇到的困难。

2. 供水管网布置的原则

（1）供水管应该与主要供水流向尽可能一致。

（2）布置管线时，为节约成本和维护费用，应尽可能使管线短捷。

（3）充分利用地形的优势，干管要布置在地势较高的一侧，保证用户的足够水压。

二、乡村排水工程的规划与建设

（一）乡村排水工程的建设

排水系统是指对生活污水、工业废水和降水采取的排除方式，一般分为分流制和合流制。

1. 分流制排水系统

生活污水、工业废水和降水需要用到两个或者两个以上的排水管渠系统来汇集和输送时，就要用到分流制排水系统。其中污水排除系统用来汇集生活污水和工业废水，雨水排除系统用来汇集和排泄降水，工业废水排除系统只排除工业废水。分流制排水系统又分为完全分流制和不完全分流制两种。

（1）完全分流制。完全分流制就是分别设置污水和雨水两个排水系统，污水管渠负责汇集生活污水和部分工业生产污水，并将其输送到污水处理厂，经过技术处理后进行排放。雨水管渠负责汇集雨水和部分工业生产污水，遵循就近原则将其排入水体。其适用于地势平坦、多雨且易造成积水的地区。

（2）不完全分流制。乡村中没有雨水管渠系统，只有污水管道系统，雨水的排放主要依靠有利的地形条件，其沿着地面在道路边沟和明渠排入天然水体。

2. 合流制排水系统

不同于分流制排水系统，合流制排水系统是将生活污水、工业废水和降水全部集中到一个管渠，进行汇集运输。根据三种污水混合汇集后处置方式的不同，合流制排水系统可以分为以下三种。

（1）截流式合流制。这种系统将三种污水混合之后一起排向沿河的截流管道。晴天的时候，所有的污水都要送到污水处理厂进行处理；雨天的时候，因为雨量的增大，会使混合污水量也随之增大，这时要将超出的污水通过溢流排入水体。

（2）全处理合流制。这种系统要将所有的混合废水全部输送到污水处理厂进行处理后再排入水体，这是一种最环保的方式，可以很大程度上防止水体污染，保护环境卫生，但是相应的成本投入也会很大。

（3）直泄式合流制。混合的污水没有经过处理，分若干排除口就近向坡向水体排入，这是一种容易造成水体和环境污染的形式。

（二）污水管道的平面形式

在规划新时期乡村污水管道的时候，先要在总平面图上进行管道系统的平面设计，主要包括确定排水区的界限、排水流域的划分、污水处理厂和出水口位置的选择，以及污水干管的路线拟定等。污水管道的平面布置，主要是确定主干管和支管的走向及位置。

1. 主干管的设置

地形、污水处理厂的位置、土壤条件、河流情况以及其他管线的布置因素，都会影响到排水管网的布置。根据地形排水管网可分为平行式和正交式两种。

（1）平行式布置是要让污水干管与地形等高线平行，而主干管与地形等高线正交，这种形式在地形坡度较大的乡村优势比较明显，可以减少主管道的埋深和改善管道的水力条件。

（2）正交式布置常出现在地势与水体呈倾斜状态的地区，主干管铺设在排水区的最低处，与地形等高线平行，干管与地形等高线正交。

2. 支管的设置

乡村地形和建筑规划是污水支管布置形式的主要决定因素，污水支管一般布置成围坊式、穿坊式和低边式。

围坊式污水支管是沿街坊四周布置，这种布置形式在地势平坦并且面积较大的大型街坊比较常见。

穿坊式污水支管的布置是让污水支管穿越街坊，街坊四周就不再设污水管，其优点是管线较短和工程造价较低，但是管道的维护管理比较困难。

低边式污水支管是一种应用比较广泛的方式，是将污水支管布置在街坊地势相对较低的一边，管线布置比较短捷。

（三）污水处理厂的位置规划

污水处理厂的设立是为了对生产或生活污水进行处理，使其达到可排放的标准。污水处理厂应该布置在乡村排水系统下游方向的最末端，其在选址时应遵循的原则是：第一，污水处理厂应设在地势低洼之处，这是为了使污水可以自流进入处理厂，还应靠近河道等便于排出污水的地方。第二，污水处理厂的选址应充分考虑环境卫生的要求，与居民区和公共建筑保持一定的距离，且必须位于集中给水水源的下游以及夏季主导风向的下方。第三，污水处理厂的选址应尽量避免占用农田，应该全面长远地考虑到乡村以后的发展。第四，良好的地质条件也是污水处理厂选址时需要考虑的因素，选址的地质条件要满足建造建筑物的要求。第五，如果乡村当前不具备建设污水处理厂的经济条件，居民可以自行采用地埋式污水处理设备处理污水。

三、乡村电力工程的规划与建设

电力是乡村经济发展中最重要的基础之一，是乡村工农业生产、生活的主要动力和不可缺少的能源。乡村供电工程的规划与建设是乡村总体规划的一个重要部分。

（一）乡村电力工程规划内容与电力网的建设

乡村电力工程规划是乡村规划的重要内容，其主要内容包括：确定乡村电源容量及供电量，电压等级的确定，发电厂、变电厂、配电所的位置、容量和数量的确定，供电电源、变电所、配电所及高压线路的乡村电网平面图，电力网的敷设等。

电力网的敷设按照结构的不同分为架空线路和地下电缆两种。无论选择哪一种线路，都应该遵循线路走向短捷、运输便利的原则，还应避开不良的地形、地质，保证居民及建筑物的安全，注意与其他功能管线之间的关系。

确定高压线路走向的原则是：线路的走向应短捷，不得穿越乡村中心地区，线路路径应保证安全；尽量减少线路转弯次数，线路走廊不应设在易被洪水淹没的地方，应尽量远离空气污浊易被污染的地方，以免影响线路的绝缘，发生短路事故等。

（二）变电所的位置规划

变电所的选址对以后的投资数量、效果、节约能源的效用及发展空间有决定性的作用。变电所选址要满足的要求有：便于各级电压线路的引入和引出；交通便利，便于装运变压器等设备；尽量不占或少占耕地，要选择地质条件好、不易发生自然灾害的地方；应该满足自然通风的要求，还应尽量避开容易出现污染的场所。

四、乡村电信工程的规划与建设

乡村电信工程包括电信系统、广播和有线电视及宽带系统等。电信工程规划是新时期乡村总体规划的重要组成部分，包括通信线路的布置和广播电视系统的规划。

（一）通信线路的布置

电信系统的通信线路分为有线和无线两种，无线通信主要采取电磁波的形式传播，有线通信通过电缆线路和光缆线路传播。一般通信电缆线路的布置要求有：电缆线路应尽量短捷，选择比较永久的道路敷设；电缆线路应符合新时期乡村发展的总体规划，为使电缆线路可以长期安全稳定地使用，应与城市建设有关部门的规定相一致；对于扩建和改建的工程，应首先考虑合理地利用原有的线路设备，尽量减少不必要的拆移；应选择拥有良好地质条件的地区敷设；应充分考虑到未来调整、扩建的可能，留有必要的发展变化余地。

（二）广播电视系统的规划

广播电视系统是新时期乡村广泛使用的信息传播工具，在传播信息、丰富广大居民的精神文化生活方面起着十分重要的作用。广播电视也分为有线和无线两种，有线电视和数字电视已成为乡村居民获得高质量电视信号的主要途径。

除此之外，随着计算机互联网的飞速发展，网络给当代社会和经济生活带来了日新月异的变化，当然对新时期的农村也不例外。虽然在一些地区计算机网络尚未实现普及，但是随着网络技术和网络设施的不断完善，计算机网络也一定会在乡村的日常生活和各行各业中扮演着举足轻重的角色，所以在规划乡村电信工程的时候，应该对网络的发展给予应有的重视，并且为其留下充足的发展空间。

有线电视与有线电话同属弱电系统，其线路布置的原则和要求与电信线路基本相同，所以在规划时可参考电信线路的设置与布局。

五、乡村燃气工程的规划与建设

乡村燃气供应系统是供应乡村居民生活、公共福利事业和部分生产使用燃气的工程设施，是新时期乡村规划的一项重要基础设施。

（一）燃气管网的布置

燃气管网的合理布置是为了安全可靠地为各类用户提供有正常压力且数量足够的燃气。布置燃气管网首先要考虑的是使用上的要求，在满足使用要求的同时，要尽量缩短线路的长度，降低成本。

乡村中的燃气管道一般都为地下敷设，它的布置遵循的原则是全面规划，远近期结合并以近期为主。燃气管网的布置应该按照压力从高到低的顺序进行，同时也要考虑下列问题。

（1）燃气干管应该在靠近大型用户的地方设置，以保证燃气供应的可靠性，主要干线应渐渐连成环状。

· 170 ·

（2）燃气管道应尽量少穿公路铁路和其他大型的建筑物。

（3）管道的埋设方法采用直埋敷设。但在敷设时，应尽量避开乡村的主要交通干道和繁华的街道，以免给施工和运行管理带来困难。

（4）燃气管道不能敷设在建筑物的下面，也不能与其他的管线平行地上下重叠，更不能在高压线走廊、动力和照明电缆沟道、各类机械化设备和成品及半成品堆放场地、易燃易爆和具有腐蚀性液体的堆放场地敷设。

（5）管线建成后，应在其中心线两侧划分输气管线防护地带。

（二）燃气厂的位置规划

燃气厂在选择厂址的时候，首先要从乡村的总体规划和气源的合理布局出发，同时也要从对生产生活有利、保护环境和运输方便等方面着眼。具体要求如下。

（1）气源厂址的确定，必须征得当地规划部门、土地管理部门、环境保护部门、建设主管部门的同意和批准，然后尽量利用非耕地或者产量较低的耕地。

（2）气源厂在满足了环境保护和安全防火的要求条件后，应选择靠近铁路、公路或水路运输方便的地方。

（3）厂址选择必须符合建筑防火规范的有关规定，应位于乡村的下风方向，标高应高出历年最高洪水位 0.5 m 以上，土壤的耐压一般不低于 15 t/m，并应避开油库、桥梁、铁路枢纽站等重要战略目标，尽量选在运输、动力、机修等方面有协作可能的地区。

需要注意的是，为减少污染，保护乡村环境，应留出必要的卫生防护地带。

六、乡村道路的规划与建设

乡村道路是指具有一定条件的道路、桥梁及其附属设施，主要功能是供车辆和行人通行。对乡村道路进行规划和建设，要根据乡村用地的功能、交通流量的流向，并且结合本地的自然条件。安全、适用、环保、经久耐用和经济是乡村道路及交通设施规划建设应遵循的原则。

（一）道路分类

按照主要功能和使用特点，乡村范围内的道路可以划分为村内道路和农田道路。村内道路是连接主要中心镇及乡村中各组成部分的联系网络，是道路系统的骨架和交通动脉。村内道路按国家的相关标准划分为主干道、干道、支路三个道路等级。农田道路是连接村庄与农田、农田与农田之间的道路网络系统，主要应满足农民、农业生产机械进入农田从事农事活动，以及农产品的运输活动。

（二）道路系统规划

规划乡村道路系统时，所有的道路都应该分工明确，主次清晰，目的是组成一个合理高效的交通体系。具体要求如下。

1. 满足安全

道路的规划是为了让居民的生活更加便利，而安全是首要的要求。汽车专用的公路和一般公路的二三级公路最好不要从乡村的内部中心穿过；连接货运的道路不能穿越村庄的公共中心地段；设于文化娱乐、商业服务等比较大型的公共建筑前的路段应该将人流集散场地、绿地和停车场规划进去，停车场的面积也要按不同的交通工具进行划分确定。

2.灵活运用地形条件，合理规划道路网走向

道路网规划指的是在交通规划的基础上，对道路网的干、支道路的路线位置、技术等级、投资效益和实现期限的测算等的系统规划工作。在规划道路网走向的时候，要灵活地运用地理条件，以方便快捷、减少成本、节省资源、保护环境为原则。

3.科学规划道路网的形式

在规划道路网的时候，道路网节点上相交的道路条数最好不要超过5条，道路垂直相交的最小夹角不能小于45°，道路网的形式一般有方格式、自由式、放射式和混合式。

（三）交通设施规划

乡村道路设施及其附属设施构成了乡村的交通设施，它的内容主要包括路肩、边沟、路边石、绿化隔离带等。道路的附属设施包括信号灯、交通标志牌和公交车站等。规划建设这些设施，是为保证乡村交通的安全畅通和行人的生命安全。

交通设施要有实用性、美观性、合理性和可靠性，根据不同乡村的地方特色还应考虑和当地的自然风景相结合，交通设施应与交通路线相互配合，不能对交通路线造成阻碍。在旅游资源丰富的乡村，应该重点突出步行景观道路的作用，设计步行景观道路时，从使用的材质到色彩都应该与当地的环境相称。景观路面应选用不规则的鹅卵石等铺地砖，不仅有利于雨水的回渗，也更方便行人观赏的需要。

（四）居民点道路的规划与设计

随着乡村之间经济、政治、文化等各个方面交流的日益频繁，道路在其中扮演着越来越重要的角色，所以乡村居民点的道路规划也日趋重要。

1.居民点的道路系统及其基本形式

按照道路的使用功能和主要特点，居民点的道路系统分为小区级道路、组群级道路和宅前路。小区级道路是连接居民点主要出入口的道路，人流量大，交通运输也比较密集。组群级道路是保障各组群之间能够顺畅沟通的道路，重点是为消防车、救护车、搬家车服务，主要意义在于能够做到安全快捷地对行人和车辆进行分散和集中。宅前路是连接进入住宅区各住户的道路，通过的大部分是行人，有少量的住户小汽车和摩托车也应予以考虑。

居民点道路系统的形式要依据地形、周围的交通环境和其他一些因素进行综合考虑，形式和构图都要切实有用。居民点道路系统的基本形式有环通式、尽端式和混合式。三种形式各有针对的具体环境，应根据其特点灵活应用。

2.车行道和人行道的设置

车行道和人行道既可以并行设置，也可以独立设置，要根据现实情况来选择。

（1）车行道和人行道并行设置

第一，人行道与车行道小落差布置，高差在30 cm以下，这样的优点是可以方便行人上下车。缺点是，遇到大雨天气时，积水迅速，排水慢。

第二，人行道和车行道大落差布置，高差在30 cm以上，间隔适当距离的位置设步梯将

人行道和车行道联系起来。这种布置方式的优点是巧妙地利用自然地形，减少了土石方量，从而降低了建设成本，并且有利于雨季排水。缺点是，因为落差有点大，使得行人上下车较为不便。

第三，无专用人行道的人车混行路。这种布置方式已为各地居民点普遍使用，是一种常见的交通组织形式，比较简便、经济，但不利于管线的敷设和检修，车流、人流多时不太安全，主要适用于人口规模小的居民点的干路或人口规模较大的居民点支路。

（2）车行道和人行道分别单独布置

这种独立布置的方式主要是尽可能地减少人行道和车行道的交汇，从而减少它们相互之间的干扰，并且道路交通系统应由车行系统和步行系统来组织。这种布置的直观缺陷是在车辆较多的居民点内比较不方便。

第一，步行系统。系统内的步行道多在各住宅组群之前及其与公共设施之间，无车辆环境，简捷随意，安全自由，对于人们购物和休闲非常方便。

第二，车行系统。系统内的道路断面不设人行道，行人不允许进入，专为机动车和非机动车通行，自成独立的路网系统。如果有人行道跨越时，为确保行人的人身安全，需要采用信号装置或者其他的管制手段。

第三节　乡村公共服务设施规划

一、乡村公共服务设施均等化

中国的乡村素来地域广阔，在地理条件、物产种类、历史文化、经济发展等方面与城市有着明显差异。就公共服务设施而言，存在城乡公共服务设施不均等化的问题，其主要表现在公共服务设施规模、公共服务设施服务半径和公共服务设施类别不均等化三个方面。实现城乡公共服务设施均等化，不仅要求乡村在公共服务设施配置类别、服务半径、规模等方面制定适宜标准，更多的是落脚于实现乡村和城市在公共服务设施使用上的均等化。

（一）公共服务设施概念

1. 科学内涵

公共服务是指建立在一定社会共识基础上，根据国家经济社会发展的总体水平，为维持国家社会经济的稳定、社会正义和凝聚力，保护个人最基本的生存权和发展权，为实现人的全面发展所需要的基本社会条件。

公共服务设施是满足人们生存所需的基本条件，政府和社会为人民提供就业保障、养老保障、生活保障等；满足尊严和能力的需要，政府和社会为人们提供教育条件和文化服务；满足人们对身心健康的需求，政府及社会为人们提供健康保证。

2. 基本类型

（1）行政管理类。包括村镇党政机关、社会团体、管理机构、法庭等。以前通常把官府

城乡制度变革背景下的乡村规划理论与实践

放在正轴线的中心位置，显示其权威，然而现代的乡村规划中，常把它们放在相对安静、交通便利的场所。随着体制的不断完善，现在的行政中心多布置在乡村集中的公共服务中心处。

（2）商业服务类。包括商场、百货店、超市、集贸市场、宾馆、酒楼、饭店、茶馆、小吃店、理发店等。商业服务类设施是与居民生活密切相关的行业，是乡村公共服务设施的重要组成部分。通常在聚居点周围布置小型生活类服务设施，在公共服务中心集中布置规模较大的综合类服务设施。

（3）教育类。包括专科院校、职业中学与成人教育及培训机构、高级中学、初级中学、小学、幼儿园、托儿所等。教育类公共服务设施一直以来都占有重要意义，它的发展在一定程度上也影响着乡村的发展状况。

（4）金融保险类。包括银行、农村信用社、保险公司、投资公司等。随着我国经济的发展，金融保险行业将在公共服务中显得越来越重要。

（5）邮电信息类。包括邮政、电视、广播等。近年来，网络在生活中的使用越来越广泛，信息技术的发展也促进着现代新农村的经济发展。

（6）文体科技类。包括文化站、影剧院、体育场、游乐健身场、活动中心、图书馆等。根据乡村的规模不同，设置的文化科技设施数量、规模也有所不同。现今，乡村的文体科技类设施比较缺乏，这是由于文化、体育、娱乐、科技的功能地位没有受到重视。随着乡村的进一步发展，地方特色、地方民俗文化的发掘将会越来越重要。文体科技类设施的规划可结合乡村现状分散布置，也可形成文体中心，成组布置。

（7）医疗卫生福利类。包括医院、卫生院、防疫站、保健站、疗养院、敬老院、孤儿院等。随着村民对健康保健的需求不断增加，在乡村建立设备良好、科目齐全的医院很有必要。

（8）民族宗教类。包括寺庙、道观、教堂等，特别是少数民族地区，如回族、藏族、维吾尔族等地区，清真寺、喇嘛庙等在乡村规划中占有重要的地位。随着旅游业不断升温，对古寺庙的保护与利用需要特别关注。

（9）交通物流类。包括乡村的内部交通与对外交通，主要有道路、车站、码头等。人流、物流有序的流动也是乡村经济快速发展的重要基础。我国乡村交通设施一直以来相对落后，造成该现状的原因有很多，国家也在加紧建设各类交通设施。

（二）城乡统筹下乡村公共服务设施均等化的发展

与城市公共服务设施相比，乡村地区的公共服务设施配置在规模、服务半径、种类量化上，反映出城乡的不均等化。为实现城乡统筹规划下乡村公共服务设施的均等化，首先，要在乡村地区满足农民享受公共设施服务半径的均等化；其次，满足农民享受多种公共设施项目的均等化；最后，满足农民享受公共设施规模上的均等化。

1. 分级别——公共服务设施全覆盖

根据镇域乡村体系层次的划分情况，自上而下可分为中心镇、一般镇、中心村和基层村。乡在我国行政等级体系中相当于一般镇，中心镇表示规模相对较大的镇区，其布置要求首先需要满足乡村地区人口需求，也要与其职能相适应，在不同级别下要有不同的服务半径。乡

· 174 ·

村公共服务设施服务半径的空间全覆盖是一个必然的趋势。村民所享受公共服务设施平等性，与其所处人口密度、地区经济相互关联。自"十八大"提出国家在乡村公共服务设施上实行均等化制度后，农民与农民之间享受公共服务设施机会的平等性得以加强。乡村需要按照不同人口规模分级来配置公共设施，对乡村人口规模进行分级，才能实现公共服务设施在乡村地区的全覆盖，才能进一步满足村民在公共服务设施上的均等化要求（见表9-2）。

表9-2 乡区、村庄规模分级

规划人口规模分级	镇区（人）	村庄（人）
特大型	>50 000	>1 000
大型	30 001～50 000	601～1 000
中型	10 001～30 000	201～600
小型	<10 000	<200

来源：《镇规划标准》（GB 50188-2007）。

2. 分类别——公共服务设施全方位

公共服务设施的类别有很多种，包括行政管理、教育机构、文体科技类等。在保证各类公共服务设施使用方便的情况下，结合乡村公共服务设施现状调查，乡村可以采用就近原则，分散布置与村民日常生活紧密相关、使用频率较高的公共服务设施，集中布置规模较大、综合性较强的公共服务设施，以体现公共服务设施便民性（表9-3）。

表9-3 公共设施项目配置

类别	项目	中心镇	一般镇
行政管理	1. 党政、团体机构	●	●
	2. 法庭	○	—
	3. 各专项管理机构	●	●
	4. 居委会	●	●
教育机构	5. 专科院校	○	—
	6. 职业学校、成人教育及培训机构	○	○
	7. 高级中学	●	○
	8. 初级中学	●	●
	9. 小学	●	●
	10. 幼儿园、托儿所	●	●

城乡制度变革背景下的乡村规划理论与实践

（续　表）

类　别	项　目	中心镇	一般镇
三、	11. 化站（室）、青少年及老年之家	●	●
	12. 体育场馆	●	○
	13. 科技站	●	○
	14. 图书馆、展览馆、博物馆	●	○
	15. 影剧院、游乐健身场	●	○
	16. 广播电视台（站）	●	○
医疗保健	17. 计划生育站（组）	●	●
	18. 防疫站、卫生监督站	●	●
	19. 医院、卫生院、保健站	●	○
	20. 休、疗养院	○	—
	21. 专科诊所	○	○
商业金融	22. 百货店、食品店、超市	●	●
	23. 生产资料、建材、日杂商店	●	●
	24. 粮油店	●	●
	25. 药店	●	●
	26. 燃料店（站）	●	●
	27. 文化用品店	●	●
	28. 书店	●	●
	29. 综合商店	●	●
	30. 宾馆、旅店	●	○
	31. 饭店、饮食店、茶馆	●	●
	32. 理发馆、浴室、照相馆	●	●
	33. 综合服务站	●	●
	34. 银行、信用社、保险机构	●	○
集贸市场	35. 百货市场	●	●
	36. 蔬菜、果品、副食市场	●	●
	37. 粮油、土特产、畜、禽、水产市场	根据镇的特点和发展需要设置	
	38. 燃料、建材家具、生产资料市场		
	39. 其他专业市场		

来源：《镇规划标准》（GB 50188—2007）。

注：表中●——应设的项目；○——可设的项目。

· 176 ·

3. 定指标——公共服务设施满足量

乡村公共服务设施的定额指标，可参照表9-4，确定各类设施用地指标。

表9-4 公共设施用地标准

村镇层次	规划规模分级	各类公共建筑人均用地面积指标（m²/人）				
		行政管理	教育机构	文体科技	医疗保健	商业金融
中心镇	大型	0.3~1.5	2.5~10.0	0.8~6.5	0.3~1.3	1.6~4.6
中心镇	中型	0.4~2.0	3.1~12.0	0.9~5.3	0.3~1.6	1.8~5.5
	小型	0.5~2.2	4.3~14.0	1.0~4.2	0.3~1.9	2.0~6.4
一般镇	大型	0.2~1.9	3.0~9.0	0.7~4.1	0.3~1.2	0.8~4.4
	中型	0.3~2.2	3.2~10.0	0.9~3.7	0.3~1.5	0.9~4.8
	小型	0.4~2.5	3.4~11.0	1.1~3.3	0.3~1.8	1.0~4.8
中心村	大型	0.1~0.4	1.5~5.0	0.3~1.6	0.1~0.3	0.2~0.6
	中型	0.12~0.5	2.6~6.0	0.3~2.0	0.1~1.3	0.2~0.6

来源：《镇规划标准》（GB 50188—2007）。

二、乡村公共服务设施规划的原则与方法

（一）乡村公共服务设施规划的理念与原则

1. 城乡统筹发展原则

乡村公共服务设施规划属于村庄规划的一部分，应当顺从统筹规划趋势，协调并利用城市设施资源，合理配置，从而实现资源的共享和综合利用，实现城乡公共服务设施的一体化。

2. 以人为本原则

公共服务设施的布局需要考虑城乡居民点布局和城乡交通体系规划，以现实条件为基础，改善乡村中那些基本的以及急需的公共服务设施，同时还需要注意贴近村民，使村民的乡村生活更加便捷，从而创造美好的人居环境，为和谐社会创造条件。

3. 近期与远期兼顾原则

在考虑当下对公共服务设施需求时，需考虑乡村地区未来人口分布变化、城乡人口趋于老龄化和农村人口逐渐向城镇转移的趋势。

4. 因地制宜原则

参照地区相关标准，结合现实条件与发展趋势，规划有特色的公共服务设施种类与方案，在规划布局上不宜照搬其他地区模式，以免造成千村一面的局面。

城乡制度变革背景下的乡村规划理论与实践

5. 集中布置原则

乡村公共服务设施应布置在村民聚居点处，同时需要考虑各个公共服务设施之间的相互联系，将各类设施集中布置，以利于让公共服务设施与村民生活紧密结合在一起。例如，文化体育设施、行政管理设施可适当结合乡村的公共绿地和公共广场集中布置，从而形成公共服务中心，为村民的休闲、娱乐、体育锻炼、交流等各方面的需求提供便利。

（二）乡村公共服务设施规划的布局与方法

乡村公共服务设施规划的布局不仅是物质空间的布置问题，还包括对国家对乡村公共服务体制的改革，以及财政管理、行政管理体制的改革。因此，在进行乡村公共服务设施规划时，需要结合国家现行的规范标准及规划编制方法等。

1. 空间布局指引

（1）优化配置。选择相应级别的公共服务设施类型，按适宜的规模进行优化配置。政府管理机构、学校、医疗设施等公共服务设施分级设置，相应的分级配置标准应因地制宜，需要基于地方需求合理分配。福利院、老人活动中心、文化站、图书馆等公益性设施有明确的分级标准。商业服务、休闲娱乐设施可参照标准进行配置，但也需要根据乡村具体性质与市场需求 ❶ 灵活调整。

（2）合理的服务半径。服务半径的确定需要与乡村的管理体制改革相结合。特别是管理型、公益型的公共服务设施，它的分级配置不同，其服务半径也不同。例如，中学和小学的服务半径，面向的区域范围不同，其标准也不同。

（3）配合交通组织。各类公共服务设施的位置选择、规模大小、服务对象与交通组织密切相关。例如，行政管理机构需位于交通便利的位置，以方便公务的执行；商业服务类由于经营的范围不同，对客货车流量应分别考虑；过境路宜迁移至乡村边缘，而商业服务设施宜布置在生活性道路两侧。

（4）突出地方特色。乡村的公共服务设施一般位于其最重要的位置，它的规模大小、集中程度，往往能够展现乡村的主要风貌特色，所以应结合乡村绿化、景观系统规划，在公共服务设施布局中重视景观节点的作用，并结合主要道路、街景设计、建筑风格设计，充分发掘当地特色，使乡村风貌规范化、特色化、整体化。

（5）开发强度控制。乡村公共设施的规划要从建设的可行性出发，因地制宜，控制开发强度。

2. 商业服务类布局方法

（1）街道式布局的三种形式

① 沿主要道路两旁呈线形布置。乡村的主干道居民出行方便，中心地带商业集中，有利于街面风貌的形成，加之人流量大、购买力集中，容易取得较高的经济效益。沿街道两侧线形布置，需要考虑公共服务设施的使用功能相互联系，在街道的一侧成组布置，避免人流频繁穿越街道的情况。这种布局的缺点是存在交通混乱的隐患，可能会出现行人车辆混行、

---

❶ 人口规模、经济发展条件、接受城镇公共服务设施辐射程度。

商家占道经营等问题，导致交通堵塞，引发交通事故。

② 沿主干道单侧线形布置。将人流大的公共建筑布置在街道的单侧，另一侧建少量建筑或仅布置绿化带，即俗称的"半边街"，这样布置的景观效果更好，人车流分开，安全性、舒适性更高，对于交通的组织也方便有利。当街道过长时，可以采取分段布置，并根据不同的"休息区"设置街心花园、休憩场所，与"流动区"区分开来，闹静结合，使街道更有层次。这种布局的缺点是流线可能会过长，带来不便。它适用于小规模、性质较单一的商业区。

③ 建立步行街。步行街宜布置在交通主干道一侧。在营业时间内禁止车辆通行，避免安全问题的发生。这种布局中街道的尺寸不宜过宽，旁边建筑的高宽必须适度。

（2）组团式布局

这是乡村公共服务设施规划的传统布置手法之一，即在区域范围内形成一个公共服务功能的组团，即市场。其市场内的交通，常以网状式布置，沿街道两旁布置店面。因为相对集中，所以使用方便，并且安全，形成的街景也较为丰富，如综合市场、小型剧场、茶楼商店等。

（3）广场式布局

在规模较大的乡村，可结合中心广场、道路性质、商业特点、当地的特色产业形成一个公共服务中心，同时也是景观节点。结合广场布置公共服务设施，大致可分为三类：一是三面开敞式，广场一侧有一个视觉景观很好的建筑，与周围环境的然景观相互渗透、融合，形成有机的整体；二是四面围合式，适用于小型广场，以广场为中心，四面建筑围合，其封闭感较强，宜用作集会场所；三是部分围合式，广场的临山水面作为开敞面，这样布置有良好的视线导向性，景观效果较好。

3. 行政管理类布局方式

行政办公建筑一般位于乡村的中心交通便利处，有的也将办公建筑布置在新开发地区，以带动新区经济、吸引投资。它们的功能类型、使用对象相对单一，布置形式大致有两种：

（1）围合式布局。以政府为主要中轴线，派出所、建设部门、土地管理部门、农林部门、水电管理部门、工商税务部门、粮食管理部门等单位围合布置。

（2）沿街式布局。沿街道两侧布置，办公区相对紧凑，但人车混行，容易造成交通拥堵；沿街道一侧布置，办公区线型❶容易过长，不利于办事人员使用，但有利于交通的组织。另外，行政管理类设施周围不宜布置商业服务类设施，以避免人声嘈杂，影响办公环境。

4. 教育类布局方式

（1）幼儿园、托儿所的布局方式。幼儿园、托儿所是人们活动密集的公共建筑，需要考虑家长接送幼儿的方便快捷，对周围环境的要求较高，需布置在远离商业、交通便利、环境安静的地方。同时，在考虑儿童游戏场地时，需注意相邻道路的安全性。一般采用的布局方式有：集中在乡村中心、分散在住宅组团内部、分散在住宅组团之间。

（2）中小学的布局方式。小学的服务半径不宜大于 500 m，中学的服务半径不宜大于

---

❶ 公共人流交通线、内部工作流线、辅助供应交通流线。

城乡制度变革背景下的乡村规划理论与实践

1 000 m。要临近乡村的住宅区，又要与住宅有一定间隔，避免影响居民的生活环境，可布置在乡村街道的一侧、乡村街道转角处、乡村公共服务中心等。

5. 文体科技类布局方式

文体科技类的公共服务设施一般人流较集中。在布局时需要有较大的停车场，建筑形式上应丰富而有层次，能够体现当地的文化、民俗特色，建筑的规模大小应根据乡村的规模相应设定。

6. 医疗保健类布局方式

这类设施对环境要求较高，布置方式较为单一。卫生院包括门诊部和住院部，门诊部的设计需要考虑供人流疏散的前广场，住院部要求环境良好、安静、舒适。敬老院的布置需要考虑室外的活动区、老人休息区，要求远离嘈杂地区、日照良好。

第四节　乡村历史文化遗产保护规划

乡村历史文化遗产是乡村发展的一种独特的资源，将乡村历史文化遗产保护纳入乡村规划建设将有利于提高乡村社会、经济、环境的综合效益，对乡村健康持续的发展具有重要意义。其中，建筑是构成历史文化的基本要素之一，是乡村传统文化遗产保护中最基本也是最重要的内容。

一、乡村历史文化遗产的类型

乡村历史文化遗产可以划分为文化遗产、自然遗产、自然与文化双遗产以及文化景观四种类别。

（1）文化遗产包括文物、建筑群和遗址。文物是指从历史、艺术或科学角度看，具有突出、普遍价值的建筑物、雕刻和绘画，具有考古意义的成分或结构、铭文、洞穴、住区及各类文物的综合体。建筑群是指从历史、艺术或科学角度看，因其建筑的形式、同一性及其在景观中的地位，具有突出、普遍价值的单独或相互联系的建筑群体。遗址是指从历史、美学、人种学或人类学角度看，具有突出、普遍价值的人造工程或人与自然的共同杰作以及考古遗址地带。

（2）自然遗产是指具有突出的普遍价值的天然名胜或明确划分的自然区域。

（3）自然与文化双遗产是指既具有自然遗产所有的特性，也具有文化遗产所有的特性的景观。

（4）文化景观包括人文景观和有机进化景观。人文景观是指出于美学原因建造的园林和公园景观，它们经常（但并不总是）与宗教或其他概念性建筑物及建筑群有联系。有机进化景观包括代表一种过去某段时间已经完结的进化过程的残遗物景观，和与当地传统生活方式相联系的持续性景观。

· 180 ·

二、乡村历史文化遗产保护规划的现状

我国的乡村历史文化遗产保护规划已经走过了一段很长的道路，经过无数人的努力，取得了一些可喜的成绩，如西塘古镇规划、乌镇规划、同里规划等，但是乡村历史文化遗产保护规划的现状仍然令人担忧。人们对遗产保护规划的认识普遍很低，甚至有些乡村的管理者对乡村历史文化遗产保护规划的认识一知半解，尽管近些年来地方政府投入了大量的资金来保护历史文化，但是仍然有某些地方政府对历史文物进行大拆大建，某些乡村仅把文物作为吸引游客的资本，旅游业的过度开发和管理不善导致文物遭到严重的破坏。

从目前乡村历史文化遗产保护规划的现状来看，我国的乡村历史文化遗产保护规划的问题主要体现在以下几个方面：在认识上，人们普遍没有认识到保护历史文化遗产的重要性，尤其是政府的决策者；在保护方法上，政府部门以及当地居民没有协调好保护与利用的关系，把经济利益放在第一位，而忽略了社会效益，从而造成历史文化原真性丧失、旅游业过度开发，以及居民利益受损等问题；在管理上，历史文化遗产保护部门职能不清，部门之间管理权限重叠，各个管理部门责任不明确；在规划上，主要表现为对乡村历史文化遗产的保护偏重宏观层面，缺乏操作性，缺乏实际的、具体的技术指导；在技术上，缺乏各类文化遗产的维护、修复、整治的研究和实践。

三、乡村历史文化遗产保护规划的内容与对策

（一）乡村历史文化遗产保护规划的内容

（1）制定历史文化遗产保护规划的原则与指导思想，制定具体的保护内容与保护重点。

（2）整体空间格局的保护。它包括乡村历史空间格局的保护、乡村布局的适当调整和乡村历史周边环境的控制等。构成乡村的整体历史空间格局通常包括：河网水系、山体坡地等地理地貌环境，街道骨架、街巷尺度、天际轮廓线等标志性建筑物、构筑物以及地域特色明显的传统居住建筑。

（3）街巷空间的保护整治。乡村的街巷格局是构成乡村肌理，并体现该地段个性的重要因素，因此街巷格局的保持和街巷系统的整治十分重要。街巷空间保护应该考虑街巷布局与形态、街巷功能和街巷空间及景观几个方面。

（4）历史公共空间的保护。历史公共空间是乡村居民日常生活和社会生活公共使用的室外及室内空间，包括街道、广场、公园、学校、娱乐场所等。

（5）历史公共建筑的保护。历史公共建筑通常是极具当地特色与民风的建筑，是体现乡村文化的代表，要对它加以合理的保护与利用。历史公共建筑的利用方式也很多样化。例如，保持原有用途或者用作学校、图书馆、旅游设施等。

（6）传统民居的保护。传统民居会在建筑的色彩、材料、工艺和形式等方面体现乡村的民族风情，因此对传统民居的保护也在一定程度上保护了当地的历史文化。

（7）古树名木的保护。古树名木是历史发展的见证，是活的古董，具有重要的历史价值和纪念意义。

城乡制度变革背景下的乡村规划理论与实践

（8）非物质文化遗产的保护与传承。非物质文化遗产包括口头传说、传统表演艺术、民俗活动、礼仪与节庆活动、民间传统知识和实践、传统手工艺技能等，以及与上述传统文化表现形式相关的文化空间。

（二）乡村历史文化遗产保护措施

历史文化资源是记载历史信息的载体，对具有历史价值的乡村必须重点保存并加以保护，具体措施如下。

（1）明确保护的要求。新时期乡村的规划建设并不完全是要对乡村进行全面的重新规划，有些方面需要重新规划，但是有的方面只需要进行整治就可以。在乡村规划建设时，主要把规划改造和保护文化资源有机地结合起来，最大限度地挖掘和弘扬历史文化、体现文化底蕴，特别是要保护乡村内的文化古迹、传统建筑、古树名木和名胜风景。

（2）对历史文化资源展开调查。县、乡两级政府要认真对各地乡村内的历史文化古迹进行普查，将其所在地点、所处位置、特色风貌、价值和现状调查清楚并进行评估，对于具有保护价值的重点院落和单体建筑需要登记造册，并且由县人民政府挂牌公示，列为重点保护文物。

（3）严格保护措施。被列入县级政府挂牌保护的重点文物，要划分它的保护范围和建筑控制地带，并且要有相应的管理规定，安排工作人员进行实际管理。在乡村建设中，任何单位和个人不能对建筑进行随意拆除，新建建筑必须委派专业人员进行现场勘查，确定不会对文物的空间布局和整体风貌产生不良影响后才能批准建设，这是为了保护乡村历史文化资源免遭破坏。

四、乡村传统建筑保护规划

建筑是构成乡村的基本要素之一，是乡村历史文化保护中最基本且最重要的内容。在传统建筑的保护工作中，不仅要注意地面上存在的可见的文物，还要注意埋藏在地下未经发掘的文物和遗迹；既要注意古代的文物，也要注意近代比较有代表性的建筑，以及革命的、历史的、文化的纪念地和纪念物；既要注意已经定级的文物保护单位，又要注意有重要价值却尚未定级的文化古迹。应在普查的基础上对它们进行定级，经过普查和论证无法保存原物的，可以通过采取标志或资料存档的方式对它们进行妥善的处理。乡村传统建筑保护中应遵循如下原则。

1. 应严格贯彻《文物保护法》等相关法规，在此基础上尽可能地继承和发扬当地的建筑文化传统，进而体现地方的个性和特色，打造属于自己的乡村风格。

2. 尊重历史的完整性和真实性原则，对传统建筑、道路还有水系、街道进行规划和维修的时候要修旧如旧，并且在尽可能地保留传统建筑原来面貌的基础上，处理好古建筑和现代民宅的和谐问题。

3. 人与自然和谐的原则。新时期乡村的建设中，要避免破坏传统选址的生态环境。与此同时，要使传统建筑的整体气质格局和当地的历史文化相协调。

4. 保护与利用相统一的原则。对传统建筑的保护是为永续的利用，传统建筑的保护面向

· 182 ·

的主要是可持续发展的旅游业，要能帮助本地区发展高质量有特点的旅游产业。

5. 合理整合资源的原则。有些传统古建筑的现存情况并不乐观，有的已经濒危，还有一些乡风民俗、传统工艺、民间艺术也面临同样的命运，所以要对它们采取"抢救式"的措施，抓紧时间，积极保护。对于那些相对集中或者较为分散的资源，要分别采取不同的方法和措施加以保护。

6. 统筹规划与因地制宜相结合的原则。对传统建筑的保护和利用，要与乡村规划建设结合起来，统筹考虑。在不破坏传统建筑原貌的情况下，因地制宜，针对不同的情况，采取不同的措施，使新时期乡村建设和传统建筑的保护工作相互协调，相得益彰。

第五节 乡村防灾减灾规划与建设

乡村防灾减灾的规划与建设是为减少居民的损失和保护居民的财产以及人身安全。乡村防灾减灾规划应根据县域或地区规划的统一部署进行，其包含防洪、消防、防震减灾等。

一、乡村防洪规划

（一）乡村防洪规划要求

在靠近江河湖泊的乡村，生产和生活经常受到水位上涨的威胁和困扰，因此需要把乡村防洪作为一项规划内容。乡村防洪规划应该符合以下要求。

（1）乡村防洪规划需要跟诸如水土保持、农田水利等规划结合起来，共同整治河道，修建堤坝和滞洪区等防洪措施工程。

（2）根据不同的洪灾类型，乡村防洪规划应该选用不同的防洪标准和措施，然后建设比较完整的系统的防洪体系。

（3）在乡村修建围垸、安全台、避水台等就地避洪安全设施的时候，应该避开分洪口、主洪顶冲以及深水区，其安全超高需要符合相应的规定。

（4）在乡村的建筑或工程设施内设置安全层或者建造其他避洪防洪设施的时候，应该依据避洪人员的数量进行统一的规划，并且规划要符合国家现行标准的相关规定。

（5）防洪规划应该设置相应的洪灾救援系统，包括应急散点、医疗救护、物资储备和报警装置等设施。在容易受到内涝灾害的乡村，其排涝工程与乡村排水系统应该统一规划。

除此之外，应该注意的是，在人口比较密集或者乡镇企业比较发达、农作物产量比较高的乡村防护区，其防洪标准应比正常标准要高；在地广人稀或者灾害不会造成很大损失的乡村防护区，其防洪标准可以适当地降低一点。

（二）防洪工程措施

制定乡村防洪规划，应与当地河流流域规划、农田水利规划、水土保持及植树造林规划等结合起来统一考虑。一般有以下四项工程措施。

1. 修筑防洪堤岸

当乡村用地范围的标准高度普遍都比洪水水位低的时候，需要按照防洪标准来确定修筑防洪堤的高度。处于汛期的时候，大多用水泵将堤内积水排出，排水泵房和积水池应该修建在堤内最低的地方，防洪堤外侧可以结合绿化工程，种植防浪林来保护堤岸。

2. 整治湖塘洼地

湖塘洼地对防洪泄洪的调节作用非常之大，乡村在进行总体规划的时候，可以对一些湖塘洼地加以保留和整治，或者用作养殖场，或者略加填垫修整为绿化苗圃，还可以结合排水规划加以联通，这样可以扩大蓄纳洪水的容量。

3. 修整河道

在我国北方地区，夏季降雨集中，雨量充沛，洪水虽然历时较短，但是洪峰较大，加上平时河道干涸、河床较浅、河滩又较宽，这些都对乡村用地和道路规划有不利的影响。在规划中应该对河道进行整治，修筑河堤来束流导引，将河滩变为村庄用地，将平坦的河床浚深来增加泄洪能力。

4. 修建截洪沟

位于山区的村庄往往会受到山洪暴发的威胁，在这种情况下，可以在乡村用地范围里靠山比较高的一侧顺应地形修建截洪沟，因势利导，把山洪引到乡村外的其他沟河或者引到乡村用地的下游方向，使其排入附近的河流之中。

二、乡村消防规划

对乡村进行规划的时候，消防规划必须制定，它用来杜绝火灾隐患，减少火灾损失，确保居民的生命及财产的安全。乡村消防规划主要包括消防给水、消防通道、消防通信和消防装备等公共消防设施。

（一）消防给水规划

消防给水规划应符合以下几点要求。

（1）在一些拥有给水管网条件的乡村里，管网的设置和消火栓的布置、水量、水压都应该符合国家现行标准有关消防给水的规定。

（2）在那些没有给水管网条件的乡村里，就需要把池塘、水渠、河流、湖泊等水源最大限度地利用起来，设置可靠的取水设施，因地制宜地规划消防给水设施。

（3）如果出现天然水源或者给水管网无法满足消防用水的情况，就需要设置一些消防水池，但是要特别注意，在寒冷地区要对消防水池采取防冻措施。

（二）消防通道规划

消防通道之间应该保持不超过 160 m 的距离，路面的宽度要大于 4 m，当消防车通道上空出现障碍物跨越道路的时候，路面和障碍物之间的净高度要大于 4 m。消防车道的回撤场地一般面积不应小于 12 m²。

三、乡村防震减灾规划

我国是世界上地震灾害最为严重的国家之一，地震活动具有频率高、强度大、分布广的特点。而目前由于缺乏相应的法律法规，公众防震减灾意识淡薄以及缺乏必要的防震知识等原因，乡村抵御地震灾害的能力普遍较低，突出表现为乡村规划对地震灾害预防考虑不够、乡村建设中地震灾害预防难以落实、地震灾害应对准备不足，所以新时期乡村的规划应该将其考虑进去。

乡村抗震减灾规划主要包括建设用地评估、工程抗震、生命线工程和重要设施、防止地震次生灾害以及避震疏散等。建设用地评估，对处于抗震设防区的乡村进行规划时，应选择对抗震相对有利的地段，避开不利地段；当无法避开时，必须采取有效的抗震措施，并应符合国家现行标准的有关规定。严禁在危险地段规划居住建筑和其他人口密集区建设项目。在乡村规划中，应控制开发强度，使居住用地及生命线工程等避开危险区域；将抗震不利地段规划为道路、绿化地段等，因为它们对场地的要求不高，同时还可用作震时疏散场地。

（一）工程抗震规划

工程抗震规划主要包含的内容有：新建的建筑物和工程设施应该按照国家和地方现行的有关标准进行设防；对现有的建筑物和工程设施也要提出抗震加固、改建、翻建和迁移拆除的意见。不管是经济发展水平高还是经济发展水平低的地区，基础设施和公共建筑都应按照国家标准进行抗震设防，其他建筑工程也应该采取相应的抗震措施。

（二）生命线工程和重要设施规划

生命线工程和重要的抗震设施需要进行统筹规划，生命线工程是指交通、通信、供水、供电、能源等，重要抗震设施是指消防、医疗和食品供应等重要设施。对这些工程除了要按照国家现行的标准进行抗震设防外，还有以下要求：

（1）道路、供水、供电等工程需要采用环网布置方式。

（2）村内人口密集的地段设置不少于4个出入口。

（3）抗震防灾指挥机构设置备用电源。

（三）次生灾害规划

对能够生产或者储存包括火灾、爆炸和溢出剧毒、细菌、放射物等次生灾害源的单位，应该采取相应的措施，对次生灾害严重的单位应将它迁出乡村和镇区，不严重的单位采取及时有效的措施，来防止灾害扩大。另外，需要注意的是，在乡村中心地区和人口密集的活动区，不得建设有次生灾害源的工程。

（四）疏散场地规划

疏散场地需要结合广场和绿地等综合考虑，它规划建设的依据是疏散人口的数量，同时应避开次生灾害严重的地段。另外，避震疏散场地应该具有明显的标志和良好的交通条件：每一处疏散场地都不宜小于2 000 m²；人均疏散场地不宜小于3 m²；疏散人群距离疏散场地不宜太远，一般不大于500 m；主要疏散场地应具备临时供电、供水和卫生条件。

城乡制度变革背景下的乡村规划理论与实践

（五）制定地震应急预案

地震应急包括临震应急和震后应急，是防震减灾的四个工作环节之一。最根本的应急准备是制定破坏性地震应急预案和落实应急预案的各项实施条件。从各处的实践经验来看，地震应急预案包括应急机构的组成和职责、应急的通信保障、抢险救援人员的组织和资金物资的准备、应急救援装备的准备、灾害评估准备和应急行动方案。

（六）防震减灾设施布置

从乡村规划的角度看，学校操场、小广场、绿地等均可作为临时避震场所。在防震减灾方面，这些设施在选址和布局上有以下一些规定。

1. 学校

学校的位置选择应该避开污染地段，要选择光照充足、场地干燥、排水通畅、地势较高的地段，校内应有足够布置运动场的场地，具备基本的给排水系统和供电设施，学校内部不得有高压输电线的经过。

2. 小广场

小广场的设置一定要考虑到排水顺畅。其坡度的设置，平原地区小于或等于1%，最小为0.3%；山丘区应小于或等于3%；积雪和寒冷地区不应大于6%，在出入口处应设置纵坡小于或等于2%的缓坡段。

3. 绿地

绿地不仅对美化环境、防护水源、阻风减尘等有显著的作用，对防震减灾也有重要的意义。绿地，特别是分布在居住区内的绿地，可供临震前的安全疏散之用。

第十章 乡村生态环境保护规划与建设

第一节 我国乡村生态环境现状

乡村生态环境就是"农业生物赖以生产的大气、水源、土地、光、热以及农业生产者劳动与生活的环境"。它对农业的可持续发展、乡村人居环境的优劣以及农民身心的健康发展有着极为重要的影响。因此，在进行乡村规划与建设时，必须要将乡村生态环境的保护与建设作为一项重要内容，并切实做好乡村生态环境保护的规划工作。我国乡村生态环境保护工作在经过多年的努力后，已经取得了重大进展。例如，通过对农业结构的调整、积极发展有机农业以及实施退耕还林等措施，乡村的生态环境得到有效改善。但是，综观当前乡村的生态环境形势，仍然十分严峻，且一些生态环境问题还对乡村经济的发展以及农民的身心健康等造成了一定的不良影响。

一、当前我国乡村生态环境存在的问题

在当前，我国乡村生态环境建设面临着一些新的挑战和环境压力，并呈现出越来越多且复杂的问题。概括说，当前我国乡村生态环境存在的问题主要有以下几个。

（一）*存在严重的水土流失和土地荒漠化、沙漠化问题*

长期以来，我国乡村都存在着对水土资源进行过度利用的现象，从而导致水土流失十分严重。虽然新时期以来，乡村建设中十分注重对水土资源进行保护，但是因城镇建设、道路建设等造成的水土流失问题仍然十分严峻。

此外，我国乡村当前还面临着十分严峻的土地荒漠化、沙漠化问题。这不仅导致乡村的自然灾害频发，而且对乡村正常的生产生活造成了严重破坏。

在今后，为保障乡村生产活动以及乡村人民生活活动的顺利开展，水土流失和土地荒漠化、沙漠化的治理问题应继续成为我国乡村生态环境保护与建设的一项重要内容。

（二）*存在严重的资源短缺问题*

在当前，由于乡村生态环境的不断恶化，乡村发展所需的资源也出现了严重短缺的现象，具体表现在以下几个方面。

（1）随着乡村住房、交通等建设用地的不断增加，以及水土水流等土地问题的存在，乡村的耕地资源不断减少。

（2）我国本身是一个水资源短缺且经常发生水旱灾害的国家，再加之乡村地区存在农业

城乡制度变革背景下的乡村规划理论与实践

发展严重依赖农业灌溉的现象，导致乡村的水资源出现了严重的短缺趋势。

（3）由于乡村在发展的过程中存在着将林业用地变为农业用地和建设用地、对林业资源进行过度采伐的问题，虽然国家对此进行了一定治理，但并未完全杜绝。这导致乡村的森林资源正不断减少。

（4）乡村的生物资源，据相关调查资料来看，呈现出加速减少和消亡的现象。

（三）存在严重的污染问题

污染问题也是当前我国乡村生态环境中出现的一个重要问题，具体表现在以下几个方面。

1. 农业面源污染严重

所谓农业面源污染，就是"由沉积物、农药、废料、致病菌等分散污染源引起的对水层、湖泊、河岸、滨岸、大气等生态系统的污染"。

近年来，乡村的农业面源污染呈现出不断加剧的局面。而农业面源污染的原因，概括说主要有以下几个：①化肥、农药、农膜等的大量使用；②农作物秸秆的焚烧；③畜禽养殖业发展产生的大量畜禽粪便；④乡村不断增多的生活垃圾。

2. 水污染

乡村每年都有大量的生活污水产生，但这些生活污水大多没有经过处理便随意排放，导致乡村的湖泊、水库等污染严重。在某些乡村地区，甚至村民的饮用水水源也遭到了不同程度的污染。

3. 工业污染

随着改革开放的不断深入，乡村的经济发展不断加快，各种类型的乡村企业也不断出现并获得迅速发展。乡村企业的出现，对乡村的富余劳动力进行了有效安置，并帮助乡村逐渐脱离了贫困；因长期存在的粗放式经营方式，还引发了不少环境问题，导致废水、废气、废渣等工业污染严重。

当前新时期乡村建设开始偏重于污染少、技术密集、集约化程度高的大企业，这对于改善乡村企业造成的工业污染有重要帮助。

4. 耕地污染

不少乡村地区的耕地由于长期过量地使用化肥、农药、农膜，且灌溉用水多是污水，导致耕地的地力（土壤的肥沃程度）不断下降。这不仅严重影响了农作物的生长，造成农作物减产，而且严重影响了农产品的质量以及食品安全，对于农业的可持续发展以及社会的稳定十分不利。

二、当前我国乡村生态环境问题产生的原因

在新时期的乡村建设过程中，导致乡村生态环境问题产生的原因多方面，其中较为重要的有以下几个。

（一）乡村生态环境保护意识比较淡薄

乡村生态环境保护，最为根本的是乡村相关主体具有生态环境保护意识。但就当前来说，乡村相关主体的生态环境保护意识比较淡薄，具体表现在以下几个方面。

1. 地方政府的生态环境保护意识淡薄

在当前，不少乡村地方政府的生态环境保护意识不强，具体表现在以下几个方面：

（1）不少地方政府存在严重的重经济、轻环保的意识，这导致其在进行乡村建设时注重发展工业，而乡村工业在发展的过程中往往为追求经济利润而忽视对生态环境的保护。也即地方政府未能有效处理经济与环境的关系。

（2）不少地方政府在对乡村进行建设时，存在一定的认识偏差，如认为建设新的乡村就是改变乡村的脏乱差现象，对于乡村的生态环境没有引起足够的重视；认为乡村发展规划中要有生态环境功能规划，但对于生态环境功能规划的作用认识不足；盲目地追求"形象工程""政绩工程"，并往往急于求成，导致农村生态环境并未得到实质性的改善等。

（3）不少地方政府对乡村生态环境污染的紧迫性认识不足，这导致地方政府越来越轻视乡村生态环境问题，并很容易引发以牺牲乡村生态环境为代价来发展经济的行为。

2. 村民的生态环境保护意识淡薄

在当前的乡村中，出现了精英分子流向城市的趋势，导致乡村的村民多由老人、妇女和儿童构成。而这些人的生态环保意识比较差，从而导致乡村的生态环境遭到了严重破坏。具体说，村民的生态环境保护意识淡薄主要表现在以下几个方面。

（1）近年来，我国的农业生产水平有了很大提升，但不少乡村地区的农业生产仍以粗放式为主，如过量使用化肥农药，甚至是用触杀性好且成本低廉的农药，来追求农作物的数量，对农作物的质量以及化肥农药造成的环境污染问题缺乏足够的认识；大力发展畜禽养殖，但养殖过程中产生的大量粪便和废水几乎未经过处理就直接排入水体等。所有这些现象，主要由于村民的生态环境保护意识淡薄造成。

（2）近年来，我国乡村获得了较快发展，村民的收入水平也有了很大的提高。但是，收入的增长并没有使村民改变原本的生活方式，生活污水直排、生活垃圾随地堆放的现象仍然十分常见。这表明村民的生态环保意识比较差，未能形成科学的、绿色的生活消费意识和生活习惯。

（3）在绝大多数村民的思想中，都存在着多子多福的传统观念，因而很多村民都不顾计划生育政策而生育多个孩子。这不仅使乡村的人口数量增长过快，使我国的人口问题越来越严重，而且使乡村的经济发展和生态环境保护面临着越来越大的压力。

（4）不少村民由于受传统观念影响，温饱即足，只顾眼前利益而不顾长远利益，再加上他们的文化素质较低，因而生态环境意识和维权意识都比较缺乏。也即当村民的合法权益受到侵害时，他们并不能拿起法律的武器有效地维护自己的权益。

3. 乡村企业的生态环境保护意识淡薄

乡村企业的出现与发展，对乡村经济的发展以及乡村人民生活水平的提高产生了重大作用。但是，不少乡村企业在发展的过程中，因受到利益的驱动而忽视乡村的生态环境问题，导致乡村的生态环境不断恶化。因此，乡村企业的生态环境保护意识淡薄也是导致乡村生态环境问题突出的一个重要原因。

城乡制度变革背景下的乡村规划理论与实践

（二）乡村生态环境保护的资金投入严重不足

乡村生态环境保护的顺利进行，需要有大量的资金投入作支撑。但当前，我国生态环境保护的资金投入十分有限，且这有限的资金往往投入城市而非乡村，从而导致乡村的环境保护深受资金缺乏的制约。

此外，乡村的环境保护资金投入渠道单一，即主要依靠国家财政投入、农村自身筹资和以工代资等方式，银行资金、社会资金和企业资金几乎都没有参与到乡村的生态环境保护之中，这对于乡村环境保护的实施也十分不利。

（三）乡村生态环境保护的政策不够科学

乡村生态环境保护的政策不够科学，也是导致乡村生态环境问题突出的一个重要原因，具体表现在以下两个方面。

1. 制定乡村生态环境保护政策的指导思想不够科学

从总体上看，制定乡村生态环境保护政策的指导思想不够科学，具体表现在以下两个方面：

（1）我国在制定环境政策的过程中，存在着明显的"城市中心主义"指导思路，即环境工作要围绕着城市来进行。在其影响下，我国制定的环境政策多是重城市环境保护以及城市环境问题的预防与治理、轻乡村环境保护以及乡村环境问题的预防与治理。在某些时候，甚至为了保护城市环境而牺牲乡村环境。这些都导致我国乡村的生态环境问题日益严峻。

（2）我国在制定环境政策的过程中，存在着明显的"重政府环境权力、轻政府环境义务"的指导思想。在其影响下，我国制定的环境政策无法发挥充分的作用。

2. 乡村生态环境保护政策的执行过程存在一定偏差

乡村生态环境保护政策的执行过程存在的偏差，具体表现在以下几个方面。

（1）由于受到城乡二元经济体制的影响，我国针对城市和城市居民、乡村和村民的政策有差异。在其影响下，乡村的城市化进程和经济发展速度缓慢，人口也被大量滞留于乡村。长此以往，乡村便出现了极为突出的人口与资源、环境的矛盾，即人口的数量大大超过了资源和环境的承载量，而这必然会对乡村的生态环境造成极大的破坏。此外，城乡二元经济体制导致乡村和村民的生活贫困程度加剧，村民连生存问题都未能得到有效解决，更不可能有精力顾及乡村的生态环境保护。

（2）乡村生态环境保护政策在执行过程中存在着明显的地方保护主义，这导致乡村的生态环境问题治理起来非常困难。

（3）我国制定的乡村生态环境保护政策在乡村存在一些不适应的情况，如因乡村缺乏环境保护机构以及乡村生产生活方式的特殊性，而导致国家制定的以行政管制为主要手段的强制性乡村生态环境政策无法得到有效实施；由于村民的生态环境意识普遍比较淡薄，而导致国家制定的以利益刺激为主要手段的激励性乡村生态环境政策无法得到有效实施；国家制定的"谁污染谁治理"的环境治理原则因没有让村民得到应有的补偿而未得到有效实施等。

（四）乡村生态环境保护的法律法规不够健全

自新中国成立以来，我国对环境保护的法律法规建设给予了高度重视，并取得了一定成果。但是，这些环境保护法律法规多针对城市环境问题而制定，因而对乡村生态环境问题的适应性有限。也即当前乡村生态环境保护的法律法规建设不够健全，甚至在农村噪声污染、农村环境基础设施建设、农村饮用水水源保护等方面的专门立法基本空白。这对于乡村生态环境的保护十分不利。

（五）乡村生态环境保护的监管体制不健全

乡村生态环境保护的监管体制不健全，也是导致乡村生态环境问题突出的一个重要原因，具体表现在以下几个方面。

1. 乡村环境管理机构不够健全

就我国当前的实际说，环境管理机构在设置上呈现出从中央到地方依次递减的状态，这在环境管理机构的数量、规模、设施、人员等方面都有鲜明的体现。因此，我国乡村的环境管理机构比较缺乏。

2. 乡村环境保护的监管力度不够

我国的环境问题中，乡村环境问题虽然是极为重要的一个方面，但并未引起足够的重视，因而乡村环境保护的监管力度从整体上说比较差，具体表现在以下几个方面：

（1）乡村环境保护人员的配备严重不足。

（2）乡村环境保护部门的环保设备配置比较落后，缺乏必备的交通与通信工具，导致接到污染举报后无法尽快到达违法现场，从而使违法企业或人员有较多的时间采取应对措施。

（3）乡村环境保护人员的监督管理技术比较缺乏，导致在进行违法排污取证时较为困难。

（4）乡村环境保护工作往往由多个部门共同负责，相互之间推诿责任的现象时有发生。

3. 乡村环境保护的社会监督力度不够

在生态环境保护的监管中，公众参与是不可或缺的一项重要内容。但是，由于村民的生态环境保护意识比较差，往往认为生态环境保护是政府的事情，因而并未对生态环境保护进行有效监督，导致乡村环境保护的社会监督机制未能有效形成。

（六）乡村生态环境问题的治理缺乏技术支持

在当前的乡村建设中，也开展了一定程度的生态环境治理，并在一定程度上改善了乡村的生态环境。但是，由于乡村的经济较为落后、工业较为薄弱、村民的科技文化知识比较欠缺，因而在治理生态环境问题时还存在一定的问题，其中较为突出的一个便是技术缺乏。乡村生态环境治理技术的缺乏，会导致乡村生态环境问题治理不当，继而引发另外的生态环境问题。

第二节 乡村生态环境保护规划的编制

乡村环保规划的编制，对于乡村的生态环境保护以及乡村经济社会的可持续发展具有极为重要的作用。

城乡制度变革背景下的乡村规划理论与实践

一、乡村环保规划编制的原则

乡村环保规划要想在实际的乡村生态环境保护中发挥充分的作用，就必须在进行编制时遵循一定的原则，具体有以下几个原则。

（一）规律性原则

规律性原则指的是在进行乡村环保规划编制时，要充分考虑到乡村生态系统中物质和能量的转化运动过程以及人类与环境系统的生态循环。只有在此基础上编制的乡村环保规划，才能具有适宜的尺度，并确保人与环境之间能够保持相对稳定的动态平衡状态。

（二）预防性原则

预防性原则指的是在编制乡村环保规划时应坚持以防为主，防治结合。只有这样，才能有效预防乡村可能出现的生态环境问题，并提前做好问题真正出现时的解决措施。

（三）适度性原则

在乡村生态环境中，所有的资源并非无限，而是具有一定的有限性。同时，乡村生态环境只能在一定的限度范围内承载环境污染、环境破坏等，一旦这一限度被打破，乡村生态环境便会逐渐恶化，并严重影响到乡村的进一步发展，以及村民的正常生产与生活。因此，在编制乡村环保规划时，必须要遵循适度性原则，对乡村生态环境承载环境污染、环境破坏的限度进行科学分析与计算。

（四）系统性原则

乡村生态环境是一个由众多因素构成的复杂系统。在这个系统中，构成因素之间存在着相互联系与制约的关系，且任何一个因素的变化都会影响到其他因素甚至是整个系统的变化。因此，在编制乡村环保规划时，应遵循系统性原则，即将乡村生态环境作为一个系统来进行整体考虑，充分考虑到乡村生态环境的影响因素及其相互之间的关系，尽可能避免顾此失彼。

（五）针对性原则

不同地区的乡村生态环境存在着明显的差异，再加上不同地区的人口状况、经济发展情况、文化技术水平等也有很大的不同。因此，在编制乡村环保规划时，应遵循针对性原则，以确保编制好的乡村环保规划能切实予以实施。

（六）参与性原则

公众参与环保规划是公众的权利，同时也是环保规划制定与实施的基础。因此，在编制乡村环保规划时应遵循参与性原则，积极让村民参与到乡村环保规划的编制之中，以确保编制好的乡村环保规划能够得到村民的接受与认可，继而积极予以执行。

二、乡村环保规划编制的内容

在编制乡村环保规划时，通常应包括以下几方面的内容。

（一）明确乡村环境的功能分区

乡村环境的功能分区，即以乡村环境的生态功能为依据对其进行的划分，有助于有针对

·192·

性地对乡村环境的质量进行改善。一般乡村环境的功能分区主要有以下几种类型。

（1）一般保护区，主要由生活居住区和商业发展区构成。

（2）特殊保护区，主要由自然保护区、重要文物古迹保护区、特殊保护水域等构成。

（3）生态农业区，主要用来积极发展生态农业，以确保农产品的质量。

（4）污染控制区，即需要对乡村企业进行严格控制，防止产生新的污染地区。

（5）重点治理区，即存在严重污染现状，需要对污染进行着重治理的地区。这通常是乡村环保规划中的重点治理对象。

（6）新建经济技术开发区，需切实保证环境的质量，以免产生新的污染。

（二）对乡村生态经济结构进行有效调整

对乡村生态经济结构进行有效调整，也是乡村环保规划编制过程中的一项重要内容，具体包括以下几个方面。

（1）积极对生态型产业进行开发与发展。

（2）切实对生态产业的清洁生产工艺予以推行。

（3）积极对生态产业园区进行建设。

（4）大力发展生态农业和绿色农产品加工业。

（三）对乡村生态环境进行有效保护

在进行乡村环保规划编制时，对乡村生态环境进行有效保护也是十分重要的内容，具体包括以下几个方面。

（1）积极开展能够对乡村生态环境问题进行有效治理的生态工程。

（2）积极开展能够对环境污染进行有效预防的环保工程。

（3）对各种自然资源进行充分保护与有效利用。

（4）积极开展乡村生态恢复工作。

（四）对乡村生态文化进行有效建设

对乡村生态文化进行有效建设，也是乡村环保规划编制过程中的一项重要内容，具体包括以下几个方面。

（1）通过生态环境教育与宣传等活动，积极转变村民的行为观念，使其真正树立起新的资源观、环境观等。

（2）积极引导村民参与到乡村环境保护之中。

（3）做好日常的乡村环境监督工作。

三、乡村环保规划编制的程序

在进行乡村环保规划编制时，需要遵循如下程序。

（一）进行乡村环保规划的准备工作

在编制乡村环保规划时，首先需要做准备工作。而乡村环保规划编制的准备工作，主要是对乡村环保规划编制的相关资料进行收集。一般在收集乡村环保规划编制的相关资料时，可以借助于实地观察法、问卷调查法、访谈法、文献法等。

城乡制度变革背景下的乡村规划理论与实践

（二）对乡村环境问题进行界定与识别

在收集了大量与乡村环保规划编制有关的资料后，就需要对这些资料进行定性与定量分析，并在此基础上，找出乡村生态环境保护所要解决的主要问题，即对乡村环境问题进行界定与识别。

1. 对乡村环境问题进行界定

对乡村环境问题进行界定，有助于乡村环保规划的利益相关者对将要进行的事情形成一致的理解。在具体界定乡村环境问题时，以下两个方面要特别予以注意。

（1）尽可能采用定性与定量描述相结合的方式，对乡村环境问题进行明确界定。

（2）尽可能让所有的利益相关者都参与到乡村环境问题的界定之中。

2. 对乡村环境问题进行识别

在对乡村环境问题进行识别时，以下两个方面要特别予以注意。

（1）特别注意区域资源利用中存在的问题。

（2）注意对不同的问题进行分类详细论述，如水资源开发利用中存在的问题、土地资源开发利用中存在的问题等。

（三）对乡村环保规划的利益相关者进行明确

所谓利益相关者，就是与某项事务具有一定利益关系的人。在进行乡村环保规划时，对利益相关者进行分析也是一项重要的工作，有助于编制好的乡村环保规划具有更强的可接受性和可操作性。

通常情况下，乡村环保规划的利益相关者主要有政府、规划师、受影响者、排污者和非政府组织等。其中，政府是最为重要的一个利益相关者，若是缺乏政府的参与和支持，乡村环保规划将不具备现实意义。与此同时，政府在乡村环保规划中的重要性使得编制好的乡村环保规划往往要反映政府的意愿，而忽视公众的意愿，这又会在一定程度上导致乡村环保规划的实施缺乏群众基础，继而难以实施。规划师通常由专业人员构成，对于保证乡村环保规划编制的科学性具有重要的作用。受影响者主要指的是村民，即正常的生产与生活受到影响的人们。排污者即生态环境问题的制造者与负责者，大多数情况下是乡村企业。非政府组织参与乡村环保规划的编制，主要是为了对政府的乡村环保规划编制行为进行监督，以保证编制好的乡村环保规划能够与公众的利益相符合，能够切实被公众所认可，继而得以有效实施。

（四）对乡村环保规则的目标进行制定

在明确了乡村环保规划的利益相关者后，就需要对乡村环保规划的目标进行确定。乡村环保规划的目标是否合理和科学，将对其实施以及实施效果产生重要的影响。因此，在具体制定乡村环保规划的目标时，要特别注意以下几个方面：

（1）尽可能让所有乡村环保规划的利益相关者都参与到目标的制定过程之中，并尽可能将他们的需求与要求反映出来。

（2）确保制定的目标与现实相符合，不可过高也不可过低。

（3）确保制定的目标具有技术可行性和经济可行性。

（4）确保制定的目标能够借助一定的指标进行衡量。

· 194 ·

（五）对乡村环保规划的任务进行明确

在制定了乡村环保规划的目标后，就需要对实现这一目标所要进行的任务进行明确。在对乡村环保规划的任务进行明确时，以下几点要特别予以注意：

（1）对乡村环保规划的任务进行具体论述，并对其责任者进行明确。
（2）对乡村环保规划任务的实施条件、实施效果以及实施效果的衡量指标进行明确。
（3）保证乡村环保规划任务具有较高的实施可能性。
（4）对乡村环保规划任务未能有效完成时的补救或替代措施进行明确。

（六）对乡村环保规划的实施计划进行确定

明确了乡村环保规划的任务后，就需要对任务进行进一步的时空分解，并形成实施计划。乡村环保规划的实施计划主要是用来标明乡村环保规划任务的具体实施时间、实施条件以及实现程度，且在很大程度上决定着乡村环保规划的实施效果。

（七）对乡村环保规划进行控制与评估

控制与评估乡村环保规划，是编制乡村环保规划的最后一个环节。控制乡村环保规划，主要是为保证乡村环保规划能够按照原定的实施计划进行，并及时发现和纠正实施过程中出现的问题。评估乡村环保规划，主要是为明确乡村环保规划的实施效果，并及时发现实施中的优势与缺点，以便在日后编制乡村环保规划时予以借鉴。

第三节 乡村生态环境建设的措施

党的十八大报告中明确提出，要将生态文明建设放在突出的地位，并将其融入各个方面的建设之中。在其影响下，乡村建设中的环境治理问题被提到了一个新的高度，即要积极开展乡村生态环境建设。具体可通过以下几个措施，来促进乡村生态环境建设的有效开展。

一、要积极提高村民的生态环境意识

乡村生态环境的保护以及生态环境问题的预防与治理，最为关键的是积极提高村民的生态环境意识，使其能够真正参与到乡村生态环境保护之中，并像爱护自己的生命财产一样对乡村的生态环境进行爱护，这样乡村的生态环境定能得到有效保护。

在对村民的生态环境意识进行提高时，可以通过对村民进行生态环境教育与宣传的方式进行，并积极在乡村营造一个学习生态环境保护知识和政策、"人人关心环境和人人参与环境保护"的氛围。

二、要积极完善乡村的生态环境保护政策

积极完善乡村的生态环境保护政策，也是促进乡村生态环境建设有效开展的一项重要举措。通过对乡村生态环境保护政策的不断完善，能够促使乡村的生态环境保护逐渐走向制度化的轨道，继而切实保护乡村的生态环境，在乡村生态环境出现问题时能够有章可循。而在

完善乡村的生态环境保护政策时，可具体从以下几个方面着手。

（1）积极制定完善的乡村生态环境规划政策，以保证乡村生态环境规划的科学性、合理性与有效性。

（2）积极制定完善的乡村村民自主治理生态环境政策，以有效调动起村民参与乡村生态环境保护的积极性与主动性。

（3）积极制定完善的乡村生态环境纠纷处理政策，以保证乡村生态环境纠纷事件能够得到有效解决。

（4）积极制定完善的乡村生态环境补偿政策，以有效调节乡村生态环境保护与建设各利益相关者之间的关系，切实促进乡村生态环境的有效保护。

三、要切实开展乡村生态环境综合治理工作

乡村生态环境综合治理的内容极为复杂，涉及污染治理、生活垃圾治理、水土流失控制、生态农业发展等。通过乡村生态环境综合治理工作的有效开展，能够不断提高乡村生态环境建设和保护的整体水平，继而促进乡村经济的迅速发展以及村民生活水平的不断提升。因此，在开展乡村生态环境建设时，有效开展乡村生态环境综合治理工作十分必要。

四、要积极完善乡村生态环境保护的法律法规

乡村生态环境建设的有序开展，离不开一定的法律法规的支持。即乡村生态环境问题需要借助于法律手段进行治理，因而要积极完善乡村生态环境保护的法律法规，以保证乡村生态环境建设能够有法可依、依法治理。

在对乡村生态环境保护的法律法规进行完善时，可具体从以下几个方面着手。

（1）在立法方面，要切实遵循乡村的自然生态规律和经济发展规律，并从乡村的生态环境现状和问题出发，按照实现乡村生态环境法制化的要求，通过科学、民主的立法来逐渐建立健全乡村生态环境保护的法律法规体系；要切实改变"以罚为主"的立法观念，不断加大对破坏乡村生态环境行为的惩处力度；要积极完善乡村生态环境保护的法律法规体系，并使其逐渐成为一个独立的法律法规体系。

（2）在执法方面，要不断健全乡村生态环境保护法律法规的执法体制，确保有法必依；要不断提高乡村生态环境保护法律法规的执法水平，做到执法必严、违法必究；要不断完善乡村生态环境保护法律法规的执法责任制，确保执法责任明确。

（3）在法律监督方面，要不断健全乡村生态环境保护的执法机构，并切实对乡村生态环境保护法律法规的执法情况进行有效监督。

五、要不断完善乡村生态环境保护的监督体制

对乡村生态环境保护的监督体制进行完善，可以使乡村生态环境保护综合机构得到不断健全，还能使各级政府进一步明确自己在乡村生态环境保护中所承担的责任。因此，不断完善乡村生态环境保护的监督体制是促进乡村生态环境建设有序展开的一个重要举措。在对乡

村生态环境保护监督体制进行完善时，可以具体从以下几个方面着手。

（1）不断完善乡村生态环境保护组织机构，这是乡村生态环境保护工作得以顺利进行的最基本保障。

（2）不断完善乡村生态环境保护责任制，即要进一步明确各级政府部门的领导在乡村生态环境保护中所应承担的职责。

（3）不断完善乡村生态环境保护的社会监督机制，以吸收更多的人参与到乡村生态环境保护之中。

六、要不断加大乡村生态环境保护的资金投入

乡村生态环境保护事业的顺利进行以及乡村生态环境问题的有效治理，都离不开资金的有力支持。

长期以来，乡村生态环境保护的资金投入不足，导致乡村生态环境保护事业的发展受到很大制约。要改变这一状况，国家必须要不断加大对乡村生态环境保护以及乡村生态环境保护设施建设的财政资金投入，并积极引导银行、民间资本等逐渐参与到乡村生态环境保护的资金投入之中。

七、要积极转变乡村的发展模式

乡村发展模式的改变，是乡村生态环境建设能够顺利开展的一个重要保障。而要积极转变乡村的发展模式，就要大力发展无公害的生态农业，减少化肥、农药、农膜等的使用量，确保食品的安全；要大力推动乡村经济发展逐渐从粗放的、不持续的方式转变为集约的、可持续的方式，促进清洁生产的有效实施。

八、要建立有效的乡村生态环境事故应急预警体系

乡村生态环境保护事关广大村民的切身利益，且有着十分广泛的影响范围。因此，建立有效的乡村生态环境事故应急预警体系，提前做好乡村生态环境事故的应急处理措施，以确保乡村重大生态环境问题能够得到及时、有效、安全的解决十分重要。

乡村生态环境事故包含的类型很多，如水污染事故、大气污染事故、固体废弃物污染事故等。当这些事故发生时，必须采取以下应急处理措施。

1. 尽快赶赴事故现场，并采取果断措施，防止事态进一步扩大。
2. 及时对事故的原因、现状以及处理情况等进行披露，以引导村民正确对待事故。
3. 针对具体情况采取具体措施，并尽快明确事故责任。
4. 依法公正地处理事故，以免事态进一步恶化。

九、要不断完善乡村生态环境建设的人才体系

乡村生态环境建设的顺利开展以及乡村生态环境问题的有效治理，都离不开环保人才。因此，要建设新农村，改善和保护乡村生态环境，解决乡村生态环境问题，必须要积极培养

城乡制度变革背景下的乡村规划理论与实践

一批环保型人才。为此，需要进一步完善环保型人才的培养政策，并积极引导环保型人才进入乡村，扎根乡村，为乡村生态环境保护做出重要贡献。

十、要不断加强乡村的生态文化体系建设

不断加强乡村的生态文化体系建设，也能够促进乡村生态环境建设的有效开展。具体来说，可从以下几个方面着手来促进乡村生态文化体系的建设。

1. 积极引导村民树立起乡村生态文明主流价值观，并切实形成乡村生态环境意识。

2. 积极向村民开展生态文明宣传活动，引导村民形成普遍关注乡村生态文明以及乡村生态环境的局面。

3. 积极挖掘乡村的本土文化中所具有的生态内涵，并积极对其进行传承和发展。

4. 积极倡导村民养成生态绿色的生活方式和消费观念，并自觉抵制破坏乡村生态环境的行为。

第十一章 乡村振兴战略规划

第一节 乡村振兴的本质——乡村现代化

一、乡村现代化是乡村振兴的本质内涵

乡村振兴背景下，需要重新审视乡村产业、乡村居民及乡村社会。乡村发展，我们习惯于用"三农"问题概括。但是就"三农"谈"三农"，仅基于农业产业、农民身份、农村社会下功夫，不能真正解决"三农"问题，几十年的乡村发展实践就是明证。我们必须跳出"三农"看乡村，跳出"三农"出方案，才能真正解决"三农"问题。乡村振兴不是农村振兴，乡村产业不等于农业，这意味着乡村不仅要实施农业现代化，更要推进一二三产融合，形成产业创新融合、产居创新融合，重构乡村产业结构；乡村居民不等于农民，回乡创业者、城市里的乡村创客、流动乡村产业职工、城市乡居客、养老养生客，将重构乡村人口结构，新农人才是乡村发展的栋梁；乡村不等于农村，乡村不等于行政村庄和自然村庄，乡村社会不同于农村社会，乡村社区不同于农村村庄；产村融合、产居融合的新型乡村社区，将重构乡村社会及其治理模式。

乡村振兴的本质，可概括为乡村现代化，是乡村社会经济的全面重构。我国乡村的人口规模大、人均土地少、国土广袤，贫穷的现状、分散的布局、薄弱的基础、巨大的区域间差异等现实，决定了国家不可能通过以高度集约的城市化与农业规模化机械化相结合，来解决发展问题。"农民全进城＋规模化农业"的模式，无法取代"小规模农业＋密集村庄"的模式。农村始终要面对适度规模化和精耕细作基础上的发展结构。最重要的是，中国乡村四十年来发展的现实说明，城市化虽能部分带动乡村发展，但更多的是抽空了乡镇与农村的人才和劳动力，使得农村陷入了不可持续发展的困境。现在所实施的工业化带动城市化，城市发展反哺农村的相关政策，每年数千亿投入，结果却低效率，不符合市场规律，难以持续良性发展。由此，中央提出了乡村振兴战略，是一个非常伟大的战略。其立意，绝对不是过去一直在执行的套路的延伸，而是基于乡村与城市新的相互关系理念，基于市场化的决定性作用，重构乡村发展的政策与路径。

我们认为，乡村振兴不能走与城市发展相同的路径，不能唯城市化、唯工业化论。乡村振兴战略，需要重构乡村社会经济发展模式，打破城市主导带动乡村、反哺乡村的传统格局，形成城乡并行且相互衔接融合的经济社会发展新模式。一切用城市发展模型、工业化带

动模型解决乡村问题的做法，都将注定失败。乡村必须探索形成其独有的、适合自身规律的发展模式和发展架构。我们认为，乡村振兴的本质，就是乡村现代化。乡村振兴的路径选择，就是乡村现代化模式与路径的选择。

乡村现代化是一个综合性题目，涉及乡村社会经济文化等各个领域、各个方面的变革与发展，包括经济、政治、文化、教育、科技、心理、观念、社会生活，是乡村社会整体的、全面的、系统的、深刻的社会经济变迁过程。具体看，主要体现在四个方面：产业现代化、生活现代化、文化现代化、治理现代化。①产业现代化。乡村产业，不能仅是农业，乡村产业的现代化，不仅依靠农业现代化，还涉及文创产业、休闲产业、智能化产业等新兴产业和多样化产业的有效导入，从而实现农业与新经济、新产业之间的有效整合。②生活现代化。即通过基础设施的提升、公共配套与服务的完善、生态环境的整治，使乡村人享受到与城市人同等的生活条件和公共服务，实现宜居生活的打造。③文化现代化。即在复兴、传承乡村传统文化基础上，与现代文化碰撞、融合，形成符合现代需求的新文化体系。④治理现代化。即直面乡村治理人才匮乏、治理手段初级、社会现状复杂以及人口结构颠覆的现状，在创新乡村发展机制后，引入新农人，形成乡村新人口和新居民，创新形成社群化、社区化、网络化的治理结构，并有效结合乡贤，形成乡村自组织、自治理能力。

二、构建梦想的"乡村生活方式"是终极目标

中国有着五千年农耕文化的深厚积淀，产生于土地私有制度基础上的小农经济传统，构成了中国独有的原始乡村生活方式。百余年来，工业文明的冲击让传统中国从"桃花源"中走出，中国人在充分享受科技进步带来的现代生活的同时，乡村这一梦想家园也正在远去。随着逆城市化大潮的到来，归园田居的生活理想再度被激活，乡村的生活价值再度被发现，乡村被寄予了传承农耕文化，为人们提供乡居理想家园的使命。

其实，在中国，乡村从来就不仅是一个生产的场所，它更是生活的理想区域，居住的梦想家园。阡陌、良田、屋舍、耕作、吟诗作赋、抚琴作曲……这些美好场景传达的是"暖暖远人村，依依墟里烟"的恬淡生活方式；是"倚南窗以寄傲，审容膝之易安"的生活态度；是"引壶觞以自酌，眄庭柯以怡颜"的生活情怀。因此，乡村振兴的终极目标绝不仅是乡村经济水平的提升，而是满足"人民日益增长的美好生活"需求，构建承载着桃源之梦的乡村生活方式。未来的乡村，是人人都能回得去的乡村，带来的将是桃花源里的乡居生活，是生态和谐的乡村发展，是乡村农耕文明的回归，是现代版的"田园中国梦"。

乡村产业的突破发展，是扭转城乡二元背离发展的核心。如果在乡村振兴过程中，无法实现产业的市场化、有效化、持续化发展，仅依靠政府的资金保障、社会保障、政策保障，恐怕30年后甚至50年后，都无法实现乡村振兴的真正目标，更无法构建起乡村持续健康发展的社会经济结构。乡村产业的发展，需要跳出"农"的局限，以现代农业为基础，形成一二三产业融合的发展架构。

农业在我国乡村发展中一直占据着重要地位，直到如今，粮食安全、现代农业发展仍然是基础。但当农业发展到一定阶段后，仅靠适度规模经营及技术提升，农业附加值的提升有

限。我国的现状，决定了既不能借鉴美国，发展大规模农业，又不能像以色列那样，仅发展高科技农业。我国的乡村发展需要二、三产业的导入，形成科技化、体验化、品牌化、旅游化、文创化、工艺化的带动，在城市消费主体的充分参与下，才能突破限制，形成较强的产业盈利能力。

在中国传统文化的影响下，每个人都有一个田园生活梦，而在西方城市发展中也出现过田园城市梦想，两者是合流的，也反映了世界范围内人们的理想追求。人们追求逆城镇化下田园的、绿色的生活方式，这是中国农村未来发展的最大推动力。而田园居住、生态宜居，又恰恰与产业发展关联极大。如果没有产业发展做后盾，仅把农民的住房转化为城市人的别墅，完全违背社会发展的规律，也根本不可能带动乡村振兴。美国的郊区别墅化，不是我们要走的道路。只有结合了现代产业、多样化的产居融合（旅居、养老居住、休闲居住）、农创、文创等业态结合的发展结构，才是乡村振兴的目标。

因此，与大规模、集约化、高科技的农业生产相比，以一二三产业融合及产居融合为基础的发展模式，更符合中国农耕文化传统与社会现实，也必将成为乡村振兴最重要的支撑，对中国乡村社会、经济、文化的结构升级，都具有深远意义。

概括而言，未来的乡村，应该成为绿色的、生态的、美丽的、宜居的、治理良好的、生活富裕的现代社会区域，是能够提供高质量的基础设施与公共服务，在工作、居住、学习、休闲等各方面能够和城市的生产生活相融合的新型发展区。这些产居融合的新型乡村社区，代替传统村落，代替传统的农业产业区，代替传统的农民居住区，形成新乡村社会形态，成为人们实现田园生活梦想的地方。

三、乡村振兴必须解决生产要素流动问题

生产要素的市场化配置，是乡村振兴实现的前提与支撑。市场化的、高效的要素配置是促进乡村发展的原动力，要想打造乡村理想生活方式，资本与生产要素的可流动性是前提。城市化与工业化恰恰就是依靠了社会资源资本要素的有效流转，实现了中国经济的腾飞。如果乡村土地使用权不可流转、附着在土地之上的不动产不可流转，生产要素的价值就不能进入资产市场和资本市场，就无法形成融资的支持条件与资本杠杆，无法吸引社会资本的大规模参与。那么，乡村将始终面对政府的不断投入与市场的不断抛弃之间的矛盾。

广袤的农村不平衡、不充分发展，不是体现在人与人之间，而是社会经济结构之间。城市在长期的发展中，已经形成了由土地升值、不动产升值构建起来的资产价值升值体系，这也是特定时代条件下城市完成财富积累的良性逻辑。但是基于集体产权所有制，农村一直没有实现承包地、宅基地、集体建设用地的市场化流转，没有体现乡村生产生活要素的资产价值与资本价值，这就意味着乡村资本要素不能顺畅流通，依靠土地升值、不动产升值、资本升值所构成的良性发展结构在乡村就不能实现。我们认为，这是城乡二元结构的一个根本性问题。

中央早在几年前，就以试点的形式，开启土地市场化的改革探索，并在近两年加快了改革的步伐。2018年是土地改革的收官之年，未来如何在全国范围内推进我们不可得知，但

可以肯定的是，在三权分置下，让宅基地、农业承包地等以及其附着资产，实现市场化流转、市场化交易价值，是中国乡村走向现代化的重要前提。未来，乡村将会成为资产升值、不动产升值的重要区域。

实现生产要素市场化流动的重要前提是保障农民利益不受侵害，农民的社会保障制度建设，将形成农民未来生活的安全网，是社会的基础功能与国家的基本任务，需要国家、集体、农民个人三方合力推动。

距十九大提出乡村振兴战略已经有一段时间。虽然《国家乡村振兴战略规划》还未出台，但中央1号文件、政府工作报告均广泛涉及乡村振兴的内容与要求，很多专家学者也撰文进行了剖析。但笔者认为，目前有关乡村振兴的观点论述、政策体系、改革路径以及解决方案等，都还没有抓住破题的关键。依靠承包地、宅基地与农民身份的捆绑，并以此保障农民的财产安全和生活保障，在改革开放以后发挥了巨大的作用，但面对未来乡村振兴战略，我们认为，并不是根本解决之道。土地政策突破、土地与农民捆绑的解除，以及完善的社保体系的构建，笔者认为这三大措施的系统构建与相互支撑，将共同构筑起乡村财富的积累结构，也将成为乡村振兴的康庄大道。

四、乡村振兴要求构建"乡村规划新体系"

习总书记提出，要推动乡村振兴健康有序进行，应规划先行、精准施策、分类推进。乡村振兴不是一个形象工程，也不是一个贸然行动，需要以顶层设计为引领，分步踏实地推进，以实现乡村的自主发展。本书，正是以县域乡村振兴为对象进行的深度研究，形成了全新的规划系统与模式，并通过对四川省开江县等县域乡村振兴规划的编制，探索规划的创新理念与落地实施模式。

乡村现代化，不是乡村城镇化，需要构建全新的乡村规划体系。我国规划体系的重点一直放在城市（镇）规划上，虽然《城乡规划法》将村庄规划纳入了进来，但尚未形成完善的体系。乡村振兴浪潮下，基于乡村本身的基础及发展特征，我们认为应该在城镇规划体系之外，构建既区别于城市，又与城市相互衔接、相互融合的"乡村规划新体系"。

乡村振兴规划不应仅是战略规划，而是经济社会发展规划和区域建设总体规划的一体化规划，是多规合一的规划。这一新规划体系是基于对乡村振兴的创新理解，基于人们对梦想田园宜居生活的追求，基于产业融合、产居融合的探索与实践，以市场化配置资源为决定要素，以产业为主导，以产居融合、产业融合为路径，打破传统镇村结构，形成的一种创新规划模式和结构。我们提出这套规划体系，就是为了服务于当前乡村振兴规划工作，希望为中国特色的乡村发展，提供有效的方法与技术规范，促进实现乡村区域上自然、资源、生态、土地、文化、产业、人居、社区等的要素配置与融合。

乡村振兴规划需要县域乡村振兴战略规划、县域乡村振兴总体规划、乡/镇/聚集区（综合体）规划、村庄规划、乡村振兴重点项目规划五位一体。我们认为，县域乡村振兴规划是涉及五个层次的一体化规划，即《县域乡村振兴战略规划》《县域乡村振兴总体规划》《乡/镇/聚集区（综合体）规划》《村庄规划》《乡村振兴重点项目规划》。《县域乡村振兴战略规划》是发展规划，需在进行现状调研与综合分析的基础上，就乡村振兴总体定位、生态保护与建设、产业发展、空间布局、居住社区布局、基础设施建设、公共服务设施建设、体制改革与治理、文化保护与传承、人才培训与创业孵化等内容，从方向与目标上进行总体决策，不涉及细节指标。《县域乡村振兴总体规划》是与城镇体系规划衔接的，在战略规划指导下进行的一定期限的综合部署和具体安排。在总体规划的分项规划之外，可以根据需要，编制覆盖全区域的专项规划。《乡/镇/聚集区（综合体）规划》中，聚集区（综合体）为跨村庄的区域发展结构，其规划体例与乡镇规划一致。《村庄规划》是以上层次规划为指导，对村庄发展提出总体思路，并具体到建设项目，是一种建设性规划。《乡村振兴重点项目规划》是对乡村振兴中具有引导与带动作用的重大项目进行的总体规划与详细规划。以上五个层次的规划可以进行单独编制，也可以一体化编制，按照顶层战略、总体布局、专项深化、落地聚集区的层级递进深化。

我们在不断探索与实践中，以县域为单位，全面梳理乡村规划体系，制定了新的《县域乡村振兴规划导则》纲要，并以其为指导，编制了《开江县乡村振兴战略规划与总体规划纲要》，实现落地服务的导引。虽然目前这一标准还仅是企业标准，但我们期望通过不断探索与实践，通过不断完善与修订，使其能够上升为行业标准，甚至能够为国家标准的形成提供借鉴。

五、乡村振兴需要项目的落地引导与近期的高效实施计划

乡村振兴战略及其实施，不能停留于文件、停留于口号、停留于规划，关键在于落地，在于高效实施乡村振兴战略的实施，需要好项目。我们归纳了现代农业、一二三产业融合、农旅融合，以及"农业""乡村+"模式下的很多产品模式，包括田园综合体、创新型田园城市、慢村、共享农庄等。我们还探讨了项目的策划包装、招商引资以及投融资等，希望通过项目的引导，为乡村振兴落地实施，提供具体的方法与支撑。其中，我们特别推荐五种创新的产品模式。

田园综合体：是跨村庄、跨田园、跨社区、跨镇的乡村综合发展结构，是城乡融合发展、农业综合开发、农村综合改革的一种新模式和新路径。它以农民合作社为主要载体、让农民充分参与和受益，集循环农业、创意农业、农事体验于一体。田园综合体的开发以农业生产体系构建为基础，"农业+"产业体系构建为核心，通过综合产业价值链的演化，全面提升乡村的经济效益、社会效益、生态效益和资源效益。

创新型田园城市：是一种田园与城市融合的结构，主要在城市近郊或城市集群中的乡村推进。它既拥有城市完善的社会服务功能，又具备乡野庄园的田园生活配置，是城乡融合背景下产生的新型乡村业态形式。这种模式以庄园集群为核心，重塑城市结构和农业结构之间的关系，打造一种工作生活一体化的现代乡村生活方式。

慢村：针对高品质乡村生活诉求，我们成立了北京慢村旅游开发股份有限公司，提出打造"慢村"品牌。慢村致力于乡村价值的发现、重塑与传播，以及美好乡村的建设。慢村通过"三变""四不变""五优先一自愿"的乡村改造原则，I+EPC+O的总服务模式，系统性消

城乡制度变革背景下的乡村规划理论与实践

解农村发展与城市资本的对立矛盾，实现资本方、运营方、政府、村民的四方共赢。

共享农庄：在共享经济成为经济发展新动能的背景下，我们开始着手探索共享农庄的落地与实施。共享农庄是盘活乡村闲置资源，提高农民收入，实现乡村现代化，推动乡村振兴的重要举措。共享农庄依托互联网、物联网等技术，以"共享"作为开发、建设、运营的基层理念，通过乡村闲置资源的包装，打造一种全新的消费方式，以助力乡村振兴。

市民农庄：是一种城乡统筹的开发模式，"以大企业融合村民企业"为平台、以"顶层设计、系统规划、统筹实施"为方法，以市场化运营为原则，实现市民下乡，资金技术下乡，推动各项生产要素向乡村汇聚，在保障农民永久性财产性收益的基础上，使农村发展对接城市需求和城市资源，从而有效回流资金，持续带动乡村发展。

第二节　乡村振兴的规划方法

乡村振兴是一项关乎全局、着眼长期的历史任务，不是一个形象工程，也不是一个贸然行动。习总书记提出，要推动乡村振兴健康有序进行，应规划先行、精准施策、分类推进。目前，《乡村振兴战略规划》由发改委牵头正在紧锣密鼓的制定中，两会期间，国家发改委相关负责人答记者问时明确表示，即将出台的《乡村振兴战略规划》围绕着农业全面升级、农村全面进步、农民全面发展，统筹提出了今后五年乡村在经济建设、政治建设、文化建设、社会建设、生态文明建设等方面的重点任务和政策措施。重点在构建乡村振兴新格局、推进乡村全面振兴、强化支撑和保障三个方面着力，如图 11-1 所示。

基于对乡村振兴的创新理解，基于人们对梦想田园宜居生活的追求，基于产业融合、产居融合的探索与实践，绿维文旅认为，乡村振兴规划应该以市场化配置资源为决定要素，以产业为主导，以产居融合、产业融合为路径，打破传统镇村结构，形成一种创新的规划模式和结构。由此，乡村振兴规划不应仅是战略规划，而是经济社会发展规划和区域建设总体规划的一体化规划，是多规合一的规划。

着力构建乡村振兴新格局	推进乡村全面振兴	强化支撑和保障
·统筹城乡发展，推进城乡规划一体化； ·优化乡村生产生活生态空间布局，对城乡协同发展做出安排； ·提出不同类型的乡村振兴战略、实施要求、优先任务和工作方法	·加快农业现代化步伐； ·建立农村产业融合发展体系； ·建设生态宜居乡村； ·繁荣发展乡村文化； ·健全乡村治理体系； ·保障和改善农村民生	·强化人才支撑； ·推进土地制度改革； ·加大资金投入，除了中央资金支持之外，还包括社会资金、金融资金等

图 11-1　乡村振兴规划的三个着力点

绿维文旅作为乡村振兴规划的先行者，在国家政策方针指引下，结合县、乡、村实际情况，率先探讨乡村振兴规划的方法和体系结构。我们提出这套规划体系，就是为了服务于当

· 204 ·

前乡村振兴规划工作,希望为中国特色的乡村发展,提供有效的方法与技术规范,促进实现乡村区域上自然、资源、生态、土地、文化、产业、人居、社区等的要素配置与融合。

一、乡村振兴规划的制定基础:理清五大关系

乡村振兴规划是一个指导未来30余年乡村发展的战略性规划和软性规划,涵盖范围非常广泛,既需要从产业、人才、生态、文化、组织等方面进行创新,又需要统筹特色小镇、田园综合体、全域旅游、村庄等重大项目的实施。因此,绿维文旅认为,乡村振兴规划的制定首先须理清五大关系,即20字方针与五个振兴的关系;五个振兴之间的内在逻辑关系;特色小镇、田园综合体与乡村振兴的关系;全域旅游与乡村振兴的关系;城镇化与乡村振兴的关系。

(一)20字方针与五个振兴的关系

产业兴旺、生态宜居、乡风文明、治理有效、生活富裕的20字方针是乡村振兴的目标,而习总书记提出的产业振兴、人才振兴、文化振兴、生态振兴、组织振兴,是实现乡村振兴的战略逻辑,也即20字乡村振兴目标的实现需要五个振兴的稳步推进。

乡村产业振兴需从三个方面着手:一是基于生态环境、农业生产与传统文化等开发基础,寻找特色优势条件,并基于此构建产业发展模式。二是构建以产业运营商、生产经营主体(企业)为核心的双孵化模式。三是构建完善的产业保障体系。包括社会化服务体系、金融服务体系、营销服务体系等。

乡村人才振兴要坚持"人才是孵化出来的,不是培训出来"的核心理念,大力解决人才需求与供给间的矛盾,着力孵化高端人才、创业的中坚骨干人才、农业企业人才与村干部、返乡农民工、科技创新人才等各类乡村振兴需要的人才。

乡村生态振兴的关键是循环农业的普及。循环农业在保护农业生态环境和充分利用高新技术的基础上,调整和优化农业生态系统内部结构及产业结构,实现清洁生产与提质增效的双重目标。此外,生态振兴还应在农业面源污染控制、农村污染防控治理等方面重点推进,有效实施。

乡村文化振兴的实现途径有三:一是地域文化、农耕文化、民俗文化的挖掘提炼;二是乡村文化在乡村旅游中的融合使用,这是文化振兴的关键;三是以文化推动地方品牌的构建,实现文化的经济价值与战略价值。

乡村组织振兴重点从两个方面推进:一是大力发展集体经济,解决乡村组织的资金问题,充分发挥乡村组织在乡村振兴中的带动作用;二是解决组织建设问题,这需要相关部门群策群力,锐意改革,协同推进。

(二)五个振兴之间的内在逻辑关系

产业振兴、人才振兴、文化振兴、组织振兴、生态振兴共同构成乡村振兴不可或缺的重要因素。其中,产业振兴是乡村振兴的核心与关键,而产业振兴的关键在人才,以产业振兴与人才振兴为核心,五个振兴间构成互为依托、相互作用的内在逻辑关系,如图11-2所示。

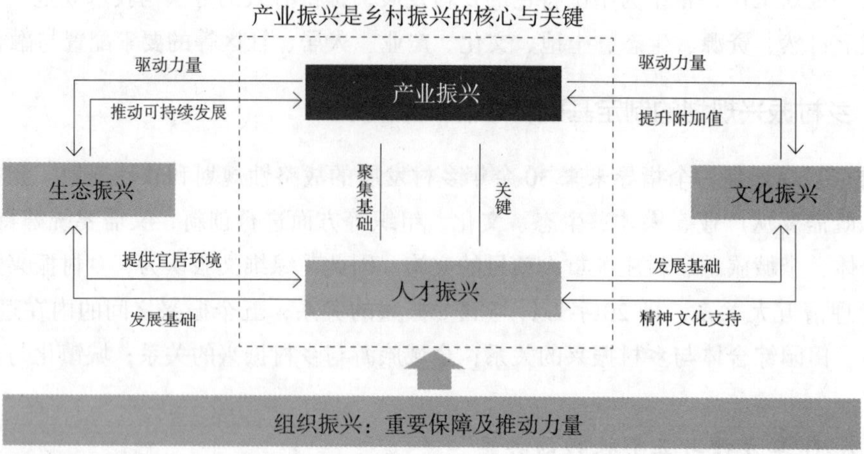

城乡制度变革背景下的乡村规划理论与实践

产业振兴是乡村振兴的核心与关键

驱动力量　　　　　　　　　　　　驱动力量
推动可持续发展　　　　**产业振兴**　　　提升附加值

生态振兴　　　聚集基础　关键　　　文化振兴

提供宜居环境　　　**人才振兴**　　　发展基础

发展基础　　　　　　　　　　精神文化支持

组织振兴：重要保障及推动力量

图 11-2　五个振兴间的内在逻辑关系

产业振兴是乡村振兴最重要的动力因素与经济保障。产业发展带来的就业机会，使得人才聚集成为可能，同时产业发展带来的经济提升，为生态改良、文化传承提供资金支持。而人才是产业振兴的关键，只有在引进外部专业人才、吸引返乡创业人才、提升农村现有人才水平三大措施的加持上，才能实现农村产业及社会发展的突破。生态振兴是产业可持续发展的关键，也为人才提供了宜居的生态环境。文化振兴既是提高产业附加值的重要手段，也是塑造乡村核心吸引力及软实力的关键。组织振兴为产业、人才、生态、文化振兴的实施提供重要保障，并受益于此，不断实现自我完善，提高组织效率。

（三）特色小镇、田园综合体和乡村振兴的关系

2016 年，住建部等三部委开展特色小镇培育工作，2017 年中央 1 号文件首次提出田园综合体概念，2018 年中央 1 号文件全面部署乡村振兴战略，它们之间的内在关系密切。从乡村建设角度而言，特色小镇是点，是解决三农问题的一个手段，其主旨在于壮大特色产业，激发乡村发展动能，形成城乡融合发展格局；田园综合体是面，是充分调动乡村合作社与农民力量，对农业产业进行综合开发，构建以"农"为核心的乡村发展架构；乡村振兴是在点、面建设基础上的统筹安排，是农业、农民、农村的全面振兴。

（四）全域旅游与乡村振兴的关系

从我国乡村发展条件及现状来看，"农业"与"旅游"是乡村振兴的两个重要切入点。以"旅游"为优势产业进行区域全方位优化提升的全域旅游是乡村振兴的有力抓手。全域旅游与乡村振兴同时涉及区域的经济、文化、生态、基础设施与公共服务设施等各方面的建设，通过"旅游＋"建设模式，全域旅游在解决三农问题、拓展农业产业链、助力脱贫攻坚等方面发挥重要作用。此外，全域旅游在乡村产业升级、产品开发、品牌创新、设施完善等方面的建设，构筑了乡村的宜居环境及浓郁的文化氛围，使乡村能够满足人们对美好生活的追求，从而构建乡村振兴绿色生态的良性发展模式。

·206·

(五) 城镇化与乡村振兴的关系

乡村振兴战略的提出，并不是要否定城镇化战略。相反，两者是在共生发展前提下的一种相互促进结构。首先，在城乡生产要素的双向流动下，城镇化的快速推进将对乡村振兴起到辐射带动作用。城市资本、人才、技术等生产要素的流入，将大大加速乡村振兴的步伐，同时，随着城镇化的不断推进，城市的基础设施与公共服务也必将向乡村延伸，从而提升乡村生活品质、实现乡村高质量发展。其次，乡村振兴成为解决城镇化发展问题的重要途径。在城镇化发展过程中，人口过度集聚、交通拥堵、环境污染等"城市病"问题日益突出，城镇布局不合理、城乡建设缺乏特色等问题逐渐显现，城市单极发展的模式亟须改革。乡村振兴战略以良好的生态环境为发展背景，"田园"特色为重要资源，通过产居融合的空间结构与现代梦想田园生活方式的构筑，将有效改善城乡二元结构。

二、乡村振兴的八大规划战略

第一，城乡融合发展战略。充分发挥市场在要素配置中的决定作用和政府在公共服务中的作用，推进城乡要素平等交换、合理配置，城乡居民基本权益平等化、基本公共服务均等化，产业发展融合化。

第二，农业产业发展战略。坚持一二三产业全面融合，加强农业结构调整，发展壮大优势特色产业，构建"接二连三"的农村全产业体系。

第三，优势品牌产品优化战略。立足资源优势，围绕区域优势主导品种和产业，打造一批优势农产品知名品牌。

第四，基础设施与公共服务设施优化战略。结合农业生产与居民生活，从空间布局、供给模式、融资模式、经营管理等方面，提升市政基础设施与公共服务配套设施建设。

第五，农村社区提升与布局优化战略。以社区化发展为目标，统筹考虑生产、生活、生态三大功能，就农村社区的布局原则、布局形式、建设标准、配套标准、实施时序等给出解决方案。

第六，农业农村信息化战略。在完善信息基础设施建设的基础上，推动信息技术与农业生产、农产品销售、农业政务管理、农业服务等的全面融合。

第七，社区治理体制战略。根据农村社会结构的新变化，健全自治、法治、德治相结合的乡村治理体系，实现治理体系和治理能力现代化。

第八，文化复兴战略。梳理乡村文化脉络，进行产业化、产品化、体验化打造，实现乡村文脉的传承与创新。

三、乡村振兴的六化手法

第一，科技化。科技化是促进乡村振兴实现的重要基础支撑。以技术升级促进农业产业发展，实现农业现代化；以科技发展，推动生物防控、污染治理、生态保护、文化保护与创新；以科技进步，助推基础设施与公共服务设施的智慧化、均等化。

第二，信息化。信息化是促进乡村跨越式发展的重要动力。借助互联网技术，促进农产品生产、加工、流通、营销及追溯，实现农业智慧化；借助互联网技术，打造常态化的远程教育、远程技术指导、远程医疗，实现资源在城乡之间的无缝对接；借助互联网技术，打造智慧出行、智慧社区服务、智慧养老等全方位智慧生活。

第三，旅游化。旅游是促进乡村发展的重要引擎之一。以旅游产业为引擎，延伸农业产业链，实现农旅融合发展；以旅游带来的消费聚集为基础，促进农业即农产品附加价值的提升；以旅游促进城乡之间的市场与要素流动，带来乡村基础设施、公共服务的提升，以及社会文明程度的提高。

第四，品牌化。品牌化是乡村实现内涵式发展的重要途径。以品牌建设，优化农业产业结构、提升农产品的质量水平和附加价值，满足不断升级的消费需求，同时塑造地方鲜明的形象。

第五，生态化。生态化是乡村实现可持续发展的标尺。统筹山水林田湖草，进行统一保护、统一修复，构建生态系统；针对农业产业，大力发展生态农业、绿色农业，提供安全绿色农产品；针对人居环境，加大整治力度，营造宜居环境。

第六，工艺价值化。工艺价值化是传承乡村文化及精准扶贫的重要手段。以传统工艺、本地化工艺等传承基础上的创新改进为手段，以匠人培育为重点，以市场化对接为通道，促进手工业的发展，实现工艺的经济价值与社会价值。

四、乡村振兴规划的体系构建

（一）五位一体的规划体系

县域乡村振兴规划是涉及五个层次的一体化规划，即《县域乡村振兴战略规划》《县域乡村振兴总体规划》《乡/镇/聚集区（综合体）规划》《村庄规划》《乡村振兴重点项目规划》。

1. 县域乡村振兴战略规划

县域乡村振兴战略规划是发展规划，需要在进行现状调研与综合分析的基础上，就乡村振兴总体定位、生态保护与建设、产业发展、空间布局、居住社区布局、基础设施建设、公共服务设施建设、体制改革与治理、文化保护与传承、人才培训与创业孵化十大内容，从方向与目标上进行总体决策，不涉及细节指标。

县域乡村振兴战略规划应在新的城乡关系下，在把握国家城乡发展大势的基础上，从人口、产业的辩证关系着手，甄别乡村发展的关键问题，分析乡村发展的动力机制，构建乡村的产业体系，引导村庄合理进行空间布局，重构乡村发展体系，构筑乡村城乡融合的战略布局。

2. 县域乡村振兴总体规划

县域乡村振兴总体规划是与城镇体系规划衔接的，在战略规划指导下，落地到土地利用、基础设施、公共服务设施、空间布局与重大项目，而进行的一定期限的综合部署和具体安排。

在总体规划的分项规划之外，可以根据需要，编制覆盖全区域的农业产业规划、旅游产业规划、生态宜居规划等专项规划。此外，规划还应结合实际，选择具有综合带动作用的重大项目，从点到面布局乡村振兴。

3. 乡/镇/聚集区（综合体）规划

聚集区（综合体）为跨村庄的区域发展结构，包括田园综合体、现代农业产业园区、一二三产业融合先导区、产居融合发展区等。其规划体例与乡镇规划一致。

4. 村庄规划

村庄规划是以上层次规划为指导，对村庄发展提出总体思路，并具体到建设项目，是一种建设性规划。

5. 乡村振兴重点项目规划

重点项目是对乡村振兴中具有引导与带动作用的产业项目、产业融合项目、产居融合项目、现代居住项目的统一称呼，包括现代农业园、现代农业庄园、农业科技园、休闲农场、乡村旅游景区等。规划类型包括总体规划与详细规划。

（二）乡村振兴的规划内容

1. 综合分析

乡村振兴规划应针对城乡发展关系以及乡村发展现状，进行全面、细致、翔实的现场调研、访谈、资料搜集和整理、分析、总结，这是《规划》落地的基础。

"城市与乡村发展关系分析"包括空间格局分析、产业梯度分析、城乡发展机制分析、城乡生态空间分析、要素流动分析、市场流动分析、城乡文化分析等，为城乡融合发展的方向选择提供基础资料。

"乡村发展现状分析"以全面、详细的现场调研和访谈为基础，包括区位交通（地理区位、经济区位、旅游区位、交通分析）、产业发展现状（产业结构、产业规模、产业聚集程度等）、资源禀赋（自然资源、人文资源）、人口现状（人口构成、人口规模、人口流动趋向等）、村容村貌、土地利用、水系分布、地形地貌、人文风俗、基础设施与公共服务设施建设、乡村治理、政策体系、上位规划等进行全面分析。

2. 战略定位及发展目标

乡村振兴战略定位应在国家乡村振兴战略与区域城乡融合发展的大格局下，运用系统性思维与顶层设计理念，通过乡村可适性原则，确定具体的主导战略、发展路径、发展模式、发展愿景等。而乡村振兴发展目标的制定，应在中央1号文件明确的乡村三阶段目标任务与时间节点基础上，依托现状条件，提出适于本地区发展的可行性目标。

3. 九大专项规划

产业规划：立足产业发展现状，充分考虑国际国内及区域经济发展态势，以现代农业三大体系构建为基础，以一二三产融合为目标，对当地三次产业的发展定位及发展战略、产业体系、空间布局、产业服务设施、实施方案等进行战略部署。

生态保护建设规划：统筹山水林田湖草生态系统，加强环境污染防治、资源有效利用、乡村人居环境综合整治、农业生态产品和服务供给，创新市场化多元化生态补偿机制，推进生态文明建设，提升生态环境保护能力。

空间布局及重点项目规划：以城乡融合、三生融合为原则，县域范围内构建新型"城—镇—乡—聚集区—村"发展及聚集结构，同时要形成一批重点项目，形成空间上的落点布局。

居住社区规划：以生态宜居为目标，结合产居融合发展路径，对乡镇、聚集区、村庄等居住结构进行整治与规划。

基础设施规划：以提升生产效率、方便人们生活为目标，对生产基础设施及生活基础设施的建设标准、配置方式、未来发展做出规划。

公共服务设施规划：以宜居生活为目标，积极推进城乡基本公共服务均等化，统筹安排行政管理、教育机构、文体科技、医疗保健、商业金融、社会福利、集贸市场等公共服务设施的布局和用地。

体制改革与乡村治理规划：以乡村新的人口结构为基础，遵循"市场化"与"人性化"原则，综合运用自治、德治、法治等治理方式，建立乡村社会保障体系、社区化服务结构等新型治理体制，满足不同乡村人口的需求。

人才培训与孵化规划：统筹乡村人才的供需结构，借助政策、资金、资源等的有效配置，引入外来人才、提升本地人才技能水平、培养职业农民、进行创业创新孵化，形成支撑乡村发展的良性人才结构。

文化传承与创新规划：遵循"保护中开发，在开发中保护"的原则，对乡村历史文化、传统文化、原生文化等进行以传承为目的的开发，在与文化创意、科技、新兴文化融合的基础上，实现对区域竞争力以及经济发展的促进作用。

4. 三年行动计划

首先，制度框架和政策体系基本形成，确定行动目标。其次，分解行动任务，包括深入推进农村土地综合整治，加快推进农业经营和产业体系建设，农村一二三产业融合提升，产业融合项目落地计划，农村人居环境整治等。同时制定政策支持、金融支持、土地支持等保障措施，最后安排近期工作。

5.《乡村振兴规划导则》纲要范本见附录。

第三节　乡村治理与公共服务

我国是农业大国，乡村治理是国家现代治理体系中的重要一环。随着国家对"三农"问题解决的逐年重视，乡村经济在一定程度上得到了快速发展。但是，在乡村治理方面，出现了社会建设跟不上经济发展脚步的局面，农村空心化问题造成了治理力量不足，传统的管理方式满足不了乡村现代化建设的需求，乡村人口结构重塑带来多元化利益诉求差异。因此，探索如何在乡村振兴战略下创新乡村治理形式，是当前乡村社会发展的重要课题。

一、乡村治理面临的问题

（一）乡村空心化问题凸显，乡村治理方式滞后

2005 年我国乡村人口数量约为 7.5 亿，2017 年减少至 5.7 亿左右，城镇化率逐年提高，乡村总人口数量不断下降，农村空心化现象日益凸显。绝大部分受教育程度高的青壮年劳动

力均流向城市工作，使得农村人口在年龄上分布极不合理，导致乡村治理参与主体断层，村领导班子无法注入新生力量，成员老龄化严重，治理方式固化，无法适应新形势下村民的多元化需求。

治理主体创新意识的缺乏和管理方式的滞后，导致基层治理生态秩序不断恶化。一些乡村基层治理人员，管理思维陈旧，只讲"维稳"，不讲"维权"；还有一些基层治理人员过于依赖收费、审批、处罚等行政手段，进一步激化了社会矛盾。乡村自治方面，行政主导性太强一直制约着自治制度的发展，形式化和官僚化使其成为乡村治理中的薄弱环节。

可见，乡村空心化、治理主体能力缺乏等一系列问题导致乡村治理效率低下，社会矛盾无法从根源上解决，乡村治理机制落后于社会经济的发展。

（二）乡村不良风气滋长，社会价值体系面临重塑

随着城乡融合发展，人口流动频率加强，乡村生活注入了多元文化。但在部分地区，物质财富的增加并没有带来精神财富的提高，反而在乡村中滋生了许多不良社会风气，如赌博之风、迷信之风、奢侈浪费之风、不孝之风等。这些不良风气有悖于我国上千年来继承和发扬的勤劳致富、勤俭节约、尊老爱幼、遵纪守法等传统文化美德，造成人际关系紧张，加剧乡村社会矛盾。乡村社会中，村民的道德观缺失和价值观扭曲，很容易导致治理乱象频发、违法犯罪现象层出不穷，严重影响农村社会经济的正常发展。因此，通过社会主义精神文明建设，重塑适合农民需求的农村社会价值体系，显得尤为重要。

（三）乡村人口结构重构，治理模式亟待创新

在乡村振兴战略的支持下，未来乡村的人口结构会发生巨大变化。乡村不仅拥有原住民群体，还包括返乡就业青年、创新创业的"情怀乡民"和养生度假的"回归乡民"等各类群体。不同类型的群体拥有不同的需求，治理方式也不尽相同。例如，返乡就业群体注重乡村产业发展和就业机会；创新创业群体需要宽松的用地、资金等政策支持；养生度假群体对乡村基础设施和公共服务设施配套有较高的要求。此外，外来人口在乡村地区形成的新工作生活方式，也导致传统的乡村治理方式不再适用。因此，在乡村人口结构重构的背景下，平衡外来居民和本地人口之间的利益冲突，创新适应多元化人群的治理模式，是未来乡村治理面临的重大问题。

二、新形势下的乡村治理创新

伴随着乡村社会的不断重构，在信息化时代的背景下，传统的乡村治理理念和方式已无法跟上现代社会发展的脚步，亟须创新。结合日本以及成都、广州、深圳等地的探索经验，绿维文旅认为，未来的乡村治理可从以下几方面实现突破，如图11-3所示。

（一）重构乡村产业体系，吸引人才参与共建

构建现代乡村治理体系，政策制度的支持固然重要，但人是治理的基础，关键还是要通过创新产业的发展，吸引人才回流，发挥人的主体能动作用。一是要基于本地农民，通过专业培训、政策扶持、龙头企业的带动等，提升他们的素质与专业能力，将他们"留"在农村；二是通过一二三产业融合的产业聚集，鼓励有实力的社会主体下乡创业，发挥他们的带

动作用，将其新思想、新理念、新技术融入日常治理中，以推动乡村社会的综合发展。

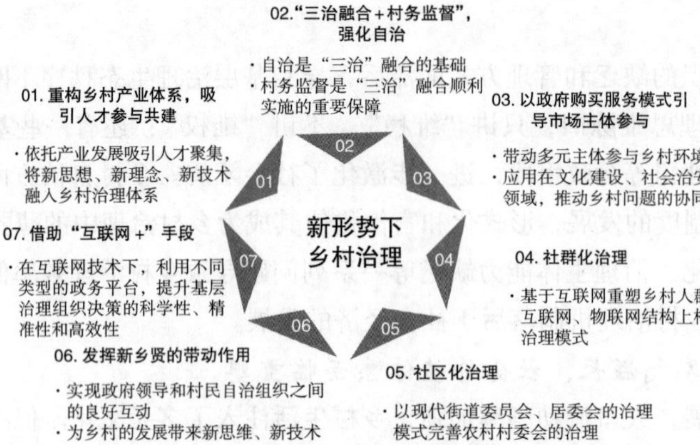

图11-3 乡村治理模式创新

在培育人才、吸引人才的机制构建中，除政府的政策支持外，还要充分发挥农业专家、学者、社会精英人士、高校的作用，鼓励他们深入农村，发挥价值。

（二）以"三治融合＋村务监督"，强化自治

自古以来，受"皇权不下县"等制度因素的影响，自治一直是我国乡村地区的主要治理模式。乡村社会中存在的乡绅阶层和宗族势力，以及在这两种势力上发展起来的保甲制度，构成我国历史上乡村自治的三股重要力量。这两种势力和一个制度，是传统社会统治阶级和民众沟通的桥梁，对维护乡村社会的稳定具有重大意义。

随着我国社会经济持续发展，乡村社会结构发生了巨大变化，传统的乡村自治体系土崩瓦解。2018年中央1号文件指出，要坚持自治、法治、德治相结合，确保乡村社会充满活力、和谐有序。其中，自治是核心，是调动村民参与乡村事务的主要手段，也是乡村必须坚持的一种治理方式；法治为自治提供规范与保障，是一种自上而下的以法律为基础的规范治理手段；德治是以伦理道德为准则，建立在乡村熟人社会上的"软"治理，这种从内心情感中产生的约束在乡村治理中不可或缺。

我国乡村地区干部少、事务多，随着国家对农村发展的支持力度不断增大，村干部经手的事项也不断增多。因此，"三治"融合新体系作用的发挥，需要监督机制的有效配合。村务监督主要对乡村的村务、财务管理等情况进行监督，收集村民的有关建议意见，是平衡乡村地区利益矛盾、强化村民自治地位的重要手段，能够有效地提升乡村治理水平，对促进乡村和谐稳定、提升村民对基层管理机构的满意度具有重要作用。

（三）以政府购买服务模式引导市场主体参与

长期以来，政府包揽社会发展所需的各类公共服务产品，在公共服务的提供过程中，政府投入了大量人力、物力、财力，并出现了部分职能越位和缺位现象。然而，政府并不能提供所有的公共服务产品，服务水平也无法与市场上的专业公司相提并论。因此，政府购买服务成为现代治理中的重要模式。

乡村治理是一个庞大复杂的工程，除需要政府、村民自治组织和个人的参与外，引入市场要素也尤为重要。基层政府将部分公共服务的提供，通过公开招标、定向委培、邀标等形式，引入民间企业，进行市场化运作，能够有效地提升服务质量和效率。例如，为改善乡村环保投入不足的现状，基层政府将垃圾处理外包给保洁公司，对乡村垃圾统一收集、运输、处理，以常态化运营形式保证乡村环境整洁，带动多元主体参与乡村环境治理。

政府购买服务模式是完善乡村环境治理体系的有效举措，提升了基层政府整治乡村环境的能力。这种方式可以应用到乡村治理的各个层面，如教育、就业、社会保障、社会救助、人才服务等与保障和改善民生密切相关的领域，推动乡村问题的协同解决，逐步提升乡村生活环境的整体质量。

（四）社群化治理

乡村的人口居住较为分散，传统的治理方式在广度与深度上都存在局限。随着互联网技术在乡村的普及，乡村人口"社群化"趋势将为深层次开展乡村治理提供契机。基于互联网技术，乡村管理者与村民间很容易实现良性互动，村庄政务与村民需求间能够快速实现精准对接，从而提高乡村治理的效率与效果。

乡村社群化治理模式的构建需要从以下三方面着手：一是基于互联网构建村务公开与反馈机制。传统的村务公开一般包括村广播、公告栏张贴等方式，村民基本处于被动接受的状态，"你说了，我知道了"，然后就没有下文。在网络时代，管理者可以通过自建的网站、论坛或自主开发的村庄 APP 等，使村民第一时间了解村务，并能够及时进行讨论、质疑，形成双向互动的村务管理反馈机制，以提高乡村行政的透明度。二是建立基于社群自律的村民自治机制。在网络中，村民很容易形成自组织参政议政的社群化结构，政府应放开技术限制，引导村民理性思考，形成社群化自律机制，使其成为乡村治理的重要支撑力量。三是建立基于"社群"理念的乡村治理结构。在"社群化"治理时代，乡村原有的组织框架、人员分工等发生了根本性转变。网络互动过程中，村民的意见如何反馈？反馈的意见谁来处理？社群化自治结构与传统乡村治理结构如何对接？村务决策流程是否需要完善？这些都需要政府基于"社群"理念，完善目前的乡村治理结构，设置相应的岗位，以支撑基于互联网的社群化治理机制的良性发展。

（五）社区化治理

目前以乡村村委会为主体的治理模式建立在传统的乡村发展结构之上，而随着村民生活质量的提升，以及创新创业、休养度假、乡居生活等外来人群的进入，村委会治理模式已经难以满足乡村"宜居"的生活需求，与新形势下对现代乡村治理的要求存在巨大差异。城市社区拥有居委会，它并不掌管经济权，但能形成社区良好的治安、贴心的服务、舒适的生活等宜居价值。引入城镇的居委会治理模式，以完善村委会的治理，将成为乡村治理创新的重要方向。

乡村社区化治理模式构建的重点是建立村委会与居委会的双重治理结构。在原有治理结构中，村委会负责从村庄整体发展到村民纠纷解决的所有事务，而在实际治理中，村委会的行政职能更为突出，服务职能常被弱化。引入居委会治理结构，将"村务"与"民务"分开，

"村庄宏观发展"与"村民宜居生活"分开，以居委会专司乡村社区建设，协助村委会开展社区公益事业，调解村民纠纷，维护社区治安等事务，从服务角度构建现代宜居社区。

乡村振兴战略背景下，乡村的经济发展结构发生巨大变化，外来人口不断增多，村民需求呈现出多元化的趋势。推行社区化治理模式，能够使乡村治理在"三治"融合的基础上，更加关注村民和外来居民的生活质量、权益保障、人居环境等民生保障问题；引导乡村社区居民参与社区事务，提升社区自治组织能力，增强社区活力；通过社区活动和服务，培育人们健康文明、积极向上的思想意识和生活方式；开展平安社区创建，推进乡村法治文明建设，构建乡村和谐发展环境。

（六）发挥新乡贤的带动作用

乡贤是指本土有德行、有才能、有声望而深受本地民众尊重的贤人。乡贤是乡村中群众认可度极高的群体，将乡贤作为连接政府和村民的桥梁，发挥乡贤在乡村治理中的作用，能够事半功倍地提高治理效率。在乡村社会中，乡贤主要来源于村里的老党员、老干部、老教师等群体，这些人大多对本地的历史文化有较深的了解与认识，并愿意为本地村民排忧解难。让乡贤充分参与到村务管理和重大问题的决策中，能够实现政府领导和村民自治组织之间的良好互动，推动社会经济活动顺利开展。

随着城镇化水平不断提高，乡村青壮年劳动力涌向城市，但在近些年逆城镇化趋势的带动下，乡村地区开始涌现出一大批新乡贤。他们大多具有一定的社会地位，视野开阔，怀着反哺家乡的初衷携技回乡，为乡村的发展带来新思维、新技术。在乡村治理中，要充分发挥新乡贤的作用，为基层治理增添新的活力。同时，要完善乡村基础设施与公共服务设施建设，通过体制机制的完善，创造良好的社会环境，让乡村留得住乡贤。此外，要大力弘扬乡贤文化，增强村民的认同感和荣誉感，这将有助于让村民主动参与到乡村治理中，并吸引和聚集其他成功的社会人士，共同为乡村建设出谋划策。

（七）借助"互联网+"手段

随着互联网信息技术的不断更迭，网络理政在基层治理组织中得以推广，互联网逐渐成为连接政府与群众的重要渠道。在实践中，部分村委会搭建了信息沟通平台，在平台上，村民不仅能够实时了解国家涉农资金补贴情况、监督资金发放与使用、查看土地承包信息等，还能随时咨询政策疑问或进行投诉。还有的地区推行"干部日志"政务平台，即基层组织管理人员将每天的工作情况公开在网上，接受村民监督，这极大地提高了基层管理人员的工作效率。

不同类型的政务平台，拉近了基层治理组织与村民之间的距离。政府通过网络能够了解各类民意诉求，并有针对性地予以回应。此外，大数据分析技术能够从不同维度对村民意愿和诉求进行挖掘与展现，这为基层政府进行决策和民生服务提供了有效的依据。因此，"互联网+"模式对于基层治理组织来说，不仅是技术的革新，还有助于提升治理组织决策的科学性、精准性和高效性，是提高治理能力和治理水平的必然选择。

第四节 乡村文明的传承与创新

一、关于乡村文化复兴的战略思考

中华文明植根于土地，乡村文化是中国文化的源头。近代以来，西方文明的冲击和城市工业的发展，使乡村文化面临着传承与发展的危机。在百余年的乡村建设史中，传统的乡村文化不可避免地逐渐衰落，后继无人，新的乡村文化重建乏力，不成体系。在这一背景下，党的十九大报告正式提出乡村振兴战略，毫无疑问，乡村文化复兴是乡村振兴的重要部分。2018年中央1号文件中也提到要繁荣兴盛农村文化，焕发乡风文明新气象，乡村文化将与乡村产业升级、社会结构优化、生态环境提升等要素互为表里，共同完成乡村振兴的时代使命。乡村文化复兴是一个系统工程，这里将从文化自身出发，提出乡村文化复兴的战略目标，讨论乡村文化体系的构建途径。

（一）乡村文化的构成

基于乡村地域特性和乡村社会性质，乡村文化是指乡村区域的村民在生产、人际交往过程中，为满足生存、生活需要，共同创造、集体享有的人类创造物的总和。既包括物质产品、符号表征等物化层面创造物，也包括价值体系、语言、行为方式等非物化层面创造物。

乡村文化具有乡土性、共有性、延续性、时代性四大特征。最明显的特征就是乡土性。乡村文化是一种"有根"的文化，有着"生与斯，长于斯，死于斯"的乡土认同感，承载着乡音、乡土、乡情以及古朴的生活、恒久的价值和传统。共有性是指乡村文化是乡村成员在生产、生活过程中共同形成的，并在非强制状态下共同遵守。延续性是指乡村文化是在数百乃至上千年的历史发展中形成，并通过乡村成员的后天习得而不间断地传承着。时代性是指乡村文化精神内核虽然稳定，但也会随着时代趋势的强大力量而发生巨变。

根据文化层次理论，乡村文化可分为物态文化、制度文化、行为文化、精神文化四类，它们共同构成乡村整体的文化形态。其中，除物态文化外，制度文化、行为文化、精神文化都是无形的，都需要借助载体进行呈现，在文化传承与更新方面难度较大。

1. 物态文化

物态文化是指可触知的具有物质实体的文化事物，如村落形态与风貌、乡村建筑、生产生活资料、劳动产品等。与制度文化、行为文化与精神文化相比，物态文化更为直观，是乡村文化的最直接呈现。由于物质的可保留性，乡村的物态文化既包括当下的生产生活物品，也包括历史物质遗存。而历史物质遗存往往是对某个历史时期、历史事件、历史生活方式的真实呈现，是社会发展与乡村文化传承不可或缺的物证。

2. 制度文化

制度文化是乡村基于自身稳定和关系协调，由正式和非正式制度、规则形成的规范体系。它是乡村社会成员在物质生产生活过程中所结成的各种社会关系的总和，包括成文的乡约村规等行为规范，也包括生产生活组织方式、礼仪规范等未成文的习惯性行为模式。乡村制度文化世代相传，规范着乡村社会的秩序。在外部环境发生巨大变化时，制度文化可能会出现不适应现象，并进行相应的调整，直到达成新的平衡。

3. 行为文化

行为文化是乡村社会成员在日常生产生活中慢慢衍生出的习惯风俗，包括早睡早起、固定时间地点聊天、见面问好等日常生活习惯，社戏等文艺表演，打麦节、播种节等传统节日各方各面。行为文化是乡村在历史发展中价值取向的累积与熔铸，维持着乡村日常待人接物的交往礼仪，内化为乡村社会成员的言行举止，外化为乡村的生活方式。

4. 精神文化

精神文化是乡村社会成员在生产生活中逐渐建立起来的价值观念，包括家族文化、宗教文化、乡村审美、孝道文化等。精神文化具有价值导向，物态文化、制度文化、行为文化本质上说都源于乡村的精神文化。在精神内核的基础上，乡村形成凝聚力，并逐渐形成发展体系。相应地，制度建设、物质环境也可能反过来改变乡村的精神核心，使其更有利于乡村社会的发展。

（二）我国乡村文化发展与复兴目标

1. 我国乡村文化的当前问题

我国以农立国，乡村是中华民族的发源地与繁衍地，乡村文化也一直是社会文化的核心组成部分。经历过工业革命后，农业从经济主战场退出，乡村文化精神内核也受到前所未有的冲击。近几年，随着不断增大的城市生活压力、不断恶化的城市环境以及逐渐回归的传统文化，人们开始重新审视乡村及乡村文化的价值与意义。重创下的乡村文化面临着延续危机、人才缺乏、与外来文化难以融合等问题。

乡村传统文化面临延续危机。乡村文化通过乡村社会成员的后天习得进行延续。而当前乡村面临着产业凋敝、原有成员离开乡村共同体的发展窘境，"空心村"状况日益严重。这就使得乡村的常住居民以老人为主，乡村的传统文化无人继承。或者有些乡村还有部分年轻人居住，但这些年轻人也多在城镇工作，他们并不觉得乡村文化有价值，也就不愿意继承。例如，一些具有区域特征的代表性文化，如传统建筑、节日习俗等并不能产生直接的经济效益，年轻人开始抛弃传统的建造技艺与节日习俗，而是仿照城镇进行房屋改造，跟着媒体过感恩节、圣诞节。

乡村文化创新人才缺乏。一种文化需要汲取新的外部养分，并通过文化共同体成员的融合创新，最终实现可持续发展。在我国当下的乡村，乡村共同体成员对共同体文化缺少文化自信，乡村文化与乡村落后的经济发展与生活条件一起被其内部成员抛弃。在这种情况下，乡村文化延续都成问题，更谈不上对外来文化的涵化与创新。而缺少自我更新能力的文化必将随着时间的流逝而逐渐消亡。

乡村文化与外来文化难以融合。在乡村缺少自身造血能力的情况下，产业下乡、企业下乡、创客下乡等新生的乡村发展力量开始承担起乡村发展的重任。从现实状况来看，外来人口进入乡村，带来与乡村文化迥异的外来文化。但乡村原成员与新成员间难以融为新的乡村共同体，他们仍然在各自的圈子中生活，在乡村自然分成两个文化族群，原成员觉得自己的领地被侵入，而新成员又找不到乡土的归属感。这种文化上的隔离严重阻碍了乡村在社会结构、经济产业方面的发展。

2. 我国乡村文化的复兴目标

简单说，我国乡村文化的复兴目标主要有三个：承继、创新、可持续发展的动力机制。

承继。再现绅士与农夫同源、知识分子与耕者并处的社区结构，打造传统村庄"耕读相济、礼存诸野"的生存空间，再造乡土中国培育人才、培育文明的能力。

创新。融入重视个人空间、建设共同平台的现代精神，化解融入市场经济与保持个性品质的两难处境，寻找更自然、更持续、更效率的农耕与社区规范。

可持续发展的动力机制。发挥文化的创造精神与凝聚能力，修复乡村的社会结构、经济体系、生态环境，形成乡村与城市动态平衡、文化与其他发展要素有机支撑的可持续发展体系。

（三）乡村文化复兴的体系建构

1. 建构原则

（1）保持乡村文化的"乡土"本色

有别于城市文明，乡村文化的核心是其"乡土"本色。近些年，受城市发展冲击，乡村城镇化现象极为严重。以铺装地砖替代青石板，名贵花木代替乡土植物，洋房高楼代替民俗建筑……乡村的"乡土"性作为落后的表征在发展中被逐斥。盲目仿效城市的乡村发展，造成了千村一面，以及外来文明驱逐本土文明的悲剧。乡村之所以成为乡村，文化的"乡土性"是其灵魂与本源。因此，在乡村文化构建过程中，一定要处理好外来文化与本土文化的关系，在保持乡村文化"乡土"本源基础上，吸纳外来文化可资利用的养料，从而推动乡土文化的更新与发展。

（2）激发乡村社会成员的文化认同与自信

一切文化都是人在时间和空间上的印记。乡村文化的发展同样不可能离开人的推动。在乡村文化出现认同危机的背景下，激发乡村社会成员的文化认同与自信至关重要。没有文化共同体成员的文化认同，一切外在的措施都不可能从根本上扭转乡村文化日渐衰落的事实。因此，乡村文化的建构关键在"自觉"，不在"强制"，这需要乡村社会成员自内而外的推动，主动发现乡村文化发展的内在活力与生命力，并赋予文化持续发展的强大动力与经济支撑。从政府角度而言，通过政策引导、活动参与、经济措施等方式内化乡村社会成员的文化自觉更有效。

（3）提升乡村文化的经济变现能力

文化的发展须以经济作为依托。我国乡村文化衰落的根本原因是在国家发展中，一产农业对二产制造业与三产服务业的让位。因此，乡村文化的振兴首先需要乡村产业的振兴，以产业带动乡村社会成员的经济自觉、文化自觉，形成乡村文化复兴的内生力量。在这一逻辑上，乡村产业的选择应与乡村文化密切相连，并通过产业提升乡村文化的经济变现能力，为乡村社会成员创造以文化为基础的经济收入。在产业兴旺、生活富裕的基础上，乡村文化保护与复兴将成为内部社会成员的自觉。同时，乡村文化的自我强化也将成为产业新的推动力量，并最终形成文化、产业良性互动的乡村发展模式。

（4）涵化世界先进文明成果

乡村文化的复兴须以开放的态度，吸收时代文明的优秀文化因子，去粗取精，涵化吸纳。工业革命后，以科技为基因的西方文明通过"发源地—大城市—小城镇—乡村"的路径在不断冲击并改变着世界各地的文化。乡村作为强势文化影响的末梢，更多的是对城市已改良过的文化无条件地追随、模仿。这是一个对自身文化自我否定的过程，削弱了文化自我创造、自我更新的能力。而科技的进步，特别是互联网技术的发展，为乡村文化复兴提供了前所未有的机会。在互联网社会，空间距离变得不再重要，文化的传播路径从单线式变为点对点式。因此，乡村文化的复兴除从自身找动力外，还应密切关注世界各地的文明成果，进行涵化吸纳，在传统的乡土文化精神与现代的生活方式间实现乡村文明的新生。

2. 乡村文化体系的构建途径

（1）双向构建文化共同体

乡村文化共同体的构建不是依靠行政命令，而是社会成员之间在价值观念上达成共识后的自然结果。因此按照规律，乡村文化共同体的建立应在政策引导下，内化为乡村社会成员间的自觉行为，通过自上而下、自下而上的双向作用逐渐推进。

就实操层面而言，可从以下两方面入手：一是在原乡村成员中建立文化自信与文化自尊。建立文化自信最直接有效的方法就是通过产业发展展现乡村文化的经济价值，村民在收入提高的同时自然会自觉保护、传承其文化形式，如当乡村的传统建筑受到市场追捧，建成精品民宿后，村民们会加入民居建筑的保护中，并停止自家老宅的盲目拆建。当然，经济的驱动更多地局限于乡民建立文化自信的表层，真正建立文化自信，需要乡村社会结构、教育结构、服务结构、管理制度等多层面的共同作用。二是善用民间机构与个人的力量。民间文化组织、乡村发展研究者、返乡田居者等民间力量在文化认识、乡村发展模式等方面有较为深刻的思考与丰富的发展资源，他们参与乡村建设往往是以乡村文化认同为基础，因此由他们来重新定义乡村文化特质，扭转乡民"城市文化先进，乡村文化落后"的观念将更加有效。

在乡村文化共同体的重建中，消融旧乡民与新乡民、传统文化与外来文化天然产生的隔阂是关键。传统的乡村是以血缘为纽带的联结，而由大量外来人口参与的新乡村建设模式，必将改变这一社会结构。因此，新的文化共同体在乡村物态、村规制度、行动利益、精神内涵等方面都会出现新的变化，以适应新的社会关系。当然，文化是一个渐生的过程，文化共同体的形成可能需要数十年，乃至上百年，这需要文化建设者舍弃毕其功于一役的观念，从长远着眼，在文化基础层面搭建可持续的结构框架。

（2）构建文化与旅游产业的共生结构

在对乡村发展现状深入调研、仔细剖析的基础上，绿维文旅认为，构建文化与旅游的共生结构是实现乡村文化复兴的有效手段之一。旅游产业的关键是构建旅游核心吸引物，并通过旅游产品的打造及外来消费的导入实现与市场的对接，而具有区域独特性与稀缺性的乡村文化恰是核心吸引力构建可依托的根本，因此发展旅游与文化保护具有天然的联系。另外，在旅游产业的发展过程中，创意、创新、科技等元素的植入必不可少，同时，旅游人群将带来大量的外来文化因子，这些与传统乡村文化碰撞融合，将有利于形成新的、适应时代需求的乡村文化体系，如图11-4所示。

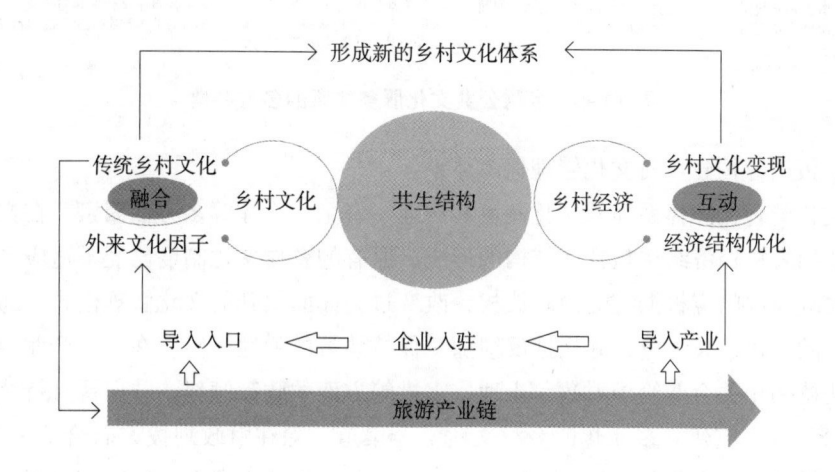

图11-4　乡村文化与旅游产业的共生结构

文化与经济的共生结构将产生"强者恒强"的发展效应，在文化与经济的互促发展中，乡村将改变目前人口单向流出，产业逐渐衰落的现状，而形成产业兴旺，人口双向流动的可持续发展结构。

（3）多方合力构建乡村公共文化服务体系

构建与城市均等的公共服务是乡村振兴的关键性要素。其中，乡村公共文化服务体系包括文化设施、文化活动、文化服务机构等多方面内容，其构建直接影响着乡村文化复兴的落地性与可持续性。在落地建设层面，需要政府、村集体、下乡企业、乡村居民等各方力量的共同参与。

乡村公共文化服务具有公益性，文化设施的建设、文化资源的提供等需要政府从公共财政中拨款。积极建设乡村文化站、图书馆、博物馆等乡村文化设施，提供免费资源，为乡村文化服务体系构建打好基础。此外，政府层面还可以根据传统乡村文化特征开展文化活动，并为文化融合创设条件，从整体上培育乡村文化氛围；企业层面，下乡企业可将企业经济效益与乡村文化有机联系，在提供乡村公共文化服务的同时，展示推广企业文化，实现文化效益与经济效益的双丰收；村集体作为政府、下乡企业、原住民与外来居民文化沟通的窗口，应深入了解各方诉求，平衡各方文化服务资源，以形成各方满意的公共文化服务体系。此外，乡村居民同时作为文化服务的提供者与消费者，作用不可小觑。特别是乡村外来居民，由于具有较高的文化素养与公益事业服务意识，应调动他们的积极性，使其成为乡村文化建设的工作者与志愿者，发挥其在乡土文化挖掘、地方戏曲保护与传承、乡土文化研修培训等文化服务事业方面的领头羊作用。如图11-5所示。

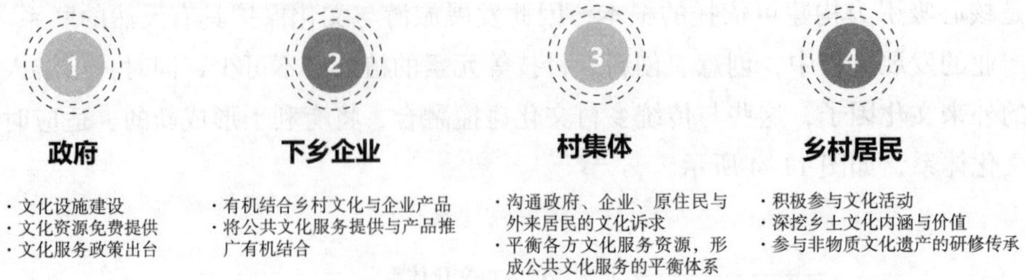

城乡制度变革背景下的乡村规划理论与实践

1 政府	**2** 下乡企业	**3** 村集体	**4** 乡村居民
·文化设施建设 ·文化资源免费提供 ·文化服务政策出台	·有机结合乡村文化与企业产品 ·将公共文化服务提供与产品推广有机结合	·沟通政府、企业、原住民与外来居民的文化诉求 ·平衡各方文化服务资源，形成公共文化服务的平衡体系	·积极参与文化活动 ·深挖乡土文化内涵与价值 ·参与非物质文化遗产的研修传承

图 11-5　乡村公共文化服务体系的多方共建

（4）政策引导构建乡村文化管理保障体系

乡村文化管理保障体系涉及文化制度和产业、资金、人才等多方面因素。在文化制度方面，随着新的乡村经济结构与社区结构的形成，原有的乡村文化制度已经不适应乡村文化的发展，相关政府部门应根据实际简政放权，改变过去面面俱到的文化管理模式，通过宏观政策释放社会的文化建设力量，并根据反馈随时保持政策的弹性机能。在文化产业方面，政府应对重点扶持的相关企业给予财政、土地、审批等方面的政策倾斜，并保持可持续性。在资金保障方面，政府应建立多元化的乡村文化资金渠道，除在财政划拨方面给予一定倾斜外，应通过与金融机构、文化基金等的合作，为乡村文化提供建设资金，同时还应积极引入教科文组织等社会公益机构，以增加乡村文化的建设力量与资金来源。在人才管理与保障方面，政府应进行文化事业单位的人事制度改革，建立岗位责任制，为各项文化政策的落实提供人力保障；此外，还应重视乡村文化艺术人才的规划、培育与开发，对乡村原有的传统技艺人才应给予政策保护，对外来文化艺术人才给予政策优惠，以确保乡村文化的健康发展。

乡村文化的建设除受制度、文化企业、资金、人才等直接因素影响外，乡村的教育体系、信息化体系、法律保障体系等也影响着文化的建设水平。相关部门应协力合作，保障乡村综合体系的平衡与发展。

综上所述，乡村文化是乡村振兴的资源基础与思想基础，只有充分认识乡村文化的社会价值、经济价值，乡村振兴才能活水长流、持续推进。

二、农耕文化的旅游化创新

农耕文化是乡村文明的核心，也是我国传统文化的源头。2018 年的中央 1 号文件提出，要切实保护好优秀农耕文化遗产，推动农耕文化遗产合理适度利用，深入挖掘农耕文化蕴含的优秀思想观念、人文精神、道德规范，充分发挥其在凝聚人心、教化群众、淳化民风中的重要作用。我国农耕文化起源于新石器时代，包括农业起源、农业工具、农业种类、农业历法、农业节庆、农业祭祀、农业制度、农业习俗、农业水利、农耕方式、农业思想、农科著作、农业文学、农业艺术、农屯文化、农业美食、农业景观、农贸交流、农业延伸等诸多方面。绿维文旅认为，农耕文化的传承，除了要加强文物、建筑、农田的保护力度外，还要通过创造性载体实现创新性的发展。旅游就是一种重要手段，因此本文重点探讨农耕文化实现旅游化创新的八大手段。

· 220 ·

（一）我国农耕文化的历史传承和价值转换

"四体不勤、五谷不分"曾经是讽刺不事稼穑、不辨五谷，脱离生产劳动，缺乏生产知识的农村游手好闲者和书呆子之言，现在却成了城市化进程中大多数人的画像特征。越来越多人脱离了农业生产，加之以规模化、机械化为主的现代化农业的发展，中国传统农耕文化日渐远离人们的生活，因此保护和传承中国农耕文化变得日趋紧迫和重要。

活态保护和薪火相传固然最佳，但面对轰轰烈烈裹挟一切、摧毁一切的城市化运动和越来越多的空心村，日渐式微的中国农耕文化面临极大的断崖式湮没、消失的风险。因此，需要我们以眷恋故土、回望家园、守护乡愁的赤子之情，对中国农耕文化进行感恩式、偿债式和救赎式的拯救及细心呵护，让我们的子子孙孙千秋万代，还能找到其血脉之河的上游，找到其祖先曾经生活的、生命和心灵曾经安放的故乡。

当故乡的泥房子坍塌，当城镇化、新农村建设摧毁了老家，当房地产建设改变了家乡的空间场域，当我们的工作和生活中不再需要和农具发生任何关系，我们该以什么样的方式对故乡和中国农耕文化进行妥善的保护和传承？

由此，中国农耕文化博物馆及各地农耕文化博物馆的成立便极为重要，搜集、整理、设立农耕文化博物馆，这项工作，各级各地政府一定不能缺席、拖延和敷衍。

对于普通市民，除了参观和了解农耕文化博物馆，应该有更多的机会和方式参与、体验农耕文化，加深对中国农耕文化的了解，增强对中国农耕文化的兴趣和记忆。

农耕文化的深度体验需要通过旅游化方式进行创新，将中国农耕文化融入现代人的休闲、娱乐以及衣、食、住、行、学、商、养等日常生活中。通过喜闻乐见、互动参与的方式，让现代人学习农耕文化知识，传承精耕细作、精益求精、勤劳坚强、只问耕耘不问收获的优秀精神，并指导现代人的生活、工作和学习。比较而言，主题游乐等体验方式更利于农耕文化的传播与发扬。农耕文化各种体验方式的特征如图11-6所示。

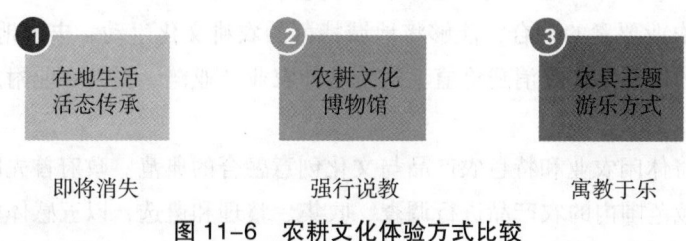

① 在地生活活态传承	② 农耕文化博物馆	③ 农具主题游乐方式
即将消失	强行说教	寓教于乐

图11-6　农耕文化体验方式比较

（二）我国农耕文化的旅游化创新方法

目前，我国农耕文化的推广以传统的博物馆陈列展览为主，无法满足消费者的审美、互动和游乐需求，古板、枯燥的说教式解说也难以全面呈现一个地区农耕文化的全貌。为此，我们从以下八个角度提炼了农耕文化的旅游化创新方法。

1. 活态化——将非遗古法手作展示活态化

我国是历史悠久、幅员辽阔的农业大国，自然与人文的地域性差异创造了种类多样、特色明显、内容丰富的农业文化遗产。体验经济时代，将文化遗产束之高阁已经不是最佳的保护方式，以活态化的方式呈现乡村民间技艺和农业艺术作品才是最好的选择，如荆州的九佬十八匠项目，通过前店后院的形式，打造了一个非遗文化传承地，游客可以在现场看到漆器等十几种工艺的工匠们在用传统的古法制作精美手工艺品的过程，匠人们既是在生产，同时也在表演。游客通过参观制作工艺的复杂流程，可以深入地了解一个精美手作需要的时间、精力和匠心，由此能深刻地理解什么叫工匠精神。

2. 体验化——通过现场参与传承农耕文化

深度挖掘农耕文化，将农事活动与休闲旅游度假相结合，通过原乡、原俗的农耕体验传承农耕文明。例如，选择一些有趣的农业活动，做好活动组织及安全预案，让游客参与到丰富的农业生产活动中来，从而体验到"锄禾日当午，汗滴禾下土。谁知盘中餐，粒粒皆辛苦"的稼穑之苦，让游客在趣味的农业劳作中明白一饭一食来之不易，学会尊重劳动、敬畏土地、珍惜粮食。

3. 科技化——利用新型科技体验中国农耕文化

随着互联网、人工智能等现代技术的不断发展，农业也逐渐步入信息化、科技化的发展阶段，这助推了农耕文化的华丽转身。田园小火车、3D麦田漂流记、VR麦田、机器人麦田守望者、无服务员智能餐厅、高仿真耕作雕塑、食品加工流程、稻田声光电艺术、温室农业、太空农业、立体农业、体感植物等新一代休闲农业产品，都可以让游客体验多元的农耕文化。

4. 艺术化——农业与艺术结合助推营销

一切艺术皆源于生活，因此农业和艺术具有天然的渊源。古代的农具、生活用具、祭祀舞蹈、生产谣谚等，都是人民在生产实践过程中不断总结、创造、改造形成的。在更加注重旅游审美性的当下，农业成为艺术造景的重要来源之一，如七彩花田、稻田画、麦田怪圈、茶海梯田、稻田迷宫等充满艺术气息的农业景观大量涌现。

5. 文创化——农业与文创深度融合助推"走出去"

文化创意与农业要素的融合，能够将地域特色的农耕文化生动、丰富地呈现给消费者，也可提升农产品的情感及多重消费价值。这是延伸农业产业链、提高农业附加价值、塑造农业品牌形象的有效手段。

我国台湾是将休闲农业和特色农产品与文化创意融合的典范。政府首先聘请专业的文创设计机构，对区域范围内的农产品进行调查、收集、整理和遴选，以五感体验、立体性、多元化的说故事技巧和情感设计的原创能力，挖掘当地的独特故事，然后进行全面的统一设计，实现从品牌策划到包装设计到生产流程的改善。同时，对居民进行技能培训，使他们成为合格的文创产品生产人员，最后向市场和游客推出系列化的文创产品，推动传统文化"走出去"。

6. 游戏化——通过农耕文化主题乐园寓教于乐

我国的农耕文化，凝聚了国人几千年的生产和生活智慧，丰富的农业科技和农业工具可以被转化和创新利用，成为当下热衷的旅游爆款产品。

我们在策划河南的一个项目时，通过收集和整理当地文化资源，发现伏羲、尧、墨子、张衡、诸葛亮等历史名人都曾活动在项目地周边，而他们都发明了许多农耕文化器具，于是我们在项目里策划了一个小型的古代发明乐园，把农耕文化器械进行改造，变成主题公园的游乐产品。在策划江西的一个项目时，我们发现宋应星在当地写成《天工开物》，于是项目组将《天工开物》里的农耕生产器械进行转化，创新性地打造了一个小型的以农耕天工文化为主题的天工乐园。

7. 节庆化——多元参与的农业嘉年华盛会

农业嘉年华是以农业生产活动为主题，以狂欢活动为表现形式的休闲农业活动，是拓展都市现代农业实现形式、发展方式、运行模式的一种新探索、新实践。农业嘉年华活动一般举办 1~2 个月，其中的内容包括特色农产品展销、精品农业擂台赛、农业科技展示、创意农业体验、采摘体验、农地音乐节、小火车、碰碰车、穿梭机、农趣活动、乡村大舞台和花车巡游、3D 魔幻迷城、埃及探险、5D 动感影院、美食、创意手工、特色居住屋等农业体验和娱乐活动。

以农事为主题的节庆活动，能够在短期内形成农业生产技术、特色农产品、农耕活动、民俗文化等要素的聚集，以多元化的娱乐方式形成人气吸引，这有助于地方农耕文化品牌的塑造和宣传。

8. 全息化——中国农耕文化智慧的现代应用

全息农业，是将地理信息、网络通信、人工智能等高新技术与生态学、植物学、土壤学等常规农业科学有机结合，在尊重各类生物自然生长规律的同时，充分挖掘利用万物相生相克的天然机理，致力于强化人类和动植物自然进化的生命记忆信息，从而打造生物内循环生态链的农业开发模式。植物网红、智慧种植、全然养殖、四季养生等，都是全息农业的典型应用方式。

植物网红：利用中医和农学里的植物之间的生克制化关系，达到空气的净化、香氛化以及附带的驱蚊隔虫作用。

智慧种植：利用传统农业中精细手工类似求道的方法，加入人与自然感应互通的灵性，将一切蔬果倍产化、景观化。例如，明前茶，利用一种节节草的溶液可以让茶叶停止生长，刚采完以后，又可以利用米浆溶液让其快速生长，经此操作，其产量很容易提高三到五倍。另外，利用植物、菌类、水果壳之类的废料，就可以生产出一百多种农药，几乎没有污染，可达到食品级的安全水平。

全然养殖：利用植物酵素、抗生素制作食料，养猪、牛，肉质比现在的任何一种养殖方式都美味，而且养殖成本降至 1/2。

四季养生：任何一种动植物都有个性、功用、景观、复合性价值，每一个年龄段的每一种体质和健康程度的人，在二十四节气里都可以在这里得到无微不至的东方生活方式的调养，许多现代病很容易得到疗治。

全息农业将中国传统农耕文化与当代智慧科技无缝连接，兼顾农业生产、生态环境和生命健康，全息化是农业顺应消费升级趋势，满足人们对无公害、无污染、更多营养、更多能量等高品质生活要素需求的重要发展方向，有着巨大的推广价值。

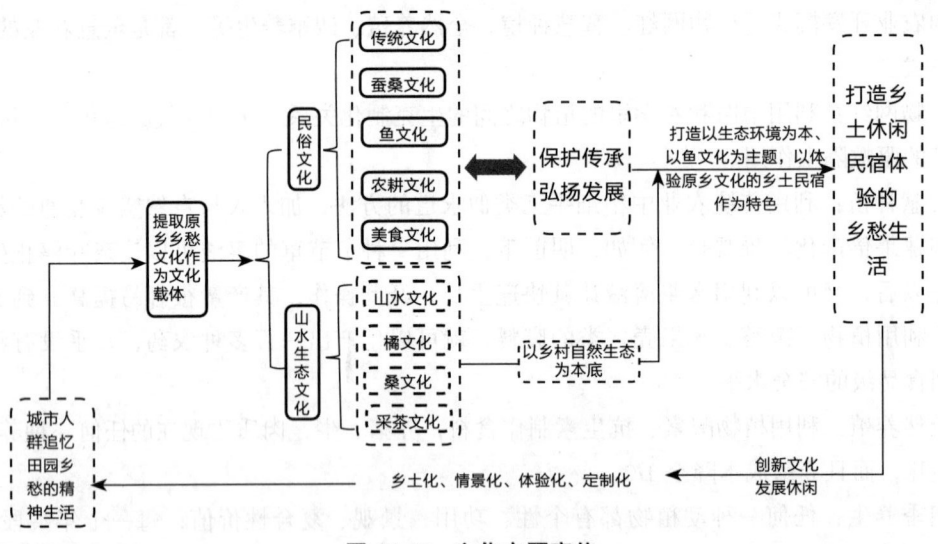

城乡制度变革背景下的乡村规划理论与实践

【绿维案例】

以鱼文化为主题的乡村旅游示范村
——浙江淳安界首乡鳌山村富丽乡村策划及设计

界首乡鳌山村位于浙江省淳安县中西部，紧靠中国首批国家级风景名胜区之一的千岛湖。鳌山村被列为淳安 2015 年度富丽乡村示范村，政府给予高度重视。绿维文旅在深入挖掘鳌山村乡村旅游资源基础上，提出做大做强鱼文化，引入"互联网＋乡村旅游""乡村众筹"等新思维，将鳌山打造成当地集农业体验、乡村度假、文化休闲、餐饮娱乐、拓展运动为一体的富有乡村文化情调的乡村旅游综合体。

本项目依托城市人群追忆田园乡愁的精神诉求，提取原乡乡愁文化作为文化载体，打造以生态文化为本底、以鱼文化为主题，以体验原乡文化的乡土民宿为特色的乡愁生活休闲业态，如图 11-7 所示。同时，创造性地提出"渔产业文化化，鱼文化产业化"的发展思路，大力发展鱼文化艺术品和鱼文化休闲产业，大大延伸了淳安鱼文化产业链条，使淳安千岛湖成了全国鱼拓艺术品展示交易中心和国际鱼拓艺术创作的重要基地。本项目还以阿里巴巴布局农村电子商务战略为契机，通过构建乡村旅游的电商平台，打造了第一个乡村创客平台和乡村金融服务平台，形成鳌山乡村旅游发展的新模式。在民宿建设方面，项目通过众筹的方式集聚资金、资源、客户、产业、社区、教育、医疗，打造"互联网＋新型城镇化"模式。

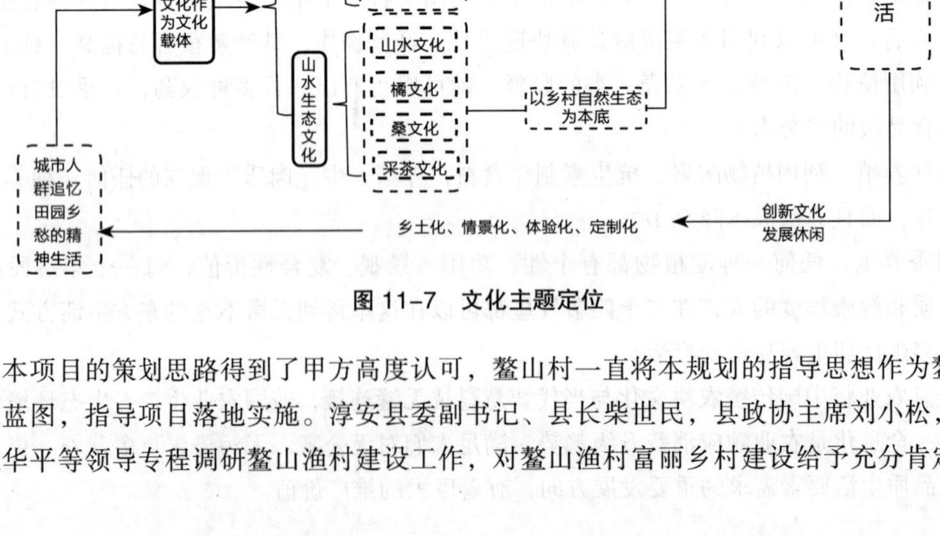

图 11-7 文化主题定位

本项目的策划思路得到了甲方高度认可，鳌山村一直将本规划的指导思想作为鳌山村发展蓝图，指导项目落地实施。淳安县委副书记、县长柴世民，县政协主席刘小松，副县长江华平等领导专程调研鳌山渔村建设工作，对鳌山渔村富丽乡村建设给予充分肯定。目

·224·

前，游客中心、服务中心、民居民宿、鱼文化礼堂、鳌山鱼街等项目已建设完成，正式对外开放。

【绿维案例】

文化旅游产品的主客体设计方法
——广西三江程阳八寨侗族文化旅游项目

程阳八寨地处湘、桂、黔三省（区）交界地，早在 2009 年，绿维文旅对其进行了文化旅游产品的策划，时隔 8 年，2017 年，绿维文旅再次受甲方委托，对景区旅游及基础设施提升工程核心区进行了设计。

程阳八寨具有古朴原真的气息，悠久的历史沉淀，深厚的侗乡文化，水寨交融的田园风情。其在原生态音乐生活、侗族生活、古寨形态方面具有独特优势，绿维文旅在深入分析基础上，提出以国家 5A 级景区创建为重点，形成文化体验、田园观光、农业休闲、古寨观光、休闲娱乐、养生度假、参与互动、娱乐体验等多功能为一体的开放型的生活化综合型景区，打造原味的、纯粹的、欢乐的侗乡生活度假区。

在开发理念方面，本项目依托独特的自然文化资源，通过经营性保护、动态风情繁衍保护的创新文化保护理念，将无形文化有形化、情景化，并通过文化资源的主题化、集约化手段，实现资源的优化配置和整合。在产业构建方面，本项目以侗族民俗资源为核心，以综合度假旅游为先导，构建田园观光、文化体验、休闲娱乐、养生度假、古寨观光、农业休闲等产业集群，开创广西民族文化综合价值开发的新标杆。在设施提升方面，本项目兼顾设施市政与旅游的双重属性，在保证设施使用功能的基础上，通过选址、选材、功能定位等方式，力求做到功能的复合化与造型的特色化。

第四篇 城乡制度变革影响下的乡村规划案例

第十二章 河南省信阳市光山县扬帆村村庄规划

第一节 扬帆村概况

2012 年 12 月，住房和城乡建设部以支持大别山片区扶贫开发村庄规划示范工作作为 2013 年全国村庄规划试点工作的序幕。本次村庄规划的方针是因地制宜，尊重既有村庄格局，尊重村庄与自然环境及农业生产之间的依存关系，不盲目照搬城市；不盲目规划新村，不搞大拆大建；同时，要重点改善村庄人居环境和生产条件，保护和体现农村历史文化、地区和民族以及乡村风貌特色。

扬帆村位于河南省信阳市光山县南部、鄂豫皖三省交会处，隶属于净居寺名胜管理区。村庄有 20 个村民组（26 个自然村），667 户，3 100 人。2013 年，被住房和城乡建设部列为全国首批 27 个村庄规划试点村之一，入选河南省传统古村落名录，是 2014 年河南省美丽乡村建设试点项目。扬帆村以其良好的区位条件和历史悠久的集市商贸活动成为光山县经济发展中的重要支撑点。

村民经济收入主要来源为一、三产业。其中，第一产业以茶叶和水稻种植为主，还有少量的家禽家畜养殖户，以养猪为主，少数农户散养鸭。第三产业主要以村中心十字街的小商贸和集贸市场为主。扬帆村自古为集市商业活动重地，目前已建有 3 个小专业市场（包括 1 个农贸市场，1 个小商品市场，1 个建材市场），此外，扬帆村还有 2 家超市。扬帆村农贸市场逢单日为当地的集市，周边邻乡各村村民都到此市场购物。因此，对扬帆村的村庄类型定位为：多业复合型村庄，在村庄规划编制中应该尽量详细地进行规划设计。

扬帆村的村庄规划包含村域总体规划、村庄建设整治规划（村庄建设规划与村庄整治规划）、实施项目初步设计三部分。这三个方面从大到小涵盖了村庄规划的各个方面，注重村庄规划的上下衔接与可实施性。

第二节 村域总体规划

扬帆村村域总体规划编制内容中涉及 13 大项，如图 12-1 所示。

· 228 ·

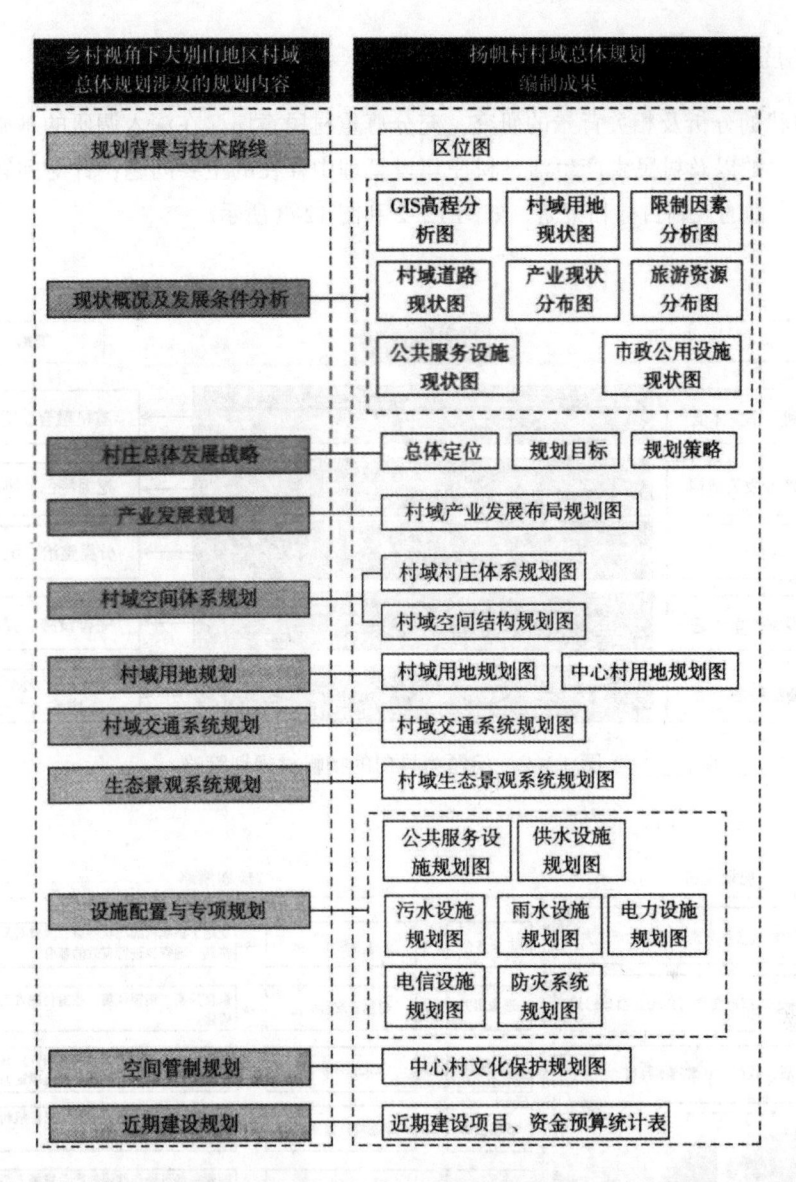

第十二章 河南省信阳市光山县扬帆村村庄规划

图 12-1 扬帆村村域总体涉及内容与村庄规划编制内容框架

一、现状概况及发展条件分析

扬帆村的村庄规划做了大量细致的调研工作。在对村庄现状充分了解的基础上，编制村庄现状相关图纸，除了编制村域用地现状图、村域道路现状图、公共服务设施现状图、市政公用设施现状图，还结合扬帆村现状地形条件绘制了 GIS 高程分析图，对场地空间形态和村域内限制因素进行分析，得出场地的适宜性评价；针对扬帆村多业复合型发展的特征，对其产业发展现状和旅游资源现状都进行了分析，以图 12-1 扬帆村村域总体涉及内容与村庄规划编制内容框架为后面的规划方案提供基础。

城乡制度变革背景下的乡村规划理论与实践

二、村庄总体发展战略

通过现状的分析及相关背景的研究，充分尊重村民意愿，在深入调研的基础上，找到村庄发展要解决的以及村民生产生活、村庄建设管理中存在的主要问题，针对问题开展规划编制，建立综合性的规划目标和策略，如图 12-2 和图 12-3 所示。

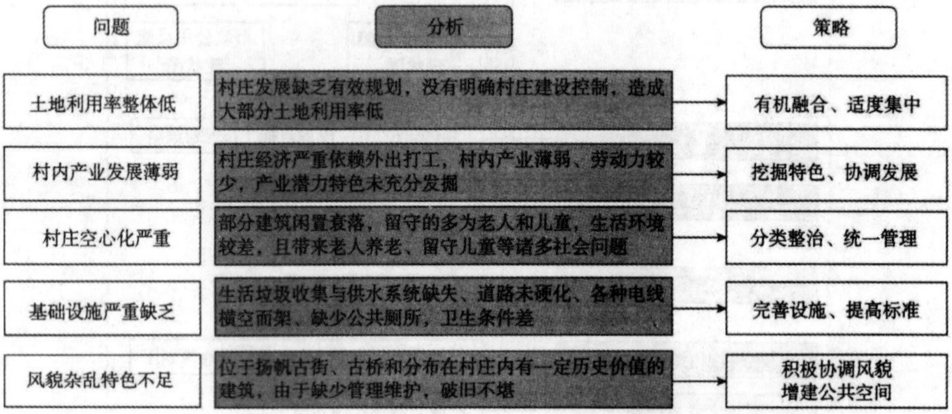

问题	分析	策略
土地利用率整体低	村庄发展缺乏有效规划，没有明确村庄建设控制，造成大部分土地利用率低	有机融合、适度集中
村内产业发展薄弱	村庄经济严重依赖缘外出打工，村内产业薄弱、劳动力较少，产业潜力特色未充分发掘	挖掘特色、协调发展
村庄空心化严重	部分建筑闲置衰蔽，留守的多为老人和儿童，生活环境较差，且带来老人养老、留守儿童等诸多社会问题	分类整治、统一管理
基础设施严重缺乏	生活垃圾收集与供水系统缺失、道路未硬化、各种电线横空而架、缺少公共厕所，卫生条件差	完善设施、提高标准
风貌杂乱特色不足	位于扬帆古街、古桥和分布在村庄内有一定历史价值的建筑，由于缺少管理维护，破旧不堪	积极协调风貌 增建公共空间

图 12-2 问题为导向的扬帆村规划策略

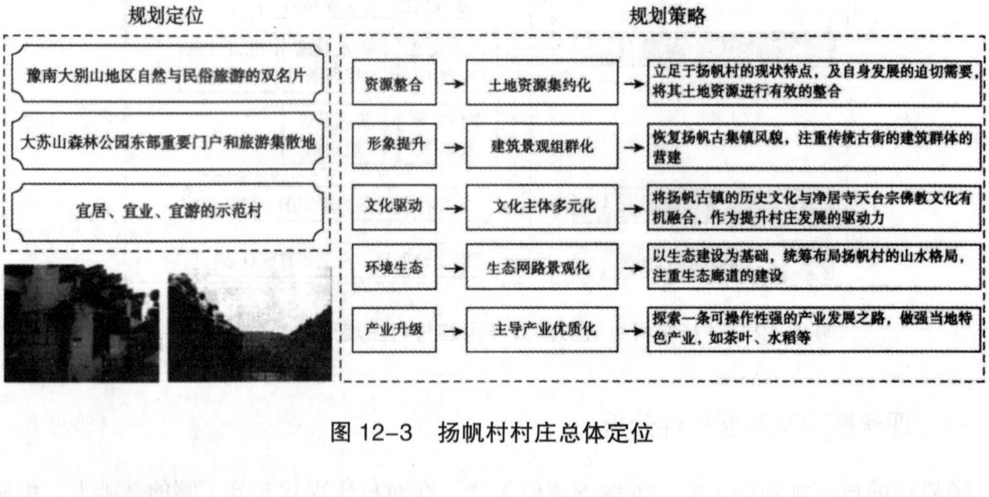

图 12-3 扬帆村村庄总体定位

三、产业发展规划

产业规划中重点关注了村民产业发展的意愿。立足于对村域产业用地布局的分析和村民产业发展的意愿，通过典型产业农户问卷调查、产业骨干户座谈会、村民产业发展意愿排序等几个方面的研究，综合得出村庄产业发展排序，对不同的产业进行项目 SWOT 分析，进而形成扬帆村"一轴、一带、一核、四片区、多节点"的产业布局体系，如表 12-1 和图 12-4 所示。

· 230 ·

表 12-1　村民产业发展意愿统计

项　　目	经济性	技术性	社会性	生态性	总分值	排　序
农村旅游	65	34	55	61	215	3
茶叶种植	74	45	58	68	245	1
加工业	71	57	43	0	171	6
商贸业	54	41	53	52	200	4
水稻种植	68	63	60	53	244	2
家畜养殖	52	39	40	25	156	7
林果业	45	32	49	61	187	5

注：表中分值及排序是根据产业骨干户代表调研打分得出

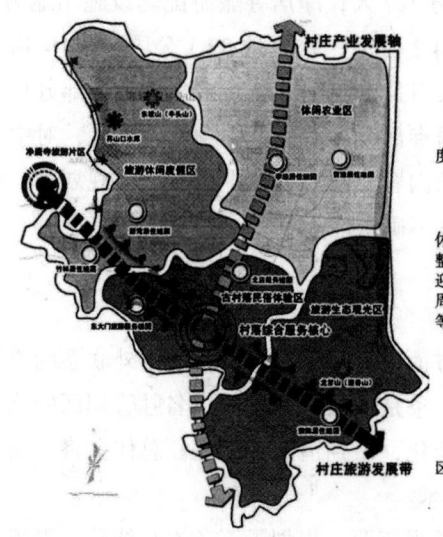

"一轴、一带、一核、四片区"

一轴：村庄产业发展轴

村庄未来将休闲农业、古村落旅游、自然山水旅游度假作为村庄主要产业发展方向。

一带：村庄旅游发展带

旅游发展轴线贯通净居寺名胜风景区、村庄旅游休闲度假区、古村落民俗体验区、旅游生态观光区。整合苏山口水库、牛头山、戏台、扬帆传统建筑群、迎春山等旅游度假资源，形成村庄旅游发展带。辐射周边自然村，以旅游带动休闲度假、农家乐、田园观光等旅游活动。

一核：村落综合服务核心

作为民俗旅游的服务核心。

四片区：主要发展片区

主要为旅游休闲区、休闲农业区、古村落民俗体验区、旅游生态观光区。

图 12-4　扬帆村村域产业发展布局规划

四、村域空间体系规划

由于扬帆村村域内自然村较多，产业种类也较多，属于多业复合型村庄。因此一个合理的村域空间体系规划就显得非常重要。扬帆村重点研究了村域村庄体系规划与村域空间结构规划这两个方面的内容。在村域村庄体系规划中：规划尊重客观现实和村民意愿，按照"重点发展、适度引导、特色保留"三个原则将现有各自然村划分为三个类型。重点发展区域：以现有街东村、街西村的十字街为基础原点，将周边邻近的陈南、陈北、北店、陈小寨村的发展向十字街集中，形成具有规模的重点区域，集中建设满足村民生产生活和对外旅游发展需要的公共、基础设施。适度引导组团：根据村庄实际发展状况、人口

城乡制度变革背景下的乡村规划理论与实践

规模、建筑质量、地理条件和未来发展趋势，将李洼、曹洼、新湾、前陈、下竹林五个自然村作为第二级发展中心，级发展中心适度引导，形成农村居住组团，适度建设公共及基础设施，满足村民生产生活需要。特色保留地块：根据发展特色和地理位置，并结合自身特点，重点对彭湾村、下竹林村等村庄进行改造，提升其环境品质。在村域空间结构规划中，结合村域产业发展规划与村域村庄体系规划形成"一轴、一心、两带、两区、八组团"的空间结构。一轴为核心发展轴，依托现状中两条主要的交通线路布置，是村庄产业发展的核心；一心为扬帆村中心组团；两带为旅游发展带和滨水景观带，旅游发展带；两区为东坡山生态保育区、龙首山生态保育区。

五、村域用地规划

主要包括村域用地和中心村用地两部分。在村域的用地规划中，依据前面村域产业布局规划和村域空间体系规划对整个村域的用地进行合理的划分，得出：村域范围内总用地746.8公顷，期末人口为3 600人。通过本次规划对村域的土地资源进行整合，其中集体建设用地73.1公顷，人均建设用地为203平方米/人；净居寺旅游配套设施用地为29.5公顷，耕地365.7公顷，林地80.0公顷，园地114.2公顷，牧草地37.1公顷，水体48.3公顷。在中心村用地规划中，由于中心村是扬帆村人口最密集的区域，未来还会有部分自然村的村民向此聚集，同时扬帆村中心村还承担着净居寺部分旅游服务的功能，因此，对中心村的用地详细规划能更好地指导村庄建设整治规划的内容。同时，在中心村用地规划中，规划了两处预留发展用地，以应对村庄未来发展的动态不确定性。

六、村域交通系统规划

扬帆村村域交通系统规划重点关注两方面内容。第一是对目前对外联系的道路进行路面加宽，一条是南北向的通往县城的县道，一条是东西向的净居寺名胜管理区的旅游大道；第二是对通往自然村没有被硬化的道路进行硬化，做到道路村村通。总体上将道路等级划分为三个等级，道路红线分别为12米、8米、5米。

结合村域良好的旅游资源和山水自然景观资源，规划了五条慢行线路，设置骑行、步行线路，以满足村域旅游规划的发展。

七、生态景观系统规划

扬帆村整体的空间格局为"两山环抱，一水中流"，东坡山、龙首山、红石河构成了村庄优越的生态景观，结合村庄空间布局的发展、产业发展、旅游资源等几个方面因素，得出扬帆村村域生态景观系统规划。

八、设施配置与专项规划

规划充分重视设施配置与专项规划。一方面是国家不断加强对农村地区公共服务设施和基础设施的投资，另一方面是作为贫困地区的大别山乡村地区基础薄弱。本次规划不再仅仅

· 232 ·

是对中心村的设施进行配置，而是立足于村域来完善村庄的公共服务设施和基础设施，同时对防灾系统进行了考虑。

九、空间管制规划

针对扬帆村历史资源较丰富的特点，制定保护策略，对空间进行分级分类控制。核心保护区：根据扬帆村资源的特征，将古街、古桥、古宅等地区划分为核心保护区。建设控制地带：将十字商业街区域划为建筑控制地带，对其进行适当的改造，提升其形象。风貌协调区：将村委会所在地区及古桥南侧划入风貌协调区，并提出相应的规划要求，如表12-2所示。

表12-2 村庄空间管制规划

保护控制	内容与划分依据
核心保护区	核心保护区内的文物建筑与历史环境应实施严格保护，不得随意改变现状；根据扬帆村资源特征，将古街、古桥、古宅等地区划分为核心保护区
建设控制区	建筑色彩以灰色、白色为主。使用地方建筑材料，禁止使用玻璃幕墙，对窗户的形式进行控制。扬帆村十字商业街承担着服务周边村落的重要功能，规划将十字商业街区域划为建筑控制地带，对其进行适当的改造，提升其形象
风貌协调区	保持传统民居特色。建筑采用坡屋顶，建筑高度≤12.0米，沿街不超过10米。容积率0.8~1.2，绿地率>35%。将村委会所在地区及古桥南侧划入风貌协调区，并提出相应的规划要求

十、近期建设规划

在村域近期建设规划中，立足于村庄未来发展和村民迫切需要解决的地方，进行合理的布置，对村域内即将实施的项目进行投资预算，以便能一目了然地指导实施项目的推进，同时对资金投资要进行详细测算，如表12-3所示。

表12-3 近期建设项目及资金投资明细统计

项目名称	项目内容	项目规模	投资明细（万元）
道路（桥）建设	闸晏公路至梅洼、简榜、曹洼	1 500米×4.5米	60
	闸晏公路至夏洼	600米×4.5米	24
	闸晏公路至张洼、七洼、石方庵	1 800米×4.5米	72
	扬帆小学至新湾、长埂	1 800米×4.5米	72
	扬帆老街至净居寺中学	700米×4.5米	28
	扬高公路至响堂	300米×4.5米	12
	石方庵至陈北、陈南	2 000米×5.5米	100

城乡制度变革背景下的乡村规划理论与实践

（续　表）

项目名称	项目内容	项目规模	投资明细（万元）
	古戏楼至下竹林	500 米 × 4.5 米	20
	扬帆古桥	古桥建设及周边环境整治	70
	村庄道路拓宽	2 500 米 × 3 米	75
	彭湾东侧沿红石河道路	2 300 米 × 4.5 米	92
	滨水步行道	新铺道路	30
供排水系统	供水系统，包括横向高扬路、纵向闸晏路、扬帆古街	3 200 米	160
	排水系统，包括中心十字街、李洼居住组团	1 800 米	70
污水治理系统	生态污水处理系统	污水处理系统设备、沉降池及其相关生态污水处理材料	250
	污水管网	3 000 米	120
	人工湿地项目	16 667 平方米	90
垃圾处理	垃圾中转站	垃圾中转站 3 个 × 10 万 / 个	30
	垃圾车	垃圾车 1 辆 × 20 万 / 辆	20
	垃圾箱	垃圾箱 50 个 × 2 000 元 / 个	10
照明亮化工程	路灯照明	100 个 × 4700 元 / 个	47
绿化工程	红石河沿河绿化整治	红石河美化环境	120
供电通信设施	数字电视入户	600 户 × 300 元 / 户	18
	监控系统	8 个 × 11 250 元 / 个	9
消防设施	消防栓	90 个 × 1 000 元 / 个	9
	灭火器	200 个 × 1 000 元 / 个	20
	水泵结合处	10 个 × 6 000 元 / 个	6
社区服务中心	社区服务楼、柜台	1 500 平方米	80
文体设施、文化娱乐广场	文体广场	新建	148
幼儿园	幼儿园教室、活动室改造等	改造	100
小学	小学教室、运动场改造等	改造	150
环境综合整治	沿路及沿景点（街道）绿化	下竹林、东大门、李洼绿化	302
	十字街立面整治	十字街立面改造	255
	卫生公厕	4 座	64
总计			2 733

十一、村庄建设整治规划

村庄整治规划包括中心村规划和重点地段整治规划等内容，如图 12-5 所示。

图 12-5　扬帆村村庄建设整治规划涉及内容与村庄规划编制内容框架

（一）中心村规划

规划将中心十字街定位为"集商业、文化、旅游为一体的豫南民俗文化体验街"，进行沿街建筑立面及街道景观的改造，如图 12-6 所示。

（二）自然村环境整治

规划对自然村进行了详细调研，以前陈自然村为例，对每个建筑都进行了编号，并按房屋质量进行分类，共分 6 类，针对每一类型提出不同的整治策略与方法，然后在此基础上对

城乡制度变革背景下的乡村规划理论与实践

自然村进行规划设计。根据村民改造意愿，重点对下竹林、响堂、彭湾、前陈四个自然村进行了整治改造。

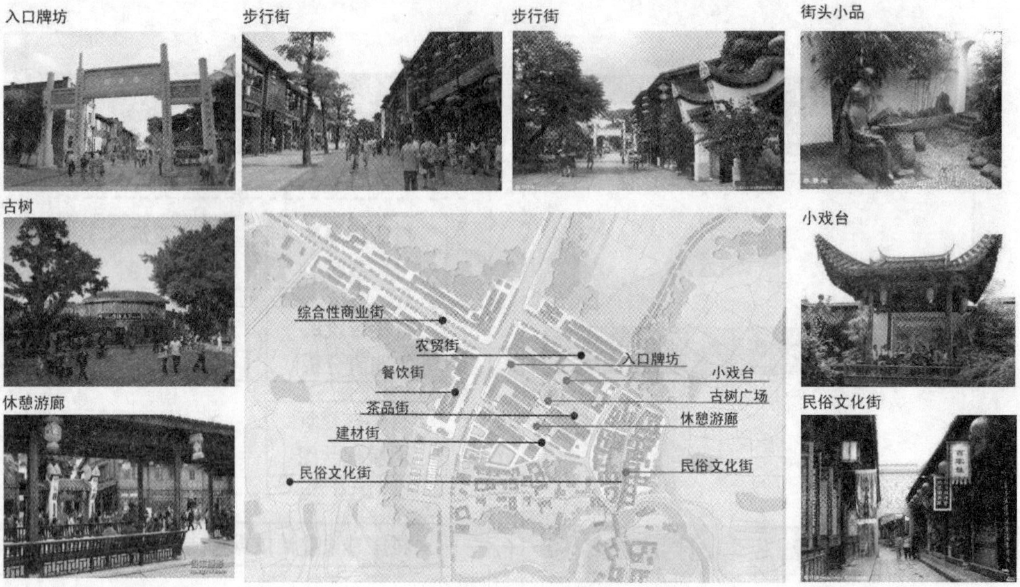

图 12-6 中心村风貌改造方案

（三）古桥周边的景观整治

规划重点为古桥周边环境的改善，恢复原有风貌。保护石碑和石敦；规划将桥梁周边空地改为水景公园，设计滨水步道等景观要素，加强绿化设计；改建廊桥：古桥原为廊桥，参照豫南、赣北廊桥形式建造双坡三重顶。

第三节 村庄实施项目与规划编制过程

实施项目初步设计中包括建筑风貌综合整治、公共服务设施方案设计和基础设施方案设计，如图 12-7 所示。

一、建筑风貌综合整治

在建筑改造及绿化整治实施项目中，根据前期的调研及总体规划的要求，重点对下竹林、响堂村民组 37 户民宅进行改造，同时对十字商业街商户立面进行改造。绿化整治方面主要是对几个重点的自然村进行绿化，提升其风貌。

根据建筑风格和特性的不同，将村内建筑划分为以下几类，归纳出 6 种相应的改造方法。在实际操作中对村民进行细致的讲解，将改造指示牌做好，以此对村民自己改造进行引导，如图 12-8 所示。

· 236 ·

第十二章　河南省信阳市光山县扬帆村村庄规划

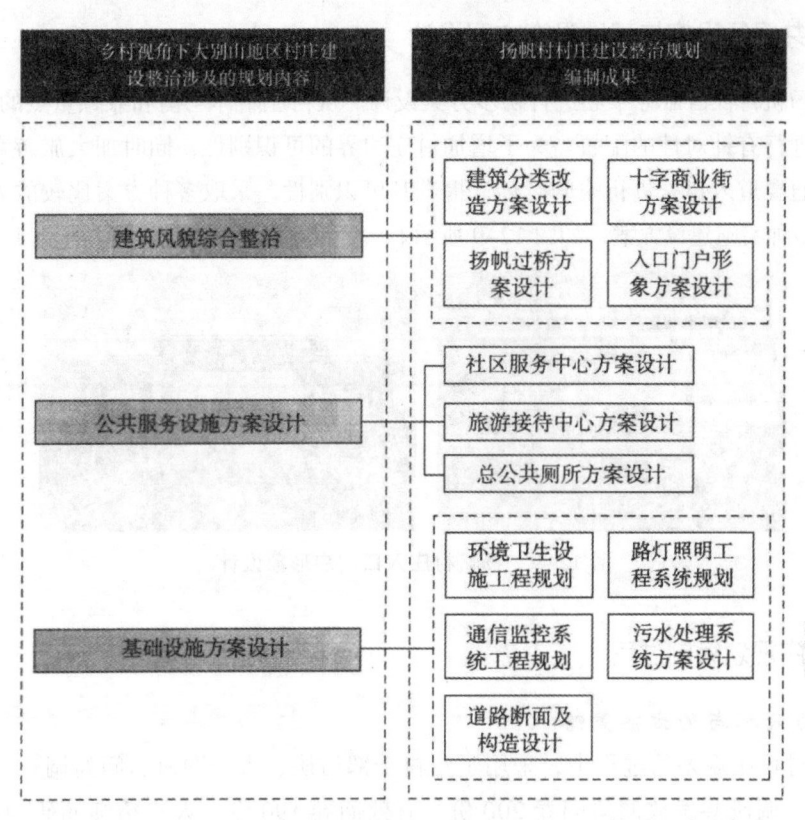

图 12-7　扬帆村实施项目初步设计涉及内容与村庄规划编制内容框架

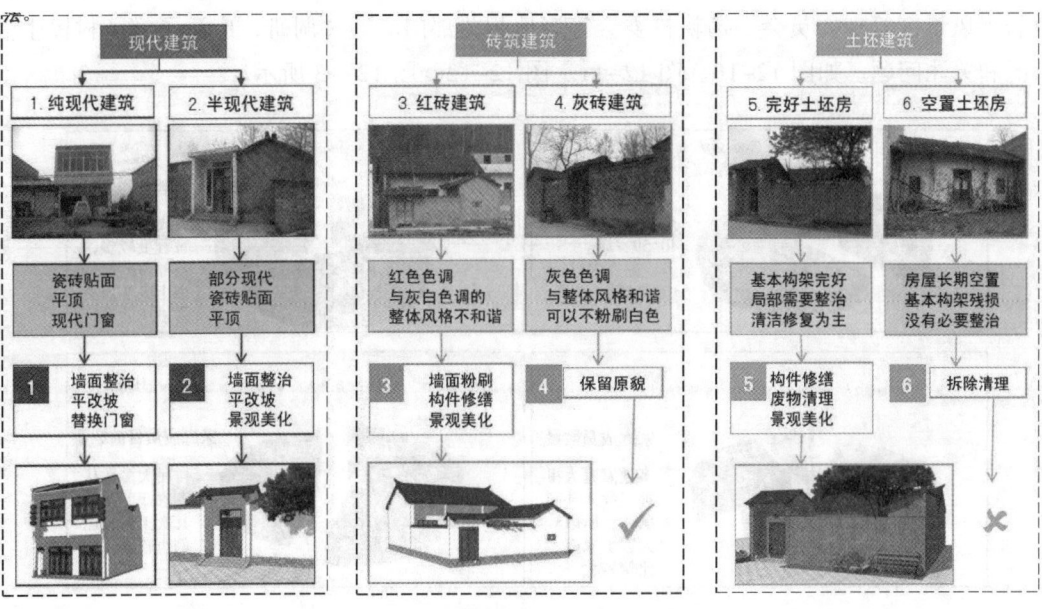

图 12-8　扬帆村民住宅改造引导模式

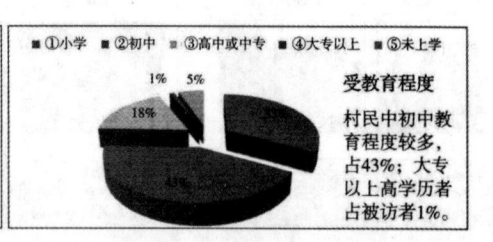

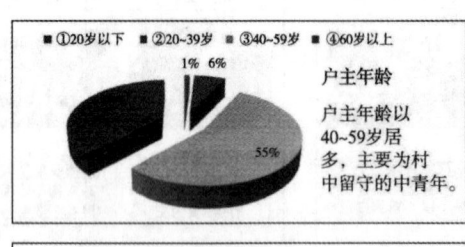

城乡制度变革背景下的乡村规划理论与实践

二、公共服务设施与基础设施方案设计

重点对扬帆村社区服务中心进行初步方案设计。从村庄整体均衡和兼顾重点的角度出发，对基础设施进行有针对性的配置。为了增加村庄边界的可识别性，同时加大旅游宣传，在村庄重要的交通要道入口处进行空间设计，提升其可识别性，采取多种方案比较的方法，为当地村民提供多种实施建设方案，如图12-9所示。

图12-9 扬帆村庄入口门户形象设计

三、村庄规划编制过程

（一）公众参与的方法策略

在扬帆村村庄规划的过程中，采用了对村干部访谈、入户调研、问卷调查三种形式组织公众参与。调研共发放调研问卷200份，有效问卷190份，入户精细调研30户，并召开多个座谈会，参与人员包括县政府领导、政府顾问、村民代表等共计30余人。调研内容主要包括村庄基本情况、人口、社会经济、历史文化等，调研对接单位有光山县政府、净居寺风景区管理委员会、扬帆村委会等当地相关部门。通过调研，广泛了解了村民生活状况和关注问题，如图12-10、图12-11、图12-12、图12-13所示。

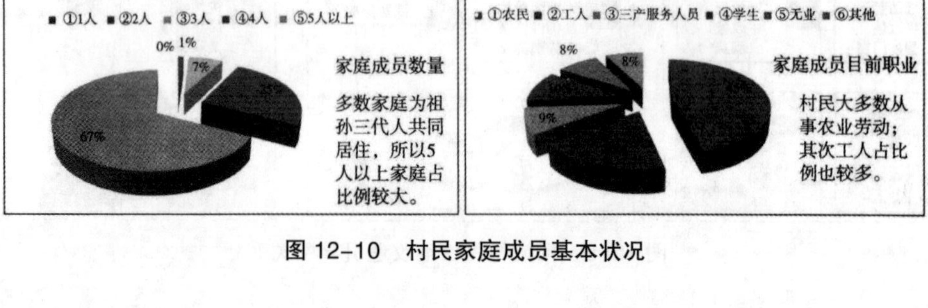

图12-10 村民家庭成员基本状况

· 238 ·

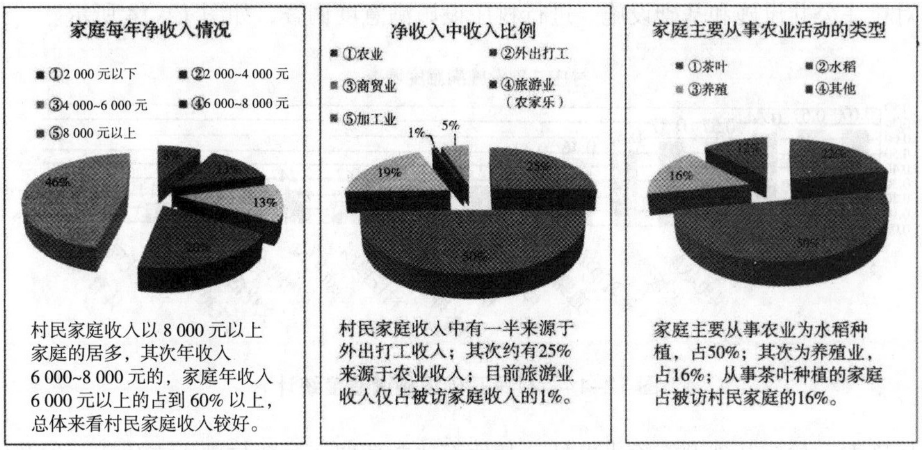

第十二章 河南省信阳市光山县扬帆村村庄规划

图 12-11 村民家庭经济状况

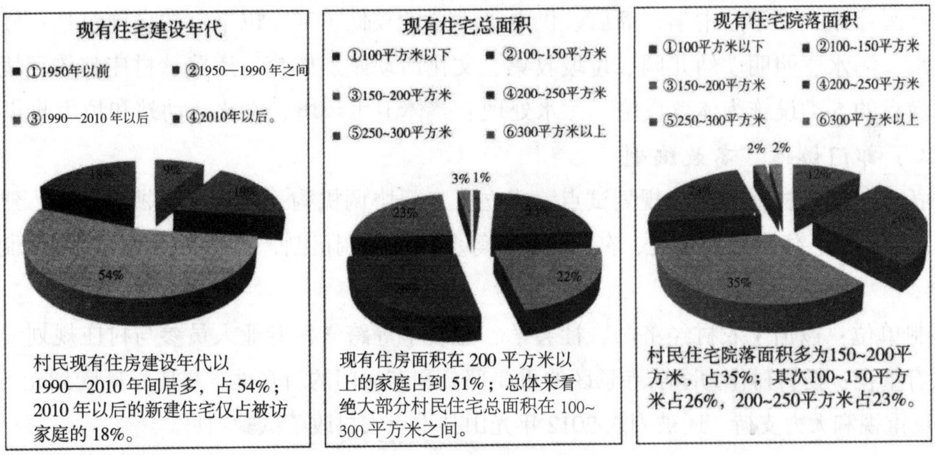

图 12-12 村民住房基本情况

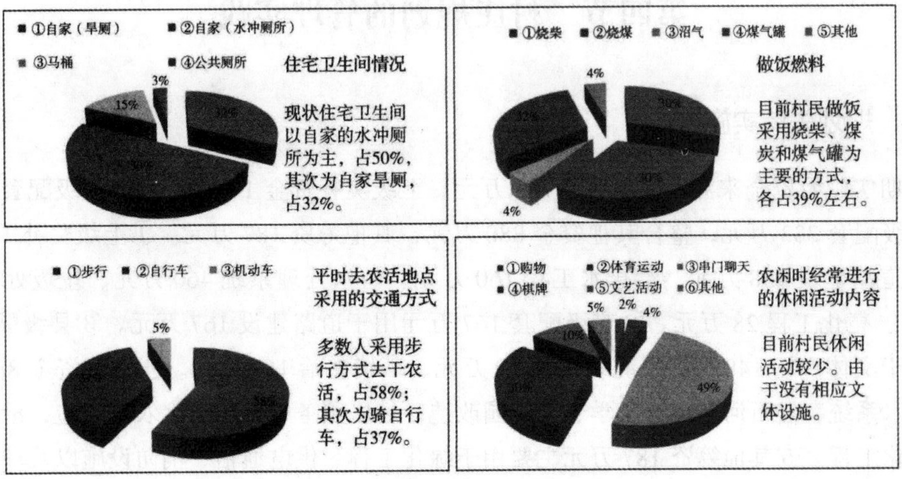

图 12-13 村民设施与活动基本状况

城乡制度变革背景下的乡村规划理论与实践

针对村庄公共设施和基础设施，进行村庄设施满意度调查，如图 12-14 所示。

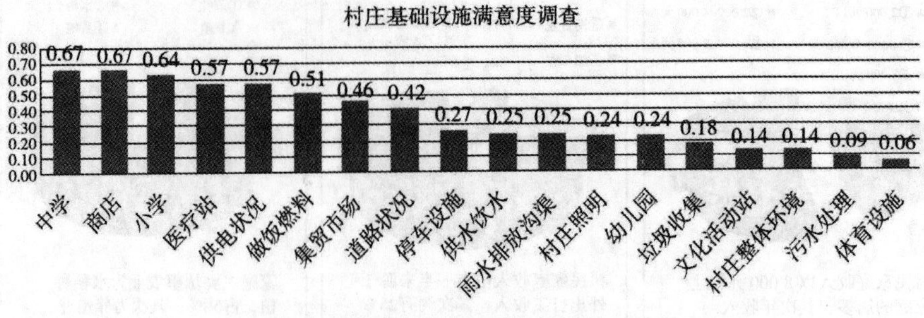

村庄基础设施满意度调查

中学 0.67　商店 0.67　小学 0.64　医疗站 0.57　供电状况 0.57　做饭燃料 0.51　集贸市场 0.46　道路状况 0.42　停车设施 0.27　供水饮水 0.25　雨水排放沟渠 0.25　村庄照明 0.24　幼儿园 0.24　垃圾收集 0.18　文化活动站 0.14　村庄整体环境 0.14　污水处理 0.09　体育设施 0.06

图 12-14　村民基础设施满意度统计

总体来看，村庄基础设施除供电外，其他都非常薄弱；目前村中无文化活动站及体育设施，村民都很希望建设相应的文体活动设施以丰富村民生活。满意度较高（50% 以上）的设施包括：医疗站、小学、中学、商店、供电。满意度较低（30% 以下）的设施包括：停车设施、供水、污水、照明、幼儿园、垃圾收集、文化活动站、体育、道路、村庄整体环境，其中最不满意的 5 类设施为体育设施、污水处理、整体卫生环境、文化活动站和垃圾收集。

（二）部门协作，高效编制

委托方：扬帆村作为村庄规划试点，成立了专门协调机构，由县主要领导负责，建立了财政、国土资源、住房城乡建设、农业、旅游等多部门协调机制，统筹安排村庄规划编制和实施。

编制单位：邀请了农村经济学、社会学、建筑学等跨学科专业人员参与村庄规划编制。

政府重视：扬帆村作为净居寺景区的重要部分和东大门的所在地，村庄发展受到光山县政府的高度重视和大力支持，还被列入 2012 年光山县重点农村改革试验项目。

第四节　村庄规划的管理实践

一、规划先期实施

一期实施及资金来源：总投资 2 733 万元。上级奖补资金 1 166 万元，市级配套 167 万元，县级配套 333 万元，整合其他资金 880 万元，其他筹资 187 万元。①上级奖补 1 166 万元用于道路建设 458 万元、给排水工程 160 万元、污水处理系统 460 万元、垃圾处理设施 60 万元、亮化工程 28 万元。②市级配套 167 万元用于道路建设 167 万元。③县级配套 333 万元用于文体广场 148 万元、亮化工程 19 万元、环境整治 166 万元。④整合资金 880 万元用于排水系统，红石河整治，小学、幼儿园改造，社区服务中心建设，农房改造，沿路、沿景点绿化工程。⑤其他筹资 187 万元主要用于绿化工程、供电通信、消防设施以及环境综合整治，目前村庄规划实施情况良好。

· 240 ·

环境整治方面：东大门旅游服务区、古戏楼建设已经基本完成，扬帆古桥周边环境整治、十字商业街立面整治正在改造中，红石河河道整治正在按照规划逐步实施。中心村建设方面：中心村供水管道已经铺设完成，垃圾收集设施建设完成，老街路面铺装改造已经完成，污水处理厂正在建设中。自然村改造方面：下竹林自然村房屋更新改造已基本完成，响堂、彭湾等自然村环境整治正在进行中。

二、规划实施管理

村庄规划实施管理采取分级领导负责制，光山县委、县人民政府成立光山县美丽乡村建设指挥部，光山县财政局成立美丽乡村建设协调领导小组，净居寺名胜管理区成立美丽乡村建设工作领导小组，扬帆村成立美丽乡村建设工作领导小组。管理小组的作用：与规划及上级部门配合，共同制定项目资金使用方法；跟踪、配合与监督规划实施情况；监督项目资金使用；鼓励和管理村民参与项目；协助监测项目开发规划和实施效果，如表12-4所示。

表12-4　扬帆村实施管理具体措施

步　骤	具体措施
组织领导	县委、县政府成立由县委书记任政委、县长任指挥长、县四大家[1]领导任副指挥长的建设指挥部，设置综合协调组、村镇规划建设与环境综合整治工作组、防控"两违"工作组、体制改革与机制创新工作组、督促检查组
部门协调	县财政局成立了由局党组书记、局长任组长的建设协调领导小组，负责部门协调、项目对接、资金整合工作。住建、规划、人防、林业、国土、教育、环保、农业、交通、水利、电力、通信、民政、社保、公共事业等各个职能部门，参与项目建设
资金筹措与整合	努力争取省市一事一议财政奖补资金，加大资金筹措整合力度，确保项目建设
招标采购	严格按照招投标法等法律法规选择相应机构，确保质量，节省成本
施工管理	县委、县政府成立项目建设领导小组，节约、集约用地，集中财力、物力，建设项目量力而行
资金管理	项目资金管理纳入全县"乡财县理、村财乡监"的管理体制，实行乡镇报账制和国库集中支付管理制度
完工验收	项目建成后，由县财政局、农村综合改革办公室牵头组织项目竣工验收

---

[1] 四大家是指党委、政府、人大、政协。党委，是党的各级委员会的简称；政府，是指国家进行统治和社会管理的机关；人大，是指"人民代表大会"，是中华人民共和国的国家权力机关；政协，是指人民政治协商会议。

三、规划成果效益

通过本次规划，从 2012 年至今，扬帆村取得了"2013 年全国村庄规划试点示范村""河南省传统古村落名录""河南省美丽乡村建设试点项目""中国传统村落"等荣誉，获得了省、市、县层面的政策和资金的支持。

作为住房和城乡建设部首批村庄规划试点村，河南省信阳市光山县扬帆村村庄规划尝试建立针对乡村地区特点的村庄规划编制体系，包括村域总体规划、村庄建设规划、村庄整治规划，以及实施项目初步设计。规划编制充分考虑村庄规划建设与自然环境、产业发展、风貌营造等的关系，通过编制内容的梳理与拓展，提高村庄规划编制的广度与深度，从大到小涵盖村庄规划的各个方面，广泛涉及村庄发展的产业、文化、空间、生态、设施等各个层面，注重村庄规划的上下衔接与可实施性，探索了村庄规划编制内容的深化和细化。

第十三章 北京市门头沟区炭厂村村庄规划

第一节 炭厂村概况

根据住房和城乡建设部《关于开展2016年县（市）域乡村建设规划和村庄规划试点工作的通知》，北京市门头沟区炭厂村被列为此次试点村庄之一。本次试点的要求是：①实行村民委员会为主体的规划编制机制。村民委员会动员、组织和引导村民参与村庄规划编制，把村民商议同意规划内容作为创新村庄规划工作的着力点，并将村庄规划成果纳入村规民约一同实施。②实行简化、实用的规划编制内容。遵循问题导向，以农房建设管理要求和村庄整治项目为重点，力求规划内容的简化实用。试点的目的是改革创新乡村规划理念和方法，树立一批符合农村实际、具有较强实用性的乡村规划示范，以带动乡村规划工作。

一、炭厂村基本情况

炭厂村位于北京市门头沟区妙峰山镇镇域西北部，东邻上苇甸村，北邻大沟村、禅房村，西邻雁翅镇田庄村。村庄距北京天安门直线距离约40公里，距离门头沟新城约18.9公里，距离妙峰山镇政府所在地陇驾庄村9.6公里。

炭厂村为深山区村落，总面积12.59平方公里，211户，人口376人。村集体经营的国家3A级景区神泉峡位于村落以西1公里处，面积5平方公里，已于2010年正式对外开放。

二、炭厂村基本特征

特征一：炭厂村是典型的山区村落。

炭厂村产业发展以旅游业、林果业为主导产业。人口规模小，村民就业以看山护林、外出务工、服务景区等为主。村落空间形态依山傍水，坐北朝南，村庄宅基地呈阶梯式布局。村域由炭厂西沟、炭厂东沟、潭子涧沟三条山沟组成。村庄北靠虎头山，民居依山而建，形成三层台地。炭厂村的村落布局随地形高低变化依山布置。最早民居位于今新修炭厂村文化站的东南部，后村庄逐渐向西、向北发展。村前两侧分别为东、西涧沟支流，于村口汇成一水洼，名为龙扒洼（现为龙水湖水世界），村东北400米处，有一人工湖龙潭湖。村口向西行1公里即为村庄自主经营的国家3A级景区神泉峡。

经过新农村建设（2006—2013年）和险村搬迁工程（2014—2016年），村中各项设施较为完备。炭厂村的对外交通较为便捷，公交车每日早中晚各来村一次，方便村民出行。

城乡制度变革背景下的乡村规划理论与实践

村内道路已实现硬化、亮化的全覆盖。公共服务设施和市政设施相对完善，基本满足村民需求。

炭厂村具有一定的历史文化资源。明朝朝廷在此地设立炭厂，用以收购宫廷所需木炭，村民多以烧炭为业，约至清代初期繁衍成村。炭厂村现有1处市级、2处区级非物质文化遗产，多处历史环境要素体现"炭厂文化"。

特征二：拥有村集体开发的3A景区——神泉峡景区。

2007年神泉峡景区由村委会筹办开发，2010年正式对外开放，现为国家3A景区，年均接待量3万人次。近年来先后开发诗路花语迎宾景观带、山谷游览景廊、CS野战基地、林果采摘基地等，如图13-1所示。

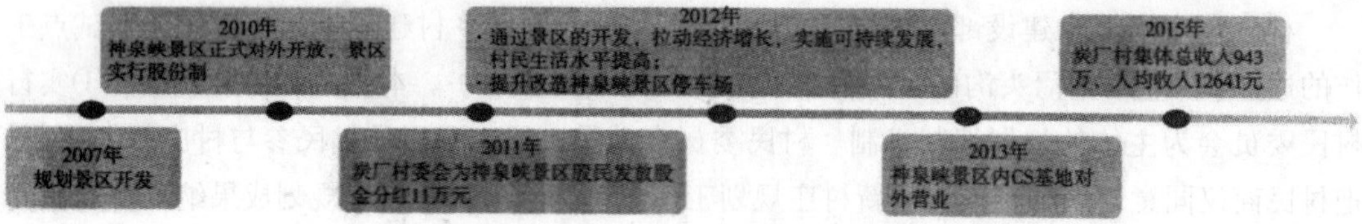

图13-1 炭厂村神泉峡景区发展历程

景区以自然山水的沟域特色为依托，原生态特色突出，一期开发的旅游设施相对完善，旅游格局初步形成。景区内现有四条旅游线路，景区入口附建有炭文化博物馆、儿童戏水园、真人CS基地、农耕体验、采摘园等项目；景区内部凭借自然环境的丰富，主打自然游览。

特征三：村庄民主管理健全有序。

炭厂村近年来的发展得到了各级政府部门及领导的重视及大力支持，主要用于村庄的基础设施建设、村庄民房改造、景区发展，取得了一定的成绩。村庄集体管理制度完善；领导班子团结，凝聚力强；组织机构完备，民主议事制度、档案管理健全；有村志记录、村规民约的制定。多年以来，村集体获得了多项集体荣誉。炭厂村内形成特色经济组织、群团组织及非物质文化遗产组织，如图13-2所示。

神泉峡景区实行股份制经营，每个村民都享有股份，初步定为每人五股，每股200元。此股份制经营还处在试行与探索中，如有变化，村里会根据具体情况进行修改，并不断进行完善。景区的开发促进了相关产业的发展，村民收入增加。2015年，炭厂村集体总收入943万，人均收入12 641元。通过问卷调查发现，村民对村庄发展和居住环境的认可度较高，90%的村民希望发展旅游，如图13-3所示。

·244·

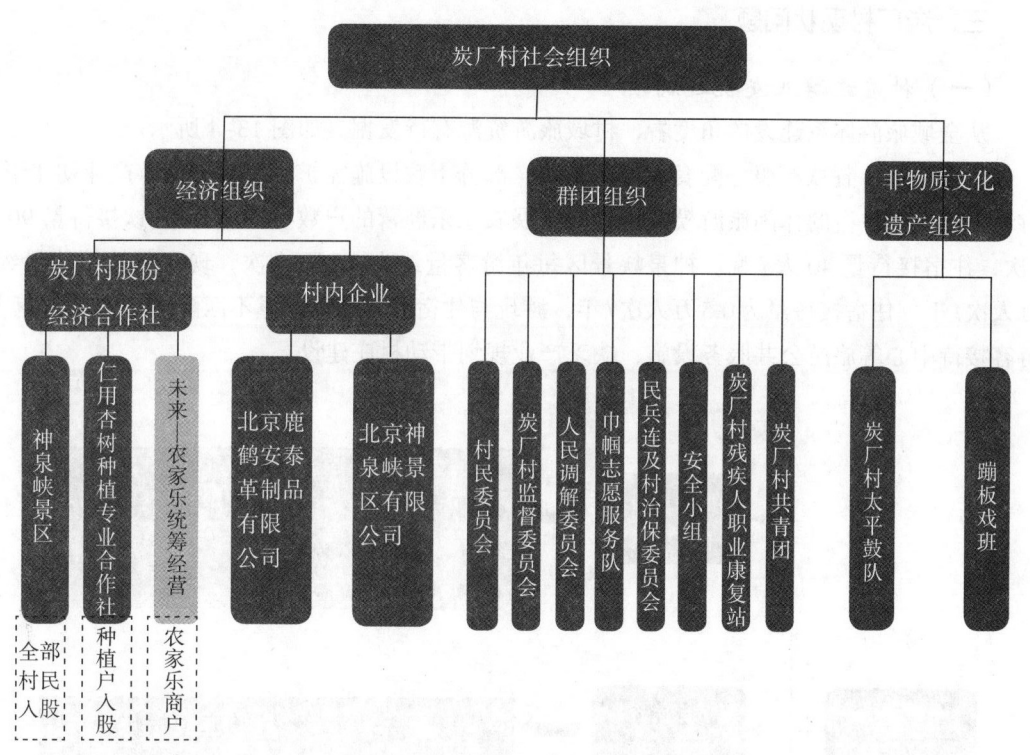

图 13-2　炭厂村社会组织示意图

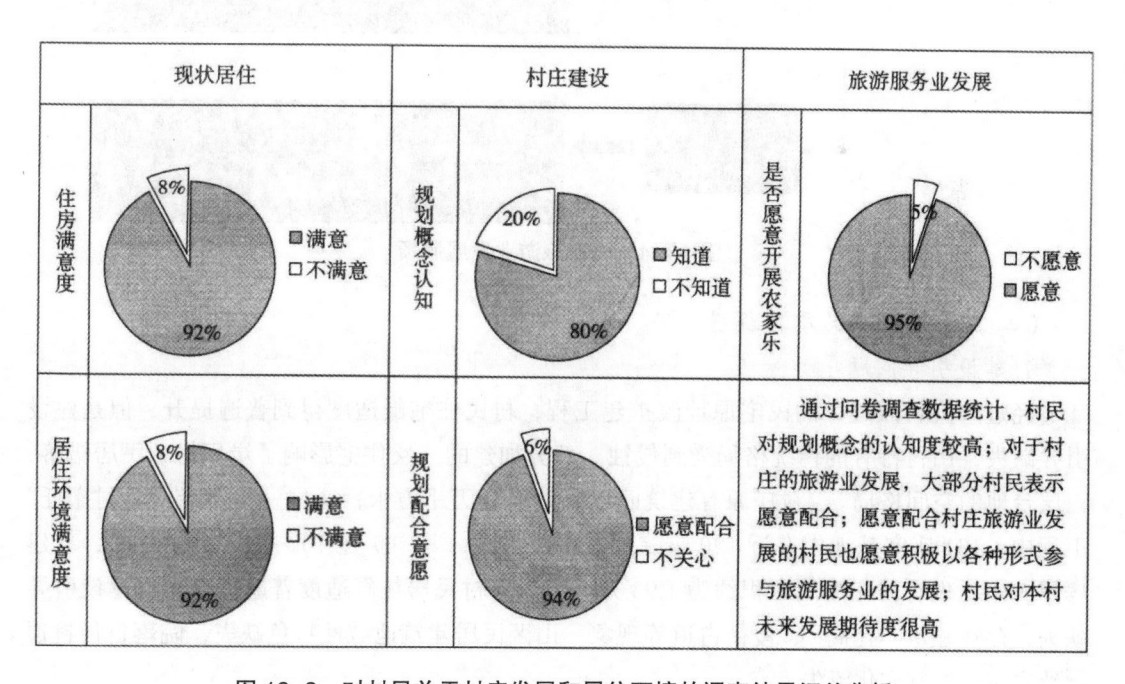

图 13-3　对村民关于村庄发展和居住环境的调查结果汇总分析

通过问卷调查数据统计，村民对规划概念的认知度较高；对于村庄的旅游业发展，大部分村民表示愿意配合；愿意配合村庄旅游业发展的村民也愿意积极以各种形式参与旅游服务业的发展；村民对本村未来发展期待度很高

三、炭厂村现状问题

（一）村庄旅游业发展遇瓶颈

从全域旅游体系建设的角度看，村域旅游资源有待发掘，如图 13-4 所示。

景区住宿、餐饮等服务配套设施需完善，部分市政设施需扩容。村庄旅游产业初步形成游玩、餐饮及住宿的休闲旅游模式。村中开展农家乐经营的户数有 10 家，餐饮接待量 90 人/次，住宿接待量 40 人/晚。神泉峡景区每年游客量约为 3.5 万人次，现有餐饮接待量约 1 万人次/年，住宿接待量为 0.5 万人次/年，游玩与住宿餐饮配套严重不匹配。村中缺乏商店、游客接待中心等旅游公共服务设施，缺乏产业规划带动村庄建设。

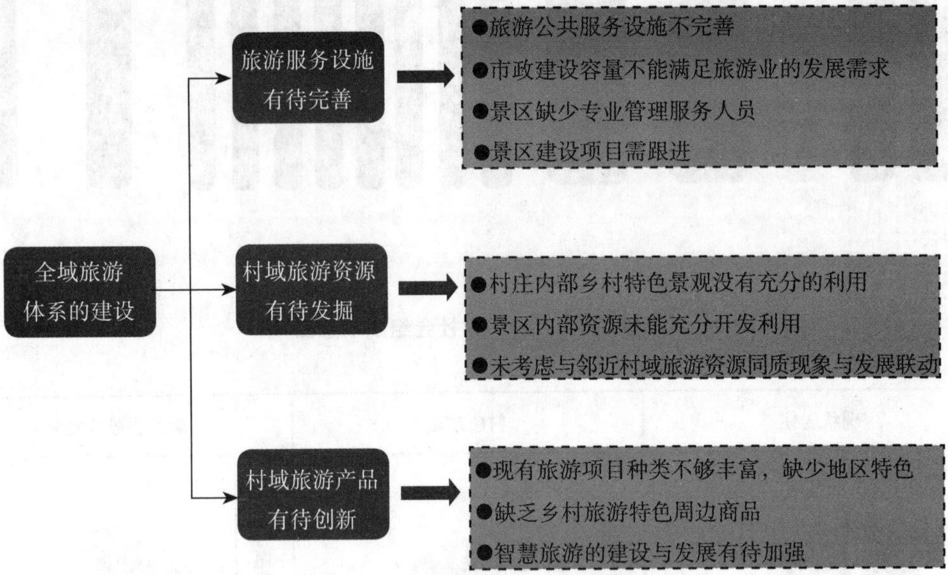

图 13-4　全域旅游业发展瓶颈

（二）空间环境品质待提升

1. 建设引导问题

经过"险村搬迁"的民宅原址改扩建工程，村民住宅舒适度得到普遍提升，但是建设引导缺失，山村特有的传统格局受到侵蚀。部分加建的三层住宅影响了炭厂村"民居错落，三层台地的空间格局"。村庄原有建筑面积约为 1.41 万平方米，2014—2016 年"险村搬迁"工程中，131 座宅基地中有近 120 座院落进行改扩建，其中扩建 102 座，加建 15 座，新建房屋 3 座。现有村庄建筑面积约为 1.93 万平方米，村民居住舒适度普遍提升，但建设引导缺失，存在建筑"比高"、侵街占道等现象。山区民居建筑地域性特色缺失，院落盲目封顶导致庭院、厅堂文化流失。

2. 公共空间问题

村庄公共空间缺乏特色，村庄和景区空间不相协调，如缺乏可供游客停留和交往的室外公共空间，村庄空间特色被破坏，现有公共空间垃圾和施工材料杂乱堆放，现有公共空间缺乏绿化景观，村庄与风景区公共空间未形成村域整体景观系统，现有公共空间品质缺乏人性化设计等。

（三）发展模式需探索

村民集体以及村民个体的利益诉求需要有更好的协同机制。

（1）村民对农家乐的发展模式有疑惑

一方面，已开展农家乐的农户，因村集体未制定统一菜品、服务标准等统一标准，担心日后会恶性竞争、流失客流、声誉减损。另一方面，打算申报农家乐的农户对成立合作社期望较高，因为可以得到村集体帮助，减少农家乐改造的资本，规避竞争风险。

（2）村民自行翻建房屋，加建楼层，甚至加建房屋，影响村庄整体形态和风貌

村民自行在宅基地上加建楼层，影响周围村民生活；随意做院落封顶，造成室内采光不足。甚至存在个人宅基地占用村集体用地等现象。因此，在全域旅游下，如何使集体产业与个体经济双生双赢，对炭厂村的可持续发展具有重要意义。

各方力量参与还需加强。炭厂村在乡村旅游、生态农业等方面资源丰富，在良好的生态文化资本与丰富的生产要素之间互助提升，旅游发展前景良好，村民创收、村风和谐，却仅有单一的行政管理组织和经济发展型组织，这与炭厂村良好的发展基础相矛盾，需要加强社会各方力量的参与。

第二节　村庄规划编制的演变

一、炭厂村村庄规划沿革

（一）村庄规划1.0版——《炭厂村村庄规划（2009-2020年）》

《炭厂村村庄规划（2009-2020年）》的规划背景是2007年开始的新农村建设，规划重点主要是空间层面上的公共设施建设与村容村貌的提升，由政府主导，是一种自上而下的规划思路。

（二）村庄规划2.0版——《门头沟区妙峰山镇险村搬迁工程》

炭厂村属于山区地质灾害易发区，村民房屋年久失修，抗震等级低。根据市、区相关政策，《关于成立"7·21"特大自然灾害灾后重建工作指挥部的通知》，为改善村民居住条件，妙峰山镇于2013年开始实施《门头沟区妙峰山镇险村搬迁工程》。

村庄改造过程中形成了契约化管理的"炭厂"模式，即与农户签订搬迁合同或文书，在达到要求标准并通过验收后，再兑付建房部分的搬迁政策资金及抗震节能改造资金到每户，同时预留了部分搬迁基础设施费用，由村委会统筹组织基础设施建设。

城乡制度变革背景下的乡村规划理论与实践

"险村搬迁工程"的规划背景是近年来开展的美丽乡村运动及乡建运动，着重于空间上的住宅改造，体现了村民自主与对政策的整合，但本质上还是一种自上而下的规划思路。

二、村庄规划 3.0 版的创新探索

（一）村庄规划 3.0 版与之前版本的差异和优势

村庄规划 1.0、2.0 版均未能促进建立以持续发展为目标的长效机制，无法在长时间段内促进村庄发展，进而改善民生。

村庄规划 3.0 版的探索则以人为本，不只着眼于村庄空间的品质提升，还在产业发展、社会治理等多方面多维度进行规划工作。其优势就在于结合了自上而下的政策资金优势与自下而上的村民自治，使村庄建立起具有可操作性的长效机制。

（二）村庄规划 3.0 版创新探索思路

改变以往多以空间规划与建设为指向的村庄规划方式，探索基于权属关系的契约化村庄规划建设及管理模式，将规划延伸至村庄发展、建设与管理，建立长效机制，如图 13-5 所示。

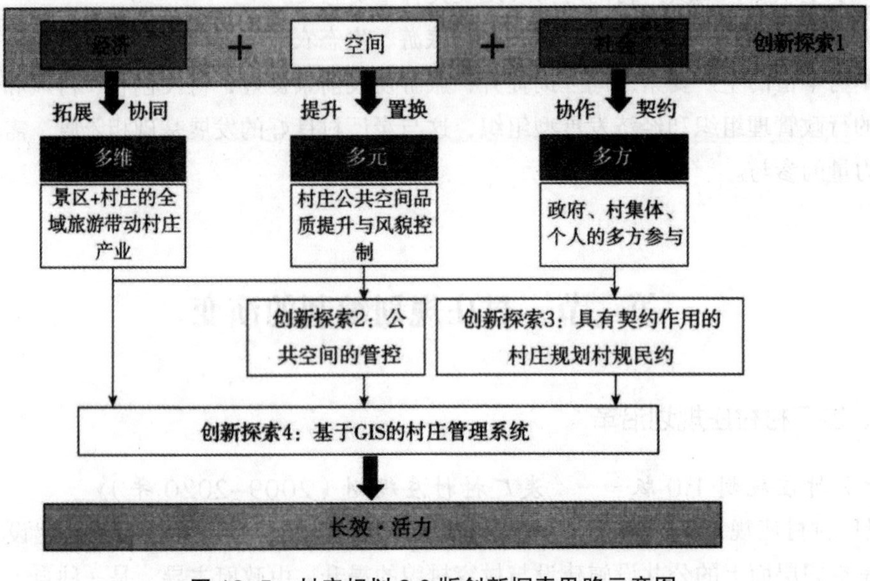

图 13-5　村庄规划 3.0 版创新探索思路示意图

第三节 产业规划

一、产业现状发展情况及资源挖掘

2015年,妙峰山镇域村庄集体企业经营的旅游风景区接待量和收入统计排名中,炭厂村的神泉峡景区排名第二,表明其具有较好的旅游基础和发展潜力。

1. 炭厂"炭文化"。明代朝廷御用的炭厂烧制的山桃木炭,其色泽浓黑、无烟味香,辟邪康健,具有珍稀的医用价值。

2. 丹霞地貌。炭厂村西沟内有独特的侏罗纪红色火山岩地貌,数十米高的红色石峡山口,两侧和脚下都是红色的火山岩,数百米的红石谷景色十分壮观。

3. 驼铃古道。炭厂村位于京西古道分支中的驼铃古道路段,串联炭厂村、上苇甸村和下苇甸村,蕴含独特的历史文化。

4. 国家3A级景区。位于炭厂西沟的神泉峡景区内现有4条旅游线路和28处景观景点。

二、产业定位

依照《妙峰山镇"十三五"规划》中对各村庄产业发展的定位,炭厂村可依托神泉峡景区基础设施的改造提升,深度挖掘驼铃古道的历史价值和炭厂村炭文化的传承与利用,通过镇域西北部的驼铃古道和东北部的妙峰山古香道联动周边村庄旅游产业的发展,激活镇域北部村庄的区域活力,同时带动村庄其他产业的发展。经综合考虑,本版村庄规划产业定位为"丹霞神泉·炭厂古韵",即依托神泉峡景区的自然生态景观资源优势,发掘炭厂村木炭文化历史价值,以驼铃古道为联络线连接景区和村庄,以生态休闲旅游产业为主导,形成"旅游+"产业发展模式,打造北京西郊的特色民俗旅游示范村。旅游活动包括赏红色火山岩石、游神泉峡风景区、住炭厂精品民宿、品商旅古道古韵等。

以旅游七要素为线索的炭厂村全域旅游策划包括:食(香味谷烧烤、泉饼宴、活鱼食堂)、宿(特色民宿、香味谷小木屋)、行(观光"小火车"、徒步行)、游(驼铃古道、太平鼓民俗活动)、购(特色商品、山区特产)、娱(水幕电影、真人CS)、育(炭文化体验基地、地质文化教学基地、民俗文化体验基地)等。

同时,在镇域、村域、村庄三个层次提出产业空间布局规划方案。

1. 在妙峰山镇域范围内,以驼铃古道和妙峰山古香道为联络带,串联镇区各个村庄旅游资源,形成全镇域旅游格局,多村统筹发展。

2. 在炭厂村村域范围内,村域西部继续开发神泉峡景区的自然生态资源、完善旅游配套基础设施,东部打造东沟自然保护区,中部潭子涧沟发展香味谷古炭烧烤和特色木屋露营,村庄打造文化体验产业,并通过驼铃古道联络带将景区和村庄衔接起来,从而形成全域旅游产业格局。

城乡制度变革背景下的乡村规划理论与实践

3.在村庄范围内，依托独特的炭文化和驼铃古道历史资源，通过炭厂村村庄内部三条主要街道，形成村庄游览慢行路线，将村庄内部设立的文化体验项目节点空间串联，激活村庄旅游相关产业发展。

以旅游产业为主导，以村庄为载体，构建完整的旅游公共服务体系，发展"旅游+"模式，以"旅游+餐饮业"为主线，串联旅游业与农业、农副产品加工业、手工业、旅游服务接待业等多产业的融合，带动村庄经济发展，改善民生。

在神泉峡风景区内，形成"旅游+餐饮业""旅游+农业""旅游+商业""旅游+文化创意产业"模式，提供采摘服务、农耕文化体验等娱乐项目，新建餐厅、商店、游客中心等旅游服务设施，开设观光小火车交通设施。

在炭厂旅游接待区内，形成"旅游+餐饮业""旅游+旅游服务接待业""旅游+文化创意产业""旅游+农副产品加工业"模式，发展全域旅游，为游客提供高品质服务和旅游体验。村庄内部开设精品民宿、特色餐厅、小商铺等，为村民带来收入。

在东沟自然生态区内，形成"旅游+餐饮业"、"旅游+旅游服务接待业"、"旅游+商业"、"旅游+农业"模式，保留东沟自然生态原貌，保护种植山中林木，开辟林中骑行路线，沿途可为骑行者提供休憩、装备整顿等服务。

充分发挥"旅游+"功能，以吃、住、行、游、购、娱、育七大要素产业为载体，延伸新的产业链，使旅游产业与其他相关产业深度融合，形成新的生产力和竞争力，从而改善民生，如图13-6所示。

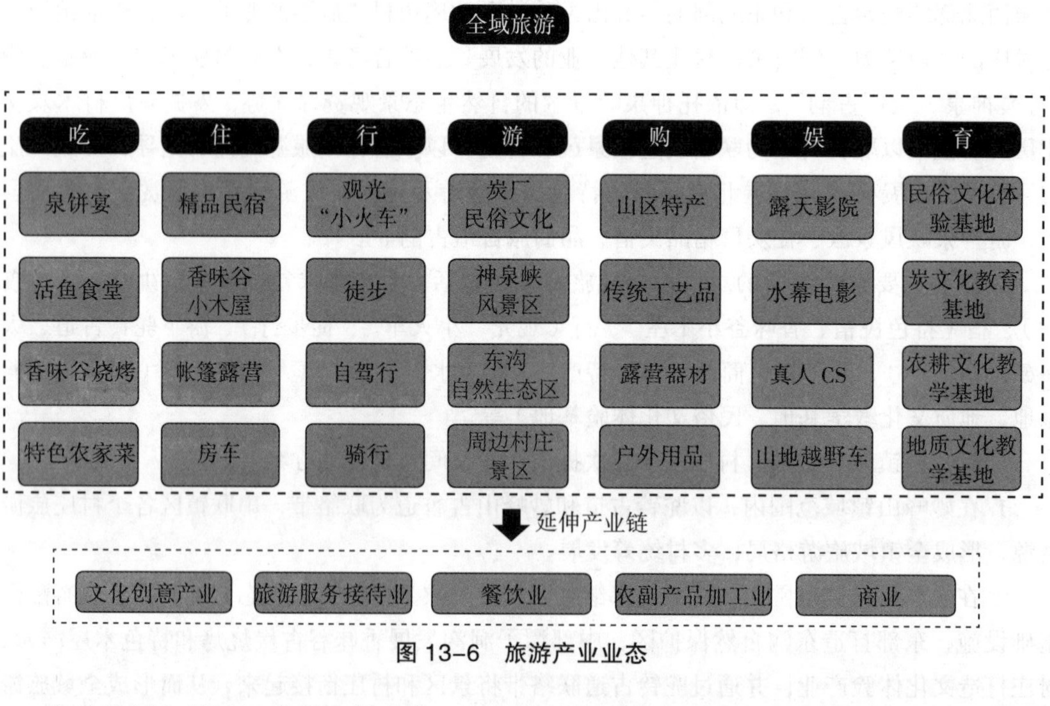

全域旅游

吃	住	行	游	购	娱	育
泉饼宴	精品民宿	观光"小火车"	炭厂民俗文化	山区特产	露天影院	民俗文化体验基地
活鱼食堂	香味谷小木屋	徒步	神泉峡风景区	传统工艺品	水幕电影	炭文化教育基地
香味谷烧烤	帐篷露营	自驾行	东沟自然生态区	露营器材	真人CS	农耕文化教学基地
特色农家菜	房车	骑行	周边村庄景区	户外用品	山地越野车	地质文化教学基地

▼ 延伸产业链

文化创意产业	旅游服务接待业	餐饮业	农副产品加工业	商业

图13-6　旅游产业业态

产业发展与村民民生紧密结合在一起。使不同年龄的村民在旅游产业不同发展时期

·250·

找到适合的工作,最终提高收入水平与生活质量,改善民生,实现共同富裕,如图13-7所示。

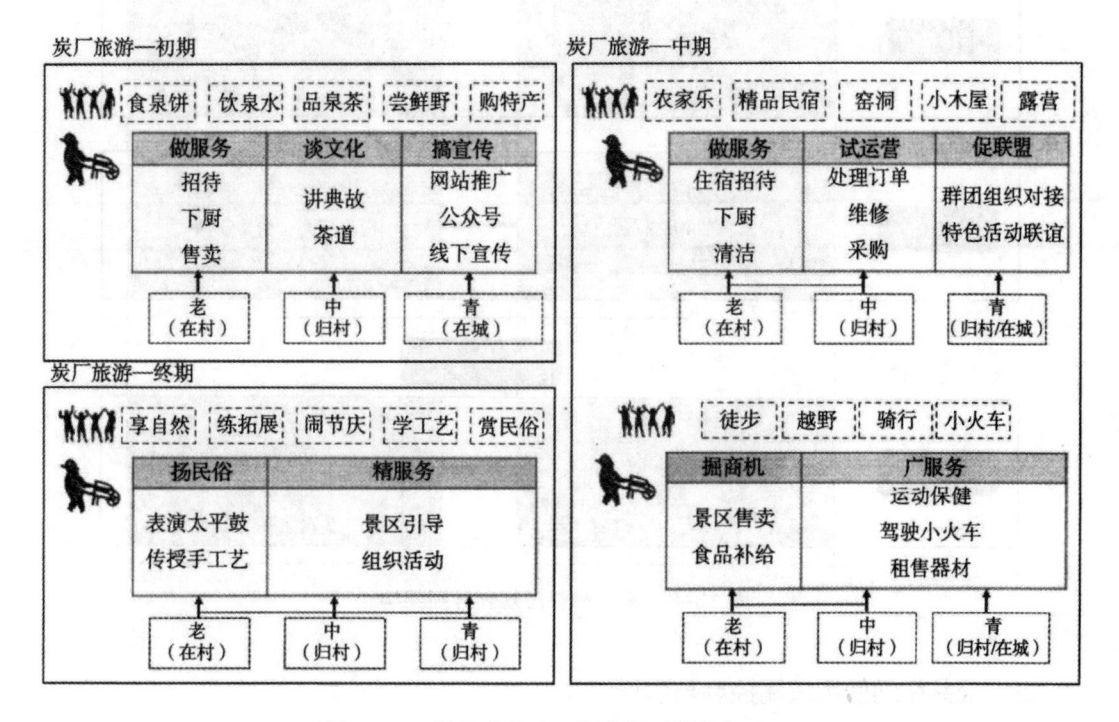

图 13-7 村民在产业不同发展时期参与项目

第四节 空间规划

通过对村庄现状的分析,进行村庄导则的设计,引导村庄内公共空间的建设,达到提升人居环境的目标。村庄空间引导重点在对公共空间的管控与引导,防止旅游日益发展后村民个体住宅对公共空间的随意侵入(如农家乐扩建或者搭建临时设施等对公共空间的侵占等),通过改善公共空间品质提升作为旅游服务区的村庄环境,如图13-8所示。

一、整体格局控制与引导

(一)控制内容
三层台地格局:新建、改建建筑高度不超过该区域限制高度。
(二)引导内容
空间格局:保持现有空间格局,建筑设计以传统坡屋顶为优。

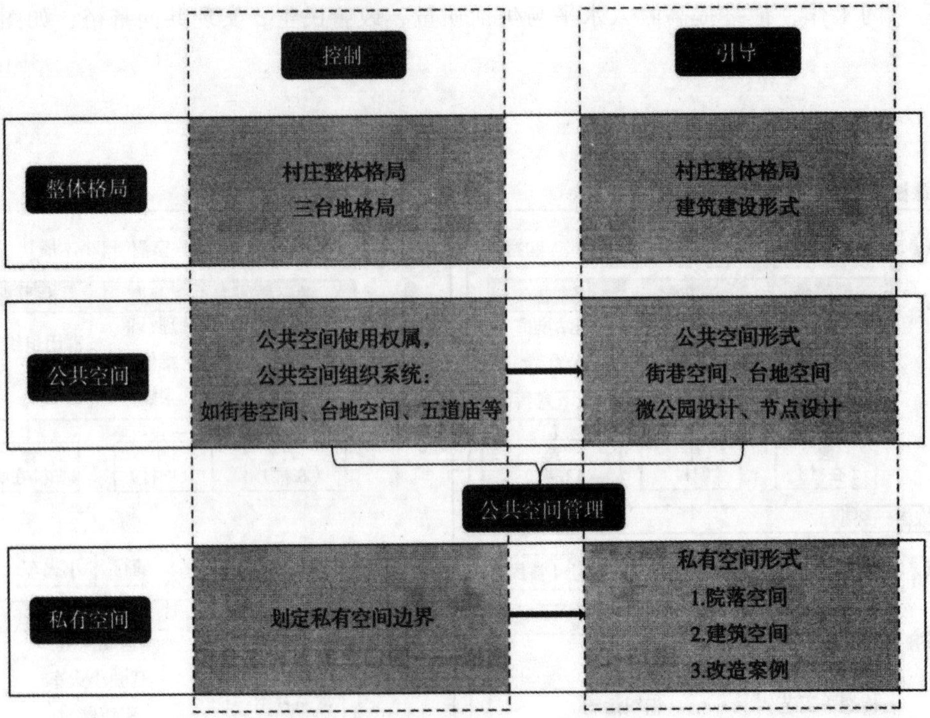

城乡制度变革背景下的乡村规划理论与实践

控制　　　　　　　　　引导

整体格局　　　村庄整体格局　　　　　村庄整体格局
　　　　　　　三台地格局　　　　　　建筑建设形式

公共空间　　公共空间使用权属，　　　公共空间形式
　　　　　　公共空间组织系统：　　　街巷空间、台地空间
　　　　　如街巷空间、台地空间、五道庙等　　微公园设计、节点设计

公共空间管理

私有空间　　　划定私有空间边界　　　私有空间形式
　　　　　　　　　　　　　　　　　　1.院落空间
　　　　　　　　　　　　　　　　　　2.建筑空间
　　　　　　　　　　　　　　　　　　3.改造案例

图 13-8　炭厂村村庄规划导则架构

二、公共空间使用权属控制与引导

严格界定村庄内公共空间和个人宅基地范围，严禁个人建设占用公共空间。所有村庄公共空间严禁个人加建和堆放杂物。

三、公共空间系统组织控制与引导

（一）控制内容

公共空间组织系统：以点、线的方式对村庄公共空间进行整体考虑。对街巷空间进行控制和引导，对节点空间进行设计引导。

炭厂路使用性质、宽度：炭厂路人车分行，车辆由村口到景区方向单向行驶，车行道满足消防车道要求。街巷高宽比（H/D）控制在 1/3 ~ 1。

炭厂中街使用性质、宽度：保护所有街巷的原有走向、坡度、地形变化和空间尺度。炭厂中街限制车行，平时作为步行街，但要具备应急能力（3米）。街巷高宽比（H/D）控制在 1 ~ 2。

炭厂后街使用性质、宽度：炭厂后街人车混行，以车行为主，车辆由景区到村口方向单向行驶，车行道满足消防车道要求（4米）。街巷高宽比（H/D）控制在 1 ~ 1.5。

（二）引导内容

炭厂路地面铺装、绿化景观：炭厂路车行道采用透水沥青材质，人行道采用透水砖，中间可用微凸起的石板砖作为分隔线来划分区域，布置窄型花坛来分隔空间。

炭厂中街地面铺装：炭厂中街铺装宜选用传统的青砖、石料等，铺砌方式应古朴自然。在街巷转折处，宜对铺砌方式做适当的强调和处理，起到引导与提示的作用。

街巷颜色：从现状风貌较好的街巷空间中提取建筑立面色彩，用于街巷沿街建筑的立面整治引导，使街巷界面风貌统一且具有本村特色。

沿街立面整治引导：作为村庄对外的展示界面，沿街建筑应保持统一格局和当地传统特色风貌。院落建议保持三合院形式；厢房建议不再加建二层，保持街巷原有的高宽比；院落入口形式应统一规划，引导村民自觉打造入口微公园。

四、街巷空间引导

1. 院落内外连接台阶和坡道属于各户私人用地，院墙外其他区域都属于村庄集体用地。
2. 院外台阶和坡地宽度不超过 2 米，长度不超过 4 米。
3. 院落外花坛和室外休息区宽度不超过 2 米。
4. 鼓励利用相邻院落的夹角空间。
5. 各户不得占用院落之间空隙和道路。
6. 院落外花坛和室外休息区到河道边界的最小距离不小于 5.5 米。保证足够的车行和人行空间。

五、微公园引导

微公园旨在为路人提供一个可以放松和享受的公共场所，在一些缺乏城市公园或人行道宽度不足、无法满足街头活动的地方设置。微空间不仅解决了街道缺乏活力、游客无处休憩、居民缺乏公共交流空间等问题，而且在提倡自行车出行的同时，解决了机动车占用公共空间的问题。

改造措施注重每户院落入口两侧微公园的营造，包括：道路北侧增加座椅，利于游客停留休息；室外台阶处种植多种花草，丰富景观环境；民宿外设置花坛和休息座椅，供游客使用等。

六、个体空间引导

（一）院落空间

三合院的院落形式应保留。

（二）建筑空间

1. 建筑朝向

建筑主要朝向应在东偏南 45° 到南偏西 45° 内，且应与台地自然走向一致。

2. 建筑材质

建筑材料的使用应结合当地资源，优先采用地方材料。通过对建筑屋顶、墙面、台阶、门窗等部件材料的合理搭配，体现建筑外观材料的多样化。

3. 建筑色彩

应在充分尊重村落当地历史文化、民风民俗的前提下确定主色调，用材质本色来体现建

城乡制度变革背景下的乡村规划理论与实践

筑色彩，色彩搭配应合理、美观、大方。单体建筑的颜色不超过三种。

4. 特色屋面

村中采用棋盘心屋面的建筑约占30%。棋盘心屋面是北京山区民居建筑的特色，可增强地区的识别性。

炭厂村民房建筑以石板屋顶、二五举屋架为结构特点。早期由于瓦片造价较高，在迎合瓦屋面的基础上，将前后坡屋面中下部改作灰背或石板瓦，不仅降低了造价，而且也减轻了屋面的重量。后期制瓦工艺改进，瓦越来越便宜，房顶就满铺瓦了。规划鼓励建造棋盘心屋面，使用当地石板瓦，正脊宜做清水脊。

第五节　村庄规划过程中的公众参与

一、村庄规划中村民参与村庄建设的发展历程

村庄规划 1.0 注重改善物质的条件，仅以征求村民意愿的方式进行村民参与，其特征主要为一次性的针对规划；村庄规划 2.0 注重乡村的特色，开始在规划中调动村民的积极性，村民参与的特征为一段时间内参与规划；村庄规划 3.0 则注重乡村文化的复兴，村民从规划到后期发展、建设与维护长期参与，并建立起长时间持续参与的长效机制。

二、多方参与的村庄规划

以村民为主体的政府行政管理组织、经济组织、行业自律组织等多方参与的村庄建设，为村庄发展注入持久活力，如图 13-9 和表 13-1 所示。

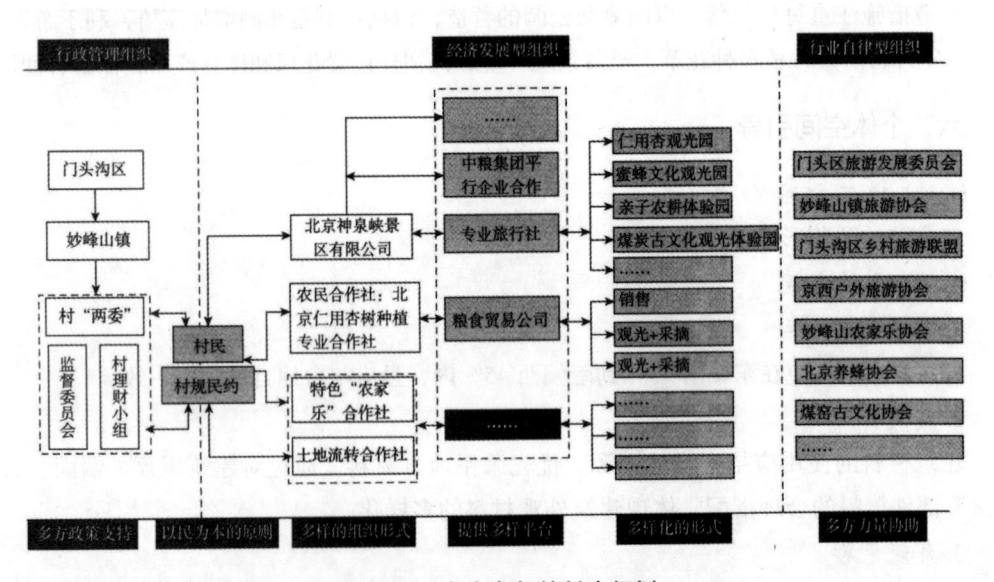

图 13-9　多方参与的村庄规划

表 13-1　村庄规划编制多元主体合作治理分工机制

时间阶段	成果	政府	社会与市场	规划师	村集体与村民
规划前阶段	技术标准技术指引	技术标准技术委托	专家开展相关问题专题研究；企业为建立信息平台；提供技术支撑；专家部分联合审查	技术准备	—
宣传发动阶段	科普材料	—		动员大会、教育培训、问卷调查、村民访谈、驻村体验及规划、规划工作坊、修改完善规划、村两委讨论、村民代表大会	
现状调研阶段	摸查报告、数据库、规划初步成果	协调各相关部门			
方案编制阶段	中期规划成果多规协调报告				
公示审批阶段	最终规划成果；公众参与报告书	成果批前公示及反馈	—	撰写控规修改申请报告；成果批前公示及反馈；相互审查规划成果	村民会议通过或者反馈意见
				公众参与报告	纳入村规民约和管理制度

在本次村庄规划过程中，设计团队从前期资料收集、入村调研、方案编制到规划公示，强调村民全程参与，并根据村民反馈的意见建立公众参与子系统，包括以下几个方面。

（一）向村民公示规划初步成果

将规划初步成果以海报、折页宣传册、展板等形式在村内多个公共空间进行展览，广泛征求村民的意见。

（二）组织村庄规划宣讲活动

组织举办《炭厂村村庄规划》宣讲活动，给村民们普及村庄规划相关知识的同时，唤起村民们的主人翁意识，让他们积极参与到村庄规划中。

（三）呼吁村民复兴村庄文化

炭厂村太平鼓已有60多年的历史，其独特的鼓点和步伐是炭厂村独有的。规划团队给村民们讲述炭厂村太平鼓的历史价值，呼吁村民继承发扬村庄文化。

（四）多次征集村民意见及建议

热情的村民们提出很多很好的意见，规划团队根据村民意见对本次规划进行修改完善，将村民们的意愿最大化地体现在规划中。

（五）搭建公众参与多媒体平台

通过建立"炭厂村村庄规划公众参与平台"微信公众号、开通"炭厂村村庄规划公众参与平台"意见反馈邮箱等方式，引起社会各界人士及同行的关注，广泛听取来自社会各界人士不同的声音。"炭厂村村庄规划公众参与平台"微信公众号已推送文章10余篇。其中包括

城乡制度变革背景下的乡村规划理论与实践

规划初步成果展示、公共空间改造、《村规民约三字经》公众意见征求等内容。

三、制定村民认可的村规民约

结合村庄实际情况制定具有当地特色的村规民约。具有契约性质的村规民约是从国家治理走向社会契约的体现，也是旅游景区效益日益增加阶段村庄健康发展的保证。

炭厂村第一版村规民约（2008 年）是引导型村规民约，内容较为空洞，且不够全面。炭厂村第二版村规民约（2013 年）是条文型村规民约，内容相对丰富，但是形式单一，无炭厂村特色。根据调研访谈发现，以往的两版村规民约都未得到村民的广泛知晓和认同。本次的第三版村规民约（2017 年），针对以往存在的问题做出较大改进。将村庄规划内容纳入到村规民约；突出炭厂特色，形式简单，朗朗上口；用图文并茂、通俗易懂的方式解读村规民约，便于村民理解；在村中组织村规民约宣讲活动，提高村民参与和认知度。炭厂村第三版村规民约（2017 年），如图 13-10 所示。

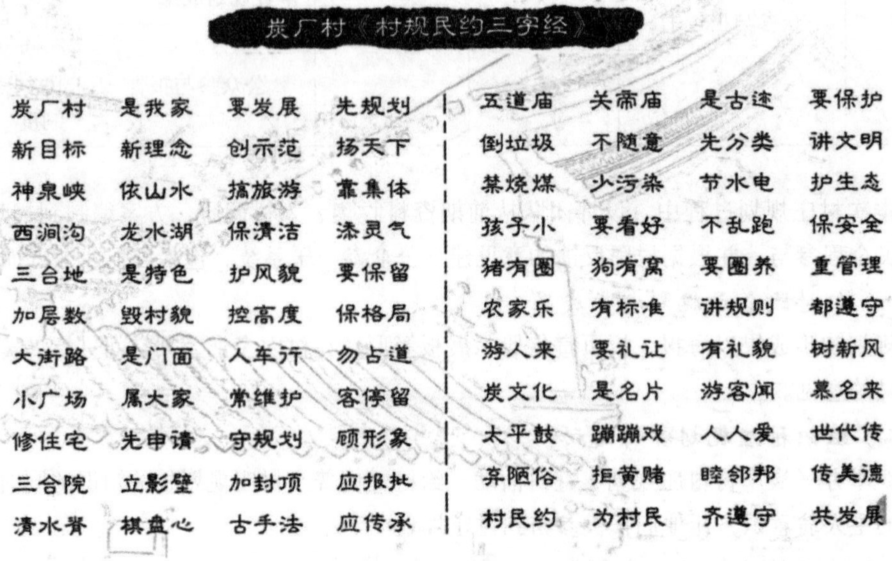

图 13-10　炭厂村第三版村规民约（2017 年）

第六节　村庄规划的管理实践

一、炭厂村村庄规划管理系统

规划建立了基于 GIS 系统的炭厂村村庄管理系统。主要包括村庄基础信息数据汇总（院落编号、院落户主、院落权属、院落照片、建筑编号、建筑层数、建筑面积等）、规划决策可视化分析（高度控制、现有农房风貌控制）、村庄规划实施动态监测及管理（土地用途管制、建设空间功能控制、建设规划管理、农房建设管理），如图13-11所示。

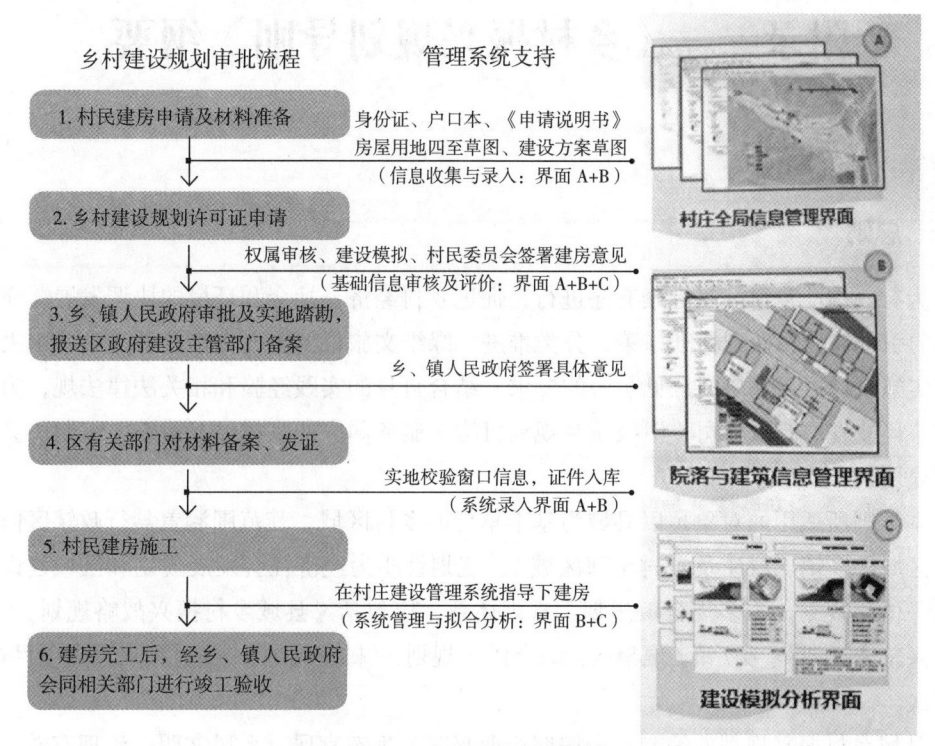

图13-11 规划决策可视化分析架构

其中，村庄基础信息数据汇总部分主要是为了给村民进行查询展示，而规划决策可视化分析和村庄规划实施动态监测及管理则主要为之后规划师、管理人员进行规划、建设及审批管理提供相关依据。

二、规划成果

2017年初，《北京市门头沟区妙峰山镇炭厂村村庄规划》荣获住房和城乡建设部"2016年度全国村庄规划示范村"，是北京市入选的两个村庄之一。

自2016年8月起历时4个月的村庄规划编制过程中，研究团队多次驻村开展工作，建立微信公众号广泛收集社会意见，组织公众参与活动，改变以往多以空间规划为指向的村庄规划方式，提出以改善民生为出发点的规划指导思想，编制切实的产业规划，建立村庄建设管理系统，与村民协商制定《村规民约三字经》等，将传统的村庄规划延伸至村庄产业发展、社会建设与规划管理，探求面向村庄治理结构的村庄规划编制方式方法。与城市大多由开发商集中建设的方式不同，村庄的建设是渐进式的，建设主体是村民。规划是在短时间内完成的，而村庄的建设却是长时期的，其运营维护更至关重要。因此，需要不断探究基于乡村特点的村庄建设长效机制，以促进村庄的持续发展。

附录——《乡村振兴规划导则》纲要

一、总则

1. 为有效推动乡村振兴健康有序进行，促进乡村经济、社会和环境的协调发展，充分发挥规划的引领作用，做到精准施策、分类推进，绿维文旅根据十九大精神及《中共中央国务院关于实施乡村振兴战略的意见》中的要求，结合自身的实践经验和相关法律法规，为北京绿维文旅科技发展有限公司（甲级城乡规划机构）服务国家的乡村振兴战略，编制《县域乡村振兴规划》，特制定本导则。

2. 本导则所适用的对象是以县域为基本单位的乡村区域，其范围涵盖县行政辖区内的全部乡村区域（乡镇、村庄及农村全部区域）。规划性质为经济社会发展规划和区域建设总体规划的一体化规划，为多规合一规划。规划体系，应包括《县域乡村振兴战略规划》《县域乡村振兴总体规划》《乡/镇/聚集区（综合体）规划》《村庄规划》《乡村振兴重点项目规划》五个层次。

3. 县域乡村振兴规划的编制，应按照产业兴旺、生态宜居、乡风文明、治理有效、生活富裕的总要求，在重新审视新时代下乡村与城市、农业与产业、农村与乡村、农民与居民四大关系基础上，坚持城乡融合、"三生"融合、一二三产业融合以及产居融合，统筹生态保护与建设、产业发展、基础设施与公共服务设施建设、土地利用、社会保障与体制改革、乡村治理、文化保护与传承，在充分尊重我国乡村多样性和差异性基础上，提出符合实际、富有当地特色的乡村振兴战略与建设实施路径。

4. 县域乡村振兴规划的期限，建议安排为3年、18年、33年；即与国家2020年、2035年、2050年的乡村振兴实施阶段相协调。

5. 本导则目前仅是在遵循《中华人民共和国城乡规划法》及相关法律法规、技术规范标准基础上，制定的企业版规范标准。未来将随着《国家乡村振兴战略规划》的出台及实践的不断深入，而进行动态调整，进而为未来行业标准与国家标准的制定提供试点和探索。

二、规划内容

（一）现状调研与综合分析

（1）通过现场踏勘、入户调研、问卷调查、专家访谈等方式，对乡村发展现状进行摸底。

（2）根据现场调研结果及其他资料，深入进行两大层面分析。一是城乡关系分析，包括城乡要素流动、城乡市场流动、城乡空间格局、城乡生态空间、产业梯度、城乡文化认同、城乡融合发展机制等。二是对乡村自身发展现状进行分析，包括区位交通（地理区位、经济区位、旅游区位、交通分析）、产业发展现状（产业结构、产业规模、产业聚集程度等）、资源禀赋（自然资源、人文资源）、人口现状（人口构成、人口规模、人口流动趋向等）、村容村貌、土地利用、水系分布、地形地貌、人文风俗、基础设施与公共服务设施建设、乡村治理、政策体系、上位规划等进行全面分析。

（3）根据分析结果，确定乡村发展的优势条件、制约因素及需要突破的难点。

（二）乡村振兴总体定位与经济社会发展规划

（1）乡村振兴总体定位、目标及战略提出县域乡村振兴总体定位，制定目标体系，形成战略路径，确定县域乡村发展总体架构。

（2）经济社会发展规划预测乡村人口规模与相适应的区域经济社会格局；分析发展潜力，确定经济社会发展体系；形成乡村振兴战略实施计划及经济社会发展分期规划。

（三）生态保护与建设规划

（1）生态保护与建设规划。依据生态敏感度评价、环境容量核算及生态功能评估等，做好区域生态规划、环境污染防治规划、资源利用规划及乡村人居环境综合整治规划，构建生态安全战略格局，推进生态文明建设。

（2）农业生态环境治理与保护。坚守耕地红线，大力实施农村土地整治，开展土壤污染治理与修复技术应用试点；通过人工种养殖以及退耕还林、退耕还湿、退牧还草、退耕还草等工程的实施，修复林业、湿地、草原生态系统，维护生物多样性；实施循环农业示范工程，构建生态化产业模式；开展生态绿色、高效安全、资源节约的现代农业技术的研发、转化及推广利用；推动畜禽粪污、秸秆等农业废弃物的资源化利用及无害化处理；推进绿色防控技术的广泛应用，逐步减少化学农药用量，保护生态环境。

（3）乡村人居环境综合整治。以生态宜居为目标，因地制宜推进乡村村容村貌及环境卫生整治。保护保留乡村风貌，推进违法建筑整治，强化新房建设管控，开展田园建筑示范；完善农村生活垃圾"村收集、镇转运、县处理"模式，鼓励就地资源化，根据需要规划垃圾集中处理设施和垃圾中转设施；整县推进农村污水处理统一规划、建设、管理、优化、确定污水集中处理设施的选址和规模；确定乡村粪便处理的方式和用途，鼓励粪便资源化处理；深化"厕所革命"，推进农村无害化厕所建设及合理布局，并积极探索引入市场机制建设管理；实施农村清洁工程，开展河道清淤疏浚。

（4）绿色生态产品和服务。依托生态资源，结合旅游发展，规划建设一批特色生态旅游示范村镇、观光农业园、田园养生综合体及自然生态教育基地等。

（四）产业发展规划

（1）产业发展目标、定位及发展战略。分析自身产业发展基础及现状、外部产业发展竞争环境，明确产业优势及特色，提出产业结构调整目标、产业发展方向和重点，提出一二三产业融合发展的主要目标和发展战略。

（2）现代农业发展规划。以绿色农业、农业现代化为目标，针对农业发展问题，从农业研发、农业生产、农业服务三大层面，做足前端，实现后延，构建农业产业体系、生产体系

城乡制度变革背景下的乡村规划理论与实践

和经营体系。划定和建设粮食生产功能区、重要农产品生产保护区；支持新型经营主体和工商资本投入高标准农田建设；因地制宜，优化农业生产布局；深化农业科技体制改革，改善研究条件，打造现代农业产业科技创新中心，增强科技成果转化应用能力，实现科技引领下的农业增效；培育农产品品牌，实现一村一品、一县一业；加快实施"互联网+"现代农业行动，推进互联网农业小镇的建设，加强农业智慧化建设及应用；创新县乡农村经营管理体系，引进和孵化新型经营主体，积极发展多种形式适度规模经营。

（3）一二三产融合规划。以农业生产为基础，在提升农业现代化水平基础上，根据当地发展条件及外部需求，确定一二三产融合的实现路径及关联性产业组合，构建产业链或产业集群。

（4）产业服务设施规划。根据产业发展目标及产业体系构建，综合配套产业生产服务设施（农业品种培育交易服务、农科技术研发转移服务、职业农民培训管理服务等）、经营服务设施（经营主体管理服务、科技融资服务、预警监管服务等）、产业服务设施（创业平台、农产品流通与冷链管理等）。

（5）产业布局规划。统筹规划县域乡村三次产业的空间布局，合理确定农业生产区、农副产品加工区、产业园区、物流市场区、旅游发展区等产业集中区的选址和用地规模。

（五）空间管制与空间布局

（1）空间管制。划定永久基本农田保护区控制线、基本生态控制线、弹性增长边界控制线、刚性增长边界控制线、建设用地规模控制线五类控制线；划定禁止建设区、严格限建区、一般限建区、适宜建设区四区；划定生态敏感区、水源涵养区、文化保护区、耕地保护区、城镇发展功能区、农业生产空间功能区等空间。

（2）空间总体布局。明确县域内城镇化区、聚集区、永久现代农村地区等发展结构空间结构框架与职能定位。

（3）用地结构调整及布局。根据空间总体布局及国民经济和社会发展目标，结合气候条件、水文条件、地形状况、土壤肥力等自然条件以及人口未来发展需求等，确定农地转用、生态退耕、土地开发和整理、耕地占补挂钩等用地结构调整计划及总体布局，以达到集约化、高效率利用。

（六）居住社区布局

（1）提出县域居住区域集中建设、协调发展的总体方案和村庄整合的总体安排，结合原有的城镇体系规划，构建县城区（县政府驻地）之外的乡镇、综合发展结构（非建制镇属性的特色小镇、田园综合体等）、乡村居住社区（包括村庄）三级体系；预测各级体系的人口规模、建设用地规模及范围。

（2）根据经济实力、与城区的关系、产业发展、交通条件等指标，对乡镇综合体村庄社区三级布局进行分类发展指导。

（3）居住社区规划要尊重现有的乡村格局和脉络，尊重居住区与生产资料以及社会资源之间的依存关系，要确保村庄整合后村民生产更方便、居住更安全、生活更有保障。应特别注重保护当地历史文化、宗教信仰、风俗习惯、特色风貌和生态环境等。

（4）基于生态宜居目标，结合产居融合发展路径，提出乡村建设与整治的原则要求和分类管理措施，重点从空间格局、景观环境、建筑风貌、污染治理等方面提出村容村貌建设的整体要求。

（七）基础设施规划

（1）总体规划。统筹考虑村庄的分布特征、发展需求、规划定位、未来发展目标等因素，对基础设施的建设标准、配置方式、未来发展做出规划。主要包括交通、给水、排水、能源、通讯、邮电等。

（2）交通系统。确定各级公路线路走向；水网地区明确航道等级和走向；确定县域汽车站、火车站、港口码头等交通站场的等级和功能（客运、货运），提出其规划布局；确定批发市场和物流点的规划布局。

（3）给排水。预测县域用水量（包括工农业生产用水、生活用水、生态用水），确定县域供水方式和水源（包括水源地和水厂的选址和规模）；确定排水体制，提出雨水、污水处理原则，划分排水分区，估算污水量，确定污水处理率和处理深度，并布局污水处理厂等设施；推进节水供水，打造协调生态水网。

（4）能源工程。根据地方特点确定主要能源供应方式；预测县域用电负荷（包括工农业生产用电、生活用电），规划变电站位置、等级和规模，布局输电网络；确定燃气供应方式，提倡利用沼气、太阳能、地热、水电等清洁能源。

（5）数字乡村工程。做好数字乡村整体规划设计，加快乡村宽带光纤网络和第四代移动通信网络覆盖步伐，开发适应乡村的信息技术、产品、应用和服务，推动远程医疗、远程教育、远程控制、网络销售等应用普及。

（八）公共服务设施规划

以宜居生活为目标，积极推进城乡基本公共服务均等化，按等级配置公共设施，安排行政管理、教育机构、文体科技、医疗保健、商业金融、社会福利、集贸市场等 7 类公共设施的布局和用地。公共设施的配置可参照《镇（乡）域规划导则（试行）》的规定，做适当调整，见表附录–1。

表附录–1 公共服务设施的配置内容

类　别	项目名称	与镇区共用	中心村	基层村
行政管理	1. 党、政府、人大、政协、团体	●	—	—
	2. 法庭	○	—	—
	3. 各专项管理机构	●	—	—
	4. 居委会、警务室	●	○	—
	5. 村委会	○	●	●
	6. 社区综合服务站/点	●	●	○

（续 表）

类 别	项目名称	与镇区共用	中心村	基层村
教育机构	7. 专科院校	○	—	—
	8. 职业学校、成人教育及培训 机构	○	—	—
	9. 高级中学	○	—	—
	10. 初级中学	●	○	—
	11. 小学		●	○
	12. 幼儿园、托儿所		●	○
	13. 农业技术培训中心 / 站点	●	○	—
文体科技	14. 文化站（室）、青少年及老年 之家		●	○
	15. 体育广场 / 健身广场		●	●
	16. 体育室内场馆	●	—	—
	17. 科技站、农技站	●	○	
	18. 图书馆、展览馆、博物馆	○	—	—
	19. 影剧院、游乐健身场所	●	○	○
	20. 广播电视台（站）	●		
医疗保健	21. 防疫站、卫生监督站	●	—	—
	22. 医院、卫生院、保健站		●	●
	23. 休疗养院	○	—	—
	24. 专科诊所	○	○	
五、商业金融	25. 生产资料、建材、日杂商品	●	●	○
	26. 粮油店		●	
	27. 药店	●	○	
	28. 燃料店（站）	●	—	—
	29. 理发馆、浴室	●	○	
	30. 物业管理	●	○	
	31. 农产品销售中介	○	○	—
	32. 银行、信用社、保险机构	●		
	33. 邮政局	●	○	
	34. 电子商务配送站点		●	●
	35. 旅游服务点	●	○	
六、社会保障	36. 残障人康复中心	●	—	—
	37. 敬老院	●	○	—

（续 表）

类　别	项目名称	与镇区共用	中心村	基层村
七、集贸设施	38.儿童福利院	○	—	—
	39.养老服务站	●	●	
	40.蔬菜、果品、副食市场	●	○	—
	41.粮油、土特产、市场畜禽、水产市场	●	○	
	42.燃料、建材家具、生产资料市场	○		

注："●"表示必须设置；"○"表示可以选择设置；"—"表示可以不设置。

（九）体制改革与治理规划

（1）以市场激活乡村发展的活力。以市场的无形之手，依托政府的导向及服务作用，推动乡村体制改革。重点推进土地制度、社会保障体制、乡村治理体系、干部考核评价、政府与社会合作、人才培训、乡村经营制度等方面的创新。

（2）深化农村土地制度改革。在保证农村集体所有权和农户承包权前提下，以三权分置为基础，放活经营权、使用权，探索宅基地、承包地、集体经营性建设用地等土地资产以及其附着资产实现市场化流转的路径。在保障农民永久性财产性收益的基础上，建立乡村社会保障体制，彻底将土地与农民松绑，释放资产和资本要素的流通能力。实施新型农业经营主体培育工程，培育发展家庭农场、合作社、龙头企业、社会化服务组织和农业产业化联合体，发展多种形式适度规模经营。

（3）有效创新乡村治理新体系。构建以基层党组织为领导核心，自治、法治、德治相结合，民主监督为基本保障的"一核三治一监督"的乡村治理体系。并充分借助互联网手段，推动乡村的社群化、社区化治理模式。重视乡贤在乡村治理中的作用，完善乡贤参与机制，提高治理效率。

（十）文化保护传承与发展

（1）文化保护。保持乡村的空间肌理与特色风貌；加强历史文化名城名镇名村、历史文化街区、名人故居保护，实施中国传统村落保护工程，做好传统民居、历史建筑、革命文化纪念地、农业遗产、灌溉工程遗产等的保护工作；抢救保护濒危文物、古树名木，实施馆藏文物修复计划；传承地域习俗、风情文化、传统工艺等非物质文化遗产。

（2）文化创意。以文化创意为手段，以创业孵化为机制，通过"创意业态设计+创意产品打造+创意氛围营造+创意机制保障"，实现文化的创新性活化。

（3）融入生产生活。突破文化的静态展示模式，通过业态的复合、文化意境的营造、节庆活动的举办等手段，将文化融入居民的日常生活行为中，打造浸入式体验感。

（4）规划区中含有历史文化名镇、名村，以及重大价值的特色街区、历史文化景观、非物质文化遗产的乡村，应参照相关规范和标准编制相应保护开发规划或规划专题。

（十一）人才培训与创业孵化规划

（1）人才培训。对照《国务院办公厅关于支持返乡下乡人员创业创新促进农村一二三产业融合发展的意见》等文件，细化政策，构建由政府、市场化培训机构、企业培训、院校培训、网络培训、能人培训等组成的多层次、多元化培训体系；加强对农民及返乡创业人员的技术指导及跟踪服务；建立国内外乡村人才交流平台，通过座谈会大讲堂、现场交流等活动，引进国内成熟地区及国外的先进经验及管理模式。

（2）创业孵化。创设创新财税、金融、用地、用电、科技、信息、人才、社会保障等配套政策措施，构建全链条优惠政策体系，吸引创业创新人员及企业；依托现有开发区、农业产业园等各类园区以及专业市场、农民合作社、农业规模种养基地等，整合创建一批具有区域特色的返乡下乡人员创业创新园区（基地）；通过政府购买服务，以奖补、先建后补等方式，制定奖补政策，支持乡村就业创业项目；通过化"放管服"改革，简化市场准入，完善政府政策咨询、市场信息等公共服务，激活市场、要素和主体活力。

（十二）三年行动计划

基于以上总体目标及总体规划要求，制定近3年行动目标。并将任务分解到月，指定部门及负责人，明确推进节奏及各阶段实现成果。

三、成果要求

（一）五层次成果内容

县域乡村振兴规划可以分别按照《县域乡村振兴战略规划》《县域乡村振兴总体规划》《乡/镇/聚集区（综合体）规划》《村庄规划》《乡村振兴重点项目规划》五个层次进行编制，也可以一体化编制，按照顶层战略、总体布局、落地聚集区、项目建设的递进层级，分别提交相关成果。

（二）《县域乡村振兴战略规划》编制要求

（1）《县域乡村振兴战略规划》是发展规划，需要在进行现状调研与综合分析的基础上，就2.2～2.11提出的十大规划内容，从方向与目标上进行总体决策，不涉及细节指标。

（2）成果包括文本及图纸。图纸包括区位分析图、产业现状分析图、资源分析图、村庄分布图、空间发展格局图、重点产业区布局图、重点项目布局图、道路交通规划图、基础设施规划图、公共服务设施规划图。

（三）《县域乡村振兴总体规划》编制要求

（1）《县域乡村振兴总体规划》是总体规划，是就2.2～2.11提出的十大规划内容，重点结合土地、空间布局与重大项目，进行的一定期限的综合部署和具体安排。在总体规划的分项规划之外，可以根据需要，编制覆盖全区域的专项规划，包括农业产业专项规划、旅游产业专项规划、特色产业专项规划、水土保持与水利工程专项规划、传统文化保护传承与发展专项规划、生态宜居专项规划、面源污染专项治理规划、环境整治专项治理规划等。

（2）成果包括文本、说明书和图纸。文本应当规范、准确、含义清晰。图纸内容应与文本一致。说明书的内容是分析现状、论证规划意图、解释规划文本等，附有重要的基础资料和必要的专题研究报告。

（3）图纸除区位图外，图纸比例尺为 1∶2.5 万 ~ 1∶10 万，一般为 1∶5 万，可根据县行政辖区面积的实际情况，适当调整。应出具的规划图纸和内容如表附录 -2 所示。

表附录 -2　规划图纸及内容

序 号	图纸名称	图纸内容	必 选 / 可 选
1	区位分析图	标明县在大区域中所处的位置	必选
2	县域现状分析图	包括产业现状、村镇分布、交通网络、主要基础设施、主要风景旅游资源等内容	必选
3	县域产业布局规划图	重点标明县域三次产业和各类产业集中区的空间布局	必选
4	县域空间布局规划图	确定生产用地（农林牧用地、工业用地等）、居民点建设用地、商业服务业设施用地（旅游用地、商贸用地、物流用地等）、生态用地（水面、山地、湿地等）、基础设施等用地空间的范围和布局	必选
5	县域空间管制规划图	标明行政区划，划定禁建区、限建区、适建区的控制范围和各类土地用途界限等内容	必选
6	县域居住布局规划图	确定县域居民点体系布局及建设用地范围	必选
7	重点项目布局图	表明重点项目的空间布局及用地范围	必选
8	县域综合交通规划图	标明乡村和城市之间的公路、铁路、航道等的等级和线路走向，以及乡村之间的交通路网及交通站场、设施的规划布局和用地范围	必选
9	县域供水供能规划图	标明县域给水、电力、燃气等的设施位置、等级和规模，管网、线路、通道的等级和走向。	必选
10	县域环境环卫治理规划图	标明县域污水处理、垃圾处理、粪便处理等设施（集中处理设施和中转设施）的位置和占地规模	必选
11	县域公共设施规划图	标明行政管理、教育机构、文体科技、医疗保健、商业金融、社会福利、集贸市场等各类公共设施在镇（乡）域中的布局和等级	必选
12	县域历史文化和特色景观资源保护规划图	标明县域自然保护区、风景名胜区、特色街区、名镇名村等的保护和控制范围	可选

城乡制度变革背景下的乡村规划理论与实践

（四）《乡/镇/聚集区（综合体）规划》编制要求

（1）聚集区（综合体）为跨村庄的区域发展结构，包括田园综合体、现代农业产业园区、一二三产融合先导区、产居融合发展区等。

（2）聚集区（综合体）与乡镇的管理架构类似，可以纳入乡镇直接管理，也可以由县政府派出管委会进行管理，但将超越村民委员会的管理范畴。因此，聚集区（综合体）的规划，应与乡镇规划一致。同时，聚集区（综合体）的规划应尊重市场作为资源配置的决定性因素，不断探索乡村土地利用、基础设施与公共服务设施建设、产业融合、产居融合发展的创新。

（五）《村庄规划》编制要求

（1）村庄规划是以上层次规划为指导，对村庄发展提出总体思路，并具体到建设项目，是一种建设性规划。

（2）村庄规划需对村域产业发展及空间布局、文化保护与传承、生态环境保护、空间布局、基础设施与公共服务设施、民居提升改造等，提出具体要求，并制定方案。

（3）村庄规划需要通过村民委员会的表决，最大限度地满足村民的实际需求。

（六）《乡村振兴重点项目规划》编制要求

（1）乡村振兴重点项目规划，是对乡村振兴中具有引导与带动作用的产业项目、产业融合项目、产居融合项目、现代居住项目的统一称呼。项目类型，包括现代农业园、现代农业庄园、农业科技园、休闲农场、乡村旅游景区等，规划类型包括总体规划与详细规划。

（2）重点项目规划以落地建设为指导，需给出具体的建设方案。

参考文献

[1] 顾朝林. 县镇乡村域规划编制手册 [M]. 北京：清华大学出版社，2016.

[2] 胡乐明，刘刚. 新制度经济学 [M]. 北京：中国经济出版社，2009.

[3] 吴次芳，靳相木. 中国土地制度改革三十年 [M]. 北京：科学出版社，2009.

[4] 蔡辉. 地域乡村社区研究与规划设计创新——以西安高陵县新社区布点规划与乡村社区建设实践为例 [M]. 西安：西北大学出版社，2015.

[5] 赵树枫. 农村宅基地制度与城乡一体化 [M]. 北京：中国经济出版社，2015.

[6] 陈锡文等. 中国农村制度变迁 60 年 [M]. 北京：人民出版社，2009.

[7] 刘利轩. 新时期乡村规划与建设研究 [M]. 北京：中国水利水电出版社，2017.

[8] 陈红霞. 中国城乡土地市场协调发展的制度研究 [M]. 哈尔滨：哈尔滨工程大学出版社，2007.

[9] 冯健. 乡村重构——模式与创新 [M]. 北京：商务印书馆，2012.

[10] 曹玉香. 农村宅基地节约集约利用问题研究 [J]. 农村经济，2009（08）：8-10.

[11] 杨代雄. 农村集体土地所有权的程序建构及其限度——关于农村土地物权流转制度的前提性思考 [J]. 法学论坛，2010，25（01）：42-48.

[12] 中华人民共和国住房和城乡建设部. 中国城乡建设统计年鉴 2015[M]. 北京：中国统计出版社，2016.

[13] 黄明华. 村庄建设用地：城市规划与耕地保护难以承受之重——对我国当前村庄建设用地现状的思考 [J]. 城市发展研究，2008（05）：82-88.

[14] 李文谦，董祚继. 质疑限制农村宅基地流转的正当性 [J]. 农村工作通讯，2009（12）：16-17.

[15] 谭峻. 我国集体土地产权制度存在的问题及应对之策 [J]. 农村经济，2010（04）：34-36.

[16] 王培刚. 当前农地征用中的利益主体博弈路径分析 [J]. 农业经济问题，2007（10）：34-40+111.

[17] 王媛，贾生华. 中国集体土地制度变迁与新一轮土地制度改革 [J]. 江苏社会科学，2011（03）：80-85.

[18] 王勇，李广斌. 苏南乡村聚落功能三次转型及其空间形态重构——以苏州为例 [J]. 城市规划，2011，35（07）：54-60.

[19] 魏立华，袁奇峰. 土地紧缩政策背景下土地利用问题研究述评——基于城市规划学科的视角 [J]. 城市问题，2008（05）：34-39.

城乡制度变革背景下的乡村规划理论与实践

[20] 朱静怡.农业现代化背景下农村社区规划建设研究——以无锡锡山区为例[D].南京：东南大学，2006.

[21] 赵庆利.现代农业背景下的农地管理[J].中国土地，2010（07）：59.

[22] 张亚丽.基于规划协调的乡镇土地利用统一分类研究[J].地域研究与开发，2011，30（05）：150–155.

[23] 游畅.城乡规划视角下的乡村振兴战略路径初探[J].中华建设.2018（08）：108–109.